Die Löwen-Strategie

Wie Sie in 4 Stunden mehr erreichen als andere am ganzen Tag

von

Martina Haas

Mit einem Vorwort von

Hermann Scherer

C.H.BECK

Über die Autorin

Martina Haas

Martina Haas ist Speaker, Autorin und Expertin für Networking & Kommunikation. Die gefragte Vortragsrednerin ist mit ihren inspirierenden Vorträgen und Strategie-Workshops bundesweit und international, vorrangig im deutschsprachigen Ausland, tätig. Kunden und Leser schätzen ihre klaren Einschätzungen und die von Weitblick geprägten pragmatischen Impulse – im Fokus ist stets der praktische Nutzen im Berufsalltag.

Martina Haas gewährt tiefe Einblicke in Mechanismen des Geschäftslebens, schlüsselt die Komplexität des Karrierekontextes auf und stellt die Frage nach Sinn und Werten. „Die Löwen-Strategie" ist ihr drittes Buch und die zweite Publikation im C. H. Beck Verlag. Der 2014 erschienene „Crashkurs Networking – In 7 Schritten zu starken Netzwerken" fungiert als Bestseller.

www.beck.de

ISBN 978-3-406-70727-8

Wilhelmstraße 9, 80801 München

Satz: Fotosatz Buck, Zweikirchener Straße 7, 84036 Kumhausen
Druck: Nomos Verlagsgesellschaft mbH & Co. KG, In den Lissen 12, 76547 Sinzheim
Umschlaggestaltung: Ralph Zimmermann – Bureau Parapluie
Bildnachweis: M & C Denis-Huot
Lektorat: Text+Design Jutta Cram, Spicherer Straße 26, 86157 Augsburg

Gedruckt auf säurefreiem, alterungsbeständigem Papier
(hergestellt aus chlorfrei gebleichtem Zellstoff)

So nutzen Sie dieses Buch

Um Ihnen das Lesen und Arbeiten mit diesem Buch zu erleichtern, hat die Autorin verschiedene Stilelemente verwendet, die Ihnen das schnellere Auffinden bestimmter Texte ermöglichen. So finden Sie die Tipps und Musterformulare sofort.

Hier finden Sie Tipps, Aufzählungen und Checklisten.

So sind „Merksätze“ gekennzeichnet.

Hier finden Sie Beispiele, die das Beschriebene plastisch erläutern und verständlich machen.

Die Zielscheibe kennzeichnet Zusammenfassungen und ein Fazit zum Kapitelende.

Der Bleistift kennzeichnet Zwischenstopps zur bewussten Selbstreflexion.

Es erwarten Sie hier kurze Löwen-Impressionen aus freier Wildbahn.

Hier sind Sie zu Gast in der exquisiten Löwen-Lounge! Sie begegnen der Autorin im Gespräch mit Vorzeige-Löwen aus Wirtschaft, Gesellschaft und Wissenschaft. Mischen Sie sich mit eigenen Ideen virtuell ein!

Vorwort von Hermann Scherer

Gelegentlich bitten mich Autoren um ein Vorwort. Das ist mir eine Freude und Ehre. Für Martina Haas ist es bereits das zweite und wieder hatte ich es versprochen, ehe das Buch zu Ende geschrieben war. Als ich 2013 das Vorwort zum „Crashkurs Networking – In 7 Schritten zu starken Netzwerken“ zusagte, war ich mir sicher, das wird ein Erfolg. Und so kam es: Der Crashkurs Networking war bereits Mitte 2016 als Printausgabe vergriffen und erschien im Herbst 2016 in 2. Auflage. Eine Erfolgsstory. Ich verfüge nicht über prophetische Fähigkeiten, doch die brauchte ich auch nicht: Ich wusste, die Autorin brennt für ihr Thema und lebt Networking auf hohem Niveau. Dass sie schreiben kann, wusste ich auch. Es gab kein Risiko. Martina Haas verbucht das sicherlich unter „Risikokompetenz“, mit der sich die Löwen-Strategie u. a. beschäftigt.

Löwen sind eine starke Metapher. Der König der Tiere faszinierte uns Menschen von jeher, ansonsten fände man ihn kaum in so vielen Wappen. Löwen sind als exzellente Jäger enorm fokussiert: Geduldig auf der Lauer liegend, die Beute fest im Blick, kommt das Rudel mit arbeitsteiligem Einkreisen zum Jagderfolg.

Da wir alle in irgendeiner Weise auf der Jagd sind – sei es nach Erfolg, Ruhm, Ehre, Glück, Sinn, Liebe oder ganz profan nach dem schnöden Mammon, ohne den allzu häufig nichts geht –, ist Fokussierung unverzichtbar. Das gilt insbesondere angesichts der Informationsflut und der unzähligen Ablenkungen, die das Leben bereithält. Meiner Meinung nach ist Leistung = Potenzial minus Störfaktoren. Fokus ist daher eine Grundvoraussetzung, um nicht im Überangebot den Überblick zu verlieren und im Mittelmaß stecken zu bleiben.

Martina Haas spannt mit ihrem ganzheitlichen Ansatz einen weiten Bogen. Vor allem zeigt sie die Interdependenzen der von ihr identifizierten Kompetenzfelder auf. Es geht um die Fähigkeit, Chancen und Risiken zu handeln, Innovationskompetenz, starke kommunikative Fähigkeiten und den Wert tragfähiger Netzwerke. Gedanken zu Sinn und wertebasierter Führung komplettieren das Ganze.

Die Autorin hat einen unverwechselbaren Schreibstil. Es ist ein Kompliment, wenn ich sage, sie schreibt wie sie spricht, weil sie auf diese Weise ihre Leser gut unterhält. Sie beherrscht das Storytelling und erzählt neben eigenen Geschichten auch die von anderen interessanten Menschen. Martina Haas gelang es zudem erneut, hochrangige Gesprächspartner für Interviews zu gewinnen. Ihnen entlockt sie mit viel Einfühlungsvermögen sehr persönliche Statements. Ich weiß das, denn auch mich hat sie interviewt.

Die „Löwen-Strategie“ wird mit ihren vielen Impulsen denen großen Nutzen stiften, die sich darauf einlassen. Mit Fokus und Umsetzungswillen werden sie für sich unzählige Chancen erschließen. Das Richtige tun und das Richtige richtig tun. Mit Effizienz und Effektivität zum Erfolg – die Löwen machen es uns vor.

Lassen Sie sich von Martina Haas und ihren Löwen – und selbstverständlich auch von den mutigen Löwinnen – inspirieren und Ihren Fokus schärfen. Es lohnt.

Mit allen guten Wünschen

Ihr
Hermann Scherer
Business Expert

Inhalt

Einführung

„Auch ohne naturschützerische Gebärde muss gesagt werden, dass eine Welt ohne Löwen trostlos wäre."

Hans Blumenberg, Professor für Philosophie, Löwen, Bibliothek Suhrkamp

Dieses Zitat erinnert mich ein wenig an den Ausspruch Loriots: „Ein Leben ohne Möpse ist möglich, aber sinnlos." Das würden Katzenliebhaber wahrscheinlich bestreiten, kennen wir doch alle die Grundsatzdiskussion über das beste Haustier: Hund oder Katze? Wir brauchen sie nicht zu führen. Löwen sind keine Haustiere. Ich trete den Möpsen und ihren Besitzern daher nicht zu nahe, wenn ich sage, den Vergleich mit einer prächtigen Großkatze, einem Löwen, besteht dieser kleine Hund nicht. Darauf virtuelle Leckerli an alle Möpse.

I. Erfolg durch mehr Fokus und Effektivität

Die geschätzten Leser seien vorgewarnt: Wer bei der **Löwen-Strategie** ein wissenschaftliches Buch über frei lebende Löwen und deren Überlebensstrategien erwartet, wird enttäuscht. Das ist es nicht und das soll es auch nicht sein. Es geht gleichwohl um Strategie und Erfolg. Und geforscht habe ich für dieses Buch auch, und zwar viele Jahre als Mitarbeiterin und spätere Führungskraft in einem internationalen Banken- und Immobilienkonzern wie als Beraterin von Unternehmern, Selbstständigen und Führungskräften. Erlebt habe ich aller Orten Schäfchen und wahre Raubtiere.

II. Warum Löwen?

Tiger, Jaguare, Panther und Leoparden sind großartige Tiere und geschickte Jäger. Gewiss kann man von ihnen einiges lernen. Und doch kamen für mich von vornherein nur die Löwen als Metapher für mein Buch über Erfolgsstrategien in Betracht. Es mag Sie erstaunen, dass es dafür nur einen einzigen Grund gibt. Doch dieser Grund ist in seiner Logik bestechend: Löwen sind die einzigen Großkatzen, die im Rudel zusammenleben. Alle anderen großen Katzen sind Einzelgänger. Die Hauskatzen sind es meistens auch. Dieser Riesenunterschied erlaubt nicht nur, eine Parallele von den Löwen zu uns Menschen zu ziehen, sondern drängt sie förmlich auf.

Das wirklich Spannende am Zusammenleben im Rudel ist dessen Auswirkung auf das Leben des einzelnen Tieres: Löwen benötigen nur 4 der 24 Stunden des Tages für ihren Job, also gerade einmal ein Sechstel der Tages! Und wie schaut es bei uns aus? Viele Menschen haben Achtstundentage, die Workaholics legen noch eine Schippe drauf und kommen auf 12 bis 14 und am Wochenende immerhin noch auf 4 oder 5 Stunden. Irgendetwas scheinen wir Menschen falsch zu machen. Lasst uns also von den Löwen lernen.

Wer nun Zeitmanagement-Tipps erhofft, der sei an ebensolche Experten verwiesen. Ginge es um simple Zeitersparnis, hätte der Begriff der Strategie nichts im Titel meines Buches zu suchen. Es geht mir um viel mehr: Welche Haltung gepaart mit welchen Fähigkeiten führt uns Menschen – dem Löwen gleich – zu hoher Effizienz und Effektivität, die enorme Freiräume schafft für neue Themen und Projekte.

Mit meiner Löwen-Strategie habe ich für Sie ein Gesamtpaket aus Themen geschnürt, die uns tagtäglich im Business und auch privat begegnen. Sie können uns, wenn wir nicht achtgeben, so auf die Füße fallen, dass wir nicht den Erfolg haben, den wir haben könnten. Das Leben stellt nämlich nicht nur Löwen Fallen, sondern auch uns. Manchmal stellen wir uns diese Fallen selbst oder verheddern uns in den Fallstricken, die wir für andere auslegten. Doch wie immer gilt: Gefahr erkannt, Gefahr gebannt.

Die Löwen-Strategie schafft insbesondere Bewusstsein für Aspekte, die wir häufig nicht primär im Blick haben. Wenn wir nicht wissen, dass wir einen blinden Fleck haben, können wir nicht an ihm arbeiten. Anders formuliert: Wir müssen verhindern, dass uns Wesentliches entgeht, weil wir Chancen vor unserer Haustür nicht erkennen und Stärken nicht konsequent einsetzen, weil wir gelernt haben, bevorzugt an unseren Schwächen herumzudoktern, anstatt uns auf unsere Stärken und das Erlernen neuer Kompetenzen zu konzentrieren.

III. Der rote Faden durch verwobene Themen

Jedem Kapitel der Löwen-Strategie ließe sich ein ganzes Buch widmen. Hätte ich das getan, könnte ich Ihnen jedoch nicht den hilfreichen roten Faden reichen, den ich für Sie mithilfe der Löwen und deren strategischen Ansätzen kreiert habe. Der Gesamtzusammenhang ist es, der zusätzlichen, wertvollen Mehrwert für Sie darstellt. Er erhöht Ihre Effektivität und Effizienz, denn das Ganze ist stets mehr als die bloße Summe seiner Teile. Die Verwobenheit und Wechselwirkung zwischen den einzelnen Kompetenzfeldern wird nur so deutlich.

Das folgende Beispiel zeigt, wie Chancen- und Risikokompetenz zusammenwirken und weshalb ein gutes Netzwerk beide Kompetenzen stärkt.

Gute Vernetzung reduziert Risiken

Wie jemand mit Chancen umgeht, hängt unter anderem davon ab, wie risikofreudig er oder sie ist. Ist derjenige gut vernetzt, stehen ihm naturgemäß mehr Informationen und ggf. auch Unterstützer zur Verfügung als dem Eremiten oder Denker im Elfenbeinturm. Eine breite Informationsbasis erleichtert die Einschätzung von Risiken enorm. Gute Vernetzung setzt ihrerseits ein gewisses Maß an Kommunikationstalent und geschickter Selbst-PR voraus. Gute Selbst-PR erfordert zumindest anfänglich Mut, gut über sich zu sprechen, was den meisten Menschen nicht leicht fällt, sodass es u. a. der Ermutigung aus dem Netzwerk bedarf.

Ein ewiger Kreislauf von wechselseitigen Abhängigkeiten. Mithin stellt sich die Frage: Was war zuerst da – die Henne oder das Ei? Wir müssen dieses unlösbare Rätsel nicht ergründen, denn es kann an verschiedenen Stellschrauben gleichzeitig gedreht werden. In welchem Umfang gedreht wird, entscheiden Sie, denn Sie allein wissen, wo nur noch das Tüpfelchen auf dem I fehlt oder wo Sie vielleicht echte Baustellen haben.

IV. Ihr garantierter Nutzen aus der Löwen-Strategie

Sie werden dreifachen Nutzen aus der Löwen-Strategie ziehen:

- Sie erhalten inspirierende Impulse zu elementaren berufsbezogenen Fragestellungen, deren Beantwortung zu strukturellen Veränderungen im Verhalten führen wird und nicht nur an der Oberfläche kratzt.
- Ihr Fokus wird auch auf Ihr Umfeld gelenkt und dieses aufgeschlüsselt:
  - Dies wird dazu führen, als Führungskraft im mittleren Management in der sog. Sandwichposition geschickter mit Mitarbeitern und klüger mit Vorgesetzten umzugehen.
  - Sind Sie selbst der oberste Boss, ist es von Vorteil, im Verlauf des Buches bisweilen auch die Situation der übrigen Führungscrew und der Mitarbeiter, mit denen Sie vielleicht selten zu tun haben, gespiegelt zu bekommen.
  - Mitarbeiter profitieren davon, ihre Führungskraft besser zu durchschauen.
- Die Löwen-Strategie bringt Sie zudem im Hinblick auf Ihre Kundenbeziehungen voran. Durch die Beschäftigung mit sich selbst entwickeln Sie ein noch feineres Gespür für Dritte. Dieses ist dringend erforderlich, denn wir haben von fast allem zu viel. Wer angesichts des Überangebotes an vergleichbar guten Produkten und Dienstleistungen nicht auffällt – vor allem durch Kundenorientierung und besten Service –, fällt weg. Das Geschäft macht in der Regel der bessere Verkäufer.

Was im Rahmen der Löwen-Strategie unter Fokus, Effizienz und Effektivität zu verstehen ist und welche Hebelwirkung sie auf Ihren geschäftlichen Erfolg haben, erfahren Sie im ersten Kapitel.

V. Los geht's: Eine Gebrauchsanleitung

Dieses Buch freut sich, wenn Sie der Reihenfolge nach Kapitel für Kapitel lesen, doch Sie werden den Löwen nicht zum Fraß vorgeworfen, wenn Sie es nicht tun. Jedes Segment ist aus sich heraus verständlich. Picken Sie sich nach der Einführung einfach das Thema heraus, das

Sie spontan am meisten anspricht, und holen Sie sich dabei Appetit auf mehr.

1. Zusammenfassungen für den eiligen Leser

Für den superschnellen Löwensprint sind die Highlights am Ende der Kapitel – Meilensteinen oder den Abdrücken von Löwenpranken gleich – zusammengefasst. Diese allerdings verlangen nach einem zweiten, vertiefenden Schritt für mehr Fleisch an den Knochen, sprich die guten Geschichten hinter dem Extrakt.

2. Einladung in die Löwen-Lounge

Zum Innehalten und weiteren Reflektieren lade ich Sie in die Löwen-Lounge ein: Durch die spannenden Interviews, die ich mit außergewöhnlichen und sehr erfolgreichen Menschen geführt habe, erfahren Sie auch deren Sicht der Dinge. Sie werden diese Interviews in ihrer Verschiedenartigkeit lieben. Versprochen.

3. Drei Schmankerl on top

Das Buch bietet Ihnen darüber hinaus die Chance, Ihren Blick in zwei unterschiedliche Richtungen schweifen zu lassen, denen Sie im Beruf nicht zwingend begegnen. Ich nehme Sie einfach mit auf einen Ausflug, genauer zwei:

- **Löwengeflüster aus Afrika**

Um Ihrem und auch meinem zoologischen Interesse Rechnung zu tragen, begab ich mich auf die Suche nach wahrhaften Löwenexperten. Zwar kenne ich Zoologen, den Direktor des Berliner Zoologischen Gartens und Tierparks und auch den Chef des Leibniz-Instituts für Zoo- und Wildtierforschung mit seiner ausgesprochenen Forscherleidenschaft für Hyänen. Sie alle sind großartige Experten, doch kaum einer erlebte Löwen in freier Wildbahn aus nächster Nähe über Jahre und auf Augenhöhe.

Ich wurde in meinem breit gefächerten Netzwerk fündig: Zwei hochkarätige Experten kommen in Interviews zu Wort:

– **Gareth Patterson**, Südafrika, ist einer der bekanntesten Löwenexperten, Umweltschützer und international bekannter Bestsellerautor. Man nennt ihn „The Lion Man", den „Löwen-Mann". Er wurde für die letzten frei geborenen Löwen, die der berühmte Tierschützer und Naturforscher George Adamson auswildern wollte, nach dessen Ermordung zur Familie, genauer zum Leitlöwen. Im Oktober 2016 erhielt er für sein Engagement für die Knysna-Elefanten den Preis „SAB Environmentalist of the Year 2016“.

– **Christine Denis-Huot** ist eine renommierte französische Tierfotografin. Sie publizierte mit ihrem Mann einen der schönsten Löwen-Bildbände überhaupt. Ihr verdanke ich den stolzen und so optimistisch in die Welt blickenden Junglöwen auf dem Cover.

- **Ein bisschen Extravaganz – ein Blick in die Sterne**

Zu guter Letzt wird es, wenn Sie mögen, überirdisch. Ich biete einen besonderen Blick auf das Sternzeichen Löwe. Keine Sorge, ich versuche gar nicht erst, mit astrologischem Halbwissen zu brillieren. Die renommierte libanesische Star-Astrologin Carmen Chammas, Life-Coach und Bestsellerautorin, skizziert für die Löwen und Nicht-Löwen unter uns die Löwe-Geborenen, wie sie uns im Berufsalltag als Mitarbeiter, Vorgesetzte und Kooperationspartner begegnen. Gerade die Skeptiker mögen sich überraschen lassen. Verproben Sie das Gelesene an den „Löwen“ Ihres Umfelds – Sie werden staunen und großen Nutzen aus dieser vielleicht exotischen Erfahrung ziehen.

✔ **Interviews in Originalfassung**

Diese drei Interviews können Sie gerne in der Originalfassung in englischer Sprache von meiner Homepage downloaden: http://www.martinahaas.com/extras

✔ **Löwen-Test**

Wenn Sie Lust haben, können Sie Ihre Löwen-Qualitäten testen. Den Test finden Sie auf http://www.martinahaas.com/extras

1. Kapitel

Vom Nutzen der Weisheit der Löwen

1

„Mut steht am Anfang des Handelns, Glück am Ende."
Demokrit

I. Bestandsaufnahme: Faszination Löwe

Löwen haben Menschen schon immer fasziniert – quer durch alle Epochen, Kulturen, Ethnien und auf allen Kontinenten, auf denen sie leben oder lebten. Auch in Europa waren Löwen einst verbreitet – genauer gesagt im Mittelmeerraum. Ausgerottet hat die Löwen der Mensch, nicht etwa eine Klimaveränderung. Die meisten wurde ein Opfer der tödlichen und ungleichen Zirkusspiele der Römer. Schon vor 30.000 Jahren haben Künstler unter den eiszeitlichen Jägern im Lonetal Löwenfiguren, einen viel beachteten sog. Löwenmenschen gar, erschaffen. Was für eine Verbindung.

Nicht von ungefähr bezeichnet man den Löwen als „König der Tiere". Man schrieb und schreibt ihm Mut, Kraft, Stärke, Tapferkeit und Kühnheit zu. Und so wundert es nicht, dass Löwen beliebte Wappentiere sind und die Wappen von Adelsgeschlechtern, Städten und Ländern zieren. Marketingmäßig gedacht waren Wappen eine frühe Form aufwendiger Logos.

Heraldik

Für Heraldikinteressierte sei angemerkt: Meine alte Heimat Baden-Württemberg hat vier Löwen im Wappen. Man könnte nun behaupten, der Satz „Doppelt hält besser" habe meinen emsigen Landsleuten nicht gereicht. Der Grund ist ein anderer: Das von

Fritz Meinhard kreierte sog. Große Landeswappen integriert die anno 1952 im neu geschaffenen Bundesland Baden-Württemberg aufgegangenen Landesteile: Die drei schwarzen schreitenden Löwen mit roten Zungen knüpfen an die Tradition des Herzogtums Schwaben an, der vierte Löwe steht für die Kurpfalz. Bei einer kleinen Schreibpause sah ich bei einem bayerischen Gasthof bei Twitter die bayerische Fahne mit wohl kaum zu überbietenden sechs Löwen und einem blauen Panther …

1. Löwen in der Literatur

Löwen finden wir seit jeher auch in der Literatur. Sie dienten in den Fabeln des Aesop wie auch La Fontaines als Sinnbild, um dem Homo sapiens höchst elegant den Spiegel vorzuhalten, denn nach einem Bonmot von Ludwig Wittgenstein gilt: „Ein gutes Gleichnis erfrischt den Verstand."

Auch der Philosophieprofessor Hans Blumenberg (1920–1996), dem wir das Eingangszitat in der Einführung verdanken, konnte sich dem Reiz der Löwen nicht entziehen: Er widmete ihnen im Feuilleton der renommierten Neuen Zürcher Zeitung 32 kurze, aber inhaltsschwere Essays. Das Interesse der Zürcher war ebenso groß wie naheliegend, ist doch der Löwe doppelt im Wappen der Stadt Zürich verankert. Plätze und Straßen sind nach ihm benannt. Eine Löwenstraße und eine Löwenapotheke gibt es noch, die Zürcher Löwenbrauerei ist hingegen Geschichte. Auf ihrem Gelände präsentiert das Migros Museum für Gegenwartskunst Kunst. Im Allgäu gibt es hingegen noch ein ganz besonderes, sehr lebendiges Löwenbräu: Meckatzer Löwenbräu. Gerne weise ich auf das Interview mit dessen Chef Michael Weiß, in der Löwen-Lounge Nr. 4 hin.

2. Löwen sind Strategen

Löwen sind, wie schon erwähnt, die einzigen Großkatzen, die im Rudel leben. Von ihrem Sozialverhalten, insbesondere ihrer ausgeklügelten Teamarbeit, können wir sehr viel lernen. Vor allem aber sind Löwen sowohl effektiv als auch effizient: Sie holen aus jeder Stunde das Optimum heraus. Sie konzentrieren sich auf das Wesentliche und verwenden darauf die meiste Kraft. Sie haben eine Strategie. Woher ich das als Nicht-Zoologe weiß? Nicht nur Reisen bildet, manchmal reicht ein Spaziergang.

Vor einiger Zeit konzipierte und moderierte ich für die Stiftung des Berliner Zoologischen Gartens eine Diskussion und Lesung mit Friedrich Wilhelm Prinz von Preußen und seiner Gattin Sibylle Prinzessin von Preußen. Wir stellten den Zooaktionären ihr Buch mit dem höchst passenden Titel „Friedrich der Große. Vom anständigen Umgang mit Tieren" vor. Nach einer Besprechung hatte ich noch Zeit, im Zoo zu flanieren. Das Schild am Löwengehege brachte einen überraschenden Erkenntniszugewinn. Dort stand: Löwen schlafen oder dösen rund 20 Stunden am Tag. Wow!

Sie mögen nun denken: Faule Säcke. Diesem Trugschluss unterlag ich aufgrund meines Wissensvorsprungs nicht: Mir war nämlich seit Langem bekannt, dass Löwen bei acht von neun Beutezügen leer ausgehen. Damit stand für mich fest: Das sind geniale Tiere. Sie bekommen trotz dieser niedrigen Trefferquote – die im Vertrieb allerdings ähnlich mau aussieht – in vier Stunden pro Tag alles geregelt, was erforderlich ist. Das ist nur möglich, wenn man sich auf das Wesentliche fokussiert und alles Überflüssige bleiben lässt.

Hätten die Löwen Timothy Ferriss' Bestseller „Die 4-Stunden-Woche" gelesen, würden sie vielleicht über die Optimierung des Einsatzes nachdenken. Sie würden jedoch gleich wieder davon Abstand nehmen: Die Gluthitze Afrikas und die großen Anstrengungen, die ihnen die Jagd und permanente Revierkämpfe abverlangen, lässt Steigerungen nicht mehr zu. Und genau deshalb bleibe ich dabei: Die Löwen sind genial.

3. Löwen sind effektiv und effizient

Erfolg durch Effizienz und Effektivität – die zwei großen „E", die man so leicht durcheinanderbringt. Daher seien die Definitionen zur Erinnerung gebracht:

- Effektivität ist das Richtige zu tun. Es geht um das **Was**.
- Effizienz bedeutet, die richtigen Mittel einzusetzen. Es geht um das **Wie**.

Bei den Löwen schadet es wenig, aus Versehen die Begriffe durcheinanderzubringen, denn die Löwen tun nicht nur das Richtige, sie tun es mit den richtigen Mitteln auf die richtige Art und Weise.

Anders als die Löwen müssen wir Menschen die durch erhöhte Effektivität „geschenkte Zeit" nicht vollständig zum Ausruhen nutzen. Nein, ganz anders: Wir dürfen das auch nicht, es wäre Zeitverschwendung. Wir können den Freiraum darauf verwenden, das zu tun, was uns wichtig ist, uns voranbringt und zufrieden macht. Das ist gewonnene Zeit für Neues, Lernen, mehr Tiefe, Experimente und Innovation.

4. Löwen haben einen Fokus und fokussieren

Es gibt eine interessante Geschichte über die erste Begegnung von Microsoft-Gründer Bill Gates mit Milliardär Warren Buffet. Gastgeberin war die Mutter von Bill Gates. Sie fragte jeden Gast, was seiner Ansicht nach der für ihn wichtigste singuläre Erfolgsfaktor war. Bill Gates wie Warren Buffet nannten beide das Wort Fokus.

Unter Fokus verstehen wir meistens, ein Ziel oder eine Aufgabe im Auge zu haben. Bill Gates wollte einen Personal Computer auf jedem Schreibtisch sehen, John F. Kennedy erlegte der NASA auf, einen Mann zum Mond zu bringen.

Das Buch im Fokus

Es geht auch irdischer als in diesen VIP-Sphären: Während ich diese Zeilen auf der Insel Karpathos in mein MacBook tippe, ist es ganz und gar das Schreiben dieses meines dritten Buches, weshalb die anstehende Yogaeinheit ausfallen muss, wie schon zuvor der Spaziergang zum Meer. Im Fokus der Anspruch, ein richtig gutes, unterhaltsames Buch zu schreiben, das anderen großen Nutzen bringen wird.

Denken, schreiben, in Exzerpten blättern, „Re-writing" betreiben, das ist es. Nicht mehr, aber auch nicht weniger. Diese Arbeit muss geleistet werden. Ihr wird alles untergeordnet. Mitleid ist nicht erforderlich: Anfang Oktober an einem schönen Ort mit Blick aufs Meer auf dem Balkon sitzend zu schreiben, während einen der laue Wind streichelt, ist sehr inspirierend.

Der US-amerikanische General und 34. US-Präsident Dwight D. Eisenhower soll gesagt haben: „Fokus ist nichts, Fokussieren ist alles." Die Differenzierung erschließt sich nicht unbedingt sofort. Ein Beispiel hilft weiter. Fokus ist in den Theaterwissenschaften ein synonymer Begriff für die Konzentration und das Engagement, Charaktere glaubhaft darstellen zu können. Fokus erfordert aber auch, die ganze Energie darin zu investieren, vorgegebene Charaktereigenschaften herauszuarbeiten. Das ist dann fokussieren. Fokussieren als

Verb ist folglich mehr als das Substantiv Fokus. Es wird definiert als Verhaltensweise, als intensiver, oft sogar leidenschaftlicher Prozess mit eigener Dynamik.

Es braucht meines Erachtens beides. Zum einen brauchen wir den Blick auf das Ziel oder nennen wir es besser eine Vision und den darauf ausgerichteten Plan mit kurz-, mittel- und langfristigen Etappenzielen. Zum anderen brauchen wir eine Strategie, wie wir mit unvorhergesehenen Schwierigkeiten und günstigen Gelegenheiten umgehen und wie wir die Leidenschaft bei der Umsetzung erhalten.

Tunnelblick

Ein Beispiel für reinen Fokus war Kodak. Das Unternehmen war so fixiert auf die Optimierung seiner Produkte zur Aufnahme traditioneller Filme und der Filmentwicklung, dass es die disruptive Transformation seiner Branche durch die Entwicklung der Digitalkameras verschlief und fast daran zugrunde gegangen wäre.

II. Die Kunst des Fokussierens

Fokussieren kann man lernen, man muss es nur wollen.

- **Oberstes Gebot: Konzentration und Prioritäten**

Um die Konzentration zu stärken, hilft es schon sehr, Ablenkungen einzuschränken oder auszublenden, sich um Priorität 1 und 2 zu kümmern, nicht um 3 bis 10. „First things first“, sagen die Briten. Das Wichtigste zuerst. Eine enorme Stärkung des Fokus erfahren wir zudem, wenn wir Nein sagen können oder das Neinsagen lernen. Das ist schwer. Doch für viele wird das förmlich zum Befreiungsschlag.

Kurt Tucholsky schrieb in „Schnipsel“: „Nichts ist schwerer und nichts erfordert mehr Charakter, als sich in offenem Gegensatz zu seiner Zeit zu befinden und laut zu sagen: Nein.“

Viele Menschen verzetteln sich, wollen zu viel, machen alles und nichts richtig oder übertreiben das Multitasking. Manche Experten bezweifeln ohnehin, dass es Multitasking gibt. Ich sehe das differenziert: Neben mechanischen Arbeiten wie Bügeln, Gartenarbeit, Aufräumen, Auto waschen etc. ist es durchaus möglich, sich mit komplexen Problemstellungen zu beschäftigen. Zwei gleich wichtige oder geistig anspruchsvolle Dinge parallel zu tun, ist schon schwieriger.

Zeitmanagement-Techniken sind sinnvoll und können beim Fokussieren helfen, gehen aber häufig nicht tief genug an die Wurzeln.

Unerwartete Geschenke

Ein Beispiel für perfektes Fokussieren ist Adam Grant. Er gab mir nicht das, was ich wollte: ein Interview. Doch er hat mich auf andere Weise beschenkt – mit dieser schönen Geschichte über Fokussierung, die Kunst, eine perfekte automatische E-Mail-Nachricht abzufassen, und Hilfsbereitschaft.

Mal ehrlich, warum sollte Adam Grant, einst jüngster Professor an der berühmten Wharton Business School (University of Pennsylvania), Bestsellerautor und enger Freund von Facebook-COO Sheryl Sandberg, einer fremden Autorin aus dem fernen Deutschland ein Interview geben – zudem eines, das sich nicht ausschließlich um ihn dreht? Und eine Deadline gab es auch noch. Mehrere No-Gos. Ich habe es trotzdem versucht. Es kam die originellste automatische E-Mail-Nachricht, die ich jemals las. Ich möchte sie Ihnen nicht vorenthalten.

„Thank you for taking the time to write; it's always exciting to hear from readers. Although I read every message, due to the sheer volume, there are not enough hours in the day to reply to all of them.

(If you're a physicist who can bend time, or a biologist who can eliminate the need for sleep, please enroll me immediately as a guinea pig in your research.)

Here are some contacts and links that may be relevant:

[…]

I wish you the best for bringing more originality and generosity into the world.

Cheers,
Adam"

Und es passierte noch mehr. Adam Grants Lektorin schlug mir einen Kollegen, mit dem er eng zusammenarbeitet, als Interviewpartner vor – wow! Nein, doppeltes Wow, denn wenig später las ich in „Deep Work" von Cal Newport, wie perfekt sich Adam Grant abschottet. Er ist vollständig fokussiert auf seine Kernaufgabe, die

Forschung. Ich darf mich geehrt fühlen, dass er meine Anfrage zur Bearbeitung weitergeleitet hat. Nach der Lektüre von Deep Work hätte ich geschworen, dass er sie einfach löscht. Seinen interessanten Kollegen werde ich kontaktieren – für das nächste Projekt.

▪ Schluss mit Aufschieberitis bei Wichtigem

Ob Sie die Garage heute noch aufräumen oder schon wieder nicht, ist nicht wirklich wichtig, abgesehen davon, dass der Vorgang den ehelichen Frieden wiederherstellen kann, wenn genau diese Garage ein ständiger Zankapfel war. Ein ganz anderer Punkt ist Aufschieberitis, wenn wir wirklich Wichtiges liegen lassen, aus welchen Gründen auch immer, sei es Angst, Überforderung oder weil die Aufgabe negativ behaftet ist – denken Sie nur an das Erstellen von Steuererklärungen oder die immer wieder aufgeschobenen Bewerbungsscheiben für den Jobwechsel.

Aufschieberitis bei Bewerbungen belastet uns ganz besonders dann, wenn wir nicht einfach nur mehr verdienen wollen, sondern im derzeitigen Job kreuzunglücklich sind – egal ob selbst verschuldet oder nicht.

▪ Selbstvertrauen

Fokus heißt zu beginnen oder mit Selbstvertrauen an etwas dranzubleiben, auch wenn die „ganze Welt“ uns für verrückt hält. Wenn wir etwas nur genügend wollen, müssen wir über diese Schwelle hinwegkommen. Das ist nicht leicht. Wenn es für uns wichtige und zudem kompetente Menschen sind, die uns abraten, allemal.

Die Frage ist jedoch zu stellen, weshalb uns abgeraten wird. Hinter vermeintlich sachlichen Gründen kann sich selbst bei Freunden Neid verstecken, oder dem oder der Liebsten passt nicht, dass wir mit dem neuen Projekt noch weniger gemeinsame Zeit haben. Achten Sie stets auf den „Feind“ in ihrem Bett. Alles ist möglich.

Fokus heißt auch, sich nicht vom Weg abbringen zu lassen, wenn es schwierig wird und sich Rückschläge einstellen.

▪ Schluss mit dem Perfektionswahn

Sie kennen wahrscheinlich das mit Studien belegte Pareto-Prinzip, das quer durch alle Branchen seine Richtigkeit hat: Mit 20 % des Aufwandes sind 80 % der Ergebnisse zu erzielen. Die verbleibenden

20 % der Ergebnisse verursachen mit 80 % den meisten Aufwand. Zwei beeindruckende Beispiele hierzu:

- 80 % des Umsatzes erzielen Unternehmen oft von 20 % der Kunden.
- 20 % der Produkte erzielen meistens 80 % des Umsatzes von Unternehmen.

Gehen Sie nach dem Pareto-Prinzip zumindest bei allen nachrangigen Aufgaben vor, dann haben Sie mehr Zeit für das, was zentral im Fokus steht. Sie erhöhen ihre Effektivität, indem Sie vornehmlich das Richtige tun.

Zusammenfassung

Die Löwen führen ein erfolgreiches Leben. Ihr Vorbild bietet Orientierung bei der Beantwortung der Gretchenfrage, die wir uns alle stellen: Wie realisieren wir unser Potenzial erfolgreich, um so zu mehr Zufriedenheit im Job und damit auch im Privatleben zu finden? Denn wer im Job zufrieden ist, hat eher ein erfülltes Privatleben als Menschen, die im Berufsalltag frustriert sind.

Die aktuelle Studie „Generation What?“ (Stand November 2016) mit über 900.000 befragten jungen Menschen in 35 Ländern ermittelte, dass die 18–34-Jährigen Erfolg mit Glück gleichsetzen.

Löwen-Lounge Nr. 1: Tanz mit den Löwen

Ich hoffe, Sie sind schon neugierig auf die Besuche in den Löwen-Lounges. Diese hier ist ganz den Löwen in freier Wildbahn gewidmet.

Der Löwen-Mann

Gareth Patterson, Wildtierexperte, Bestellerautor und Speaker

Der in England geborene Gareth Patterson lebt in Südafrika. Er ist international bekannt für sein Engagement für den besseren Schutz von Löwen und Elefanten. Er entdeckte die geheimnisvollen Elefanten von Knysna und wurde mehrfach mit Preisen bedacht, zuletzt von den South Africa Breweries SAB und einer Jury aus renommierten Fachleuten aus der Medienindustrie mit dem „SAB Environmentalist of the Year Award 2016“. Sein Lebenswerk war mehrfach Gegenstand von Büchern. Er wilderte die drei letzten frei geborenen Löwen des Löwenschützers George Adamson aus. Gareth Patterson war Ziehvater und der Chef des Rudels. Das machte ihn weltweit bekannt.

Mehr auf www.garethpatterson.com.

Persönliches

Gareth ist mittlerweile ein Freund, den ich über befreundete Tierschützer und Fotografen bei Facebook kennengelernt habe. Wenn Sie das Interview lesen, werden Sie verstehen, dass ich glücklich darüber bin, ihn darum gebeten zu haben. Und mehr noch: Gareth unterstützte dieses Buch über das Interview hinaus, beantwortete weitere Fragen und half bei der Auswahl des Löwen für das Cover. Ich brauchte den Blick des Experten. Mich freut ungemein, dass ihm das Buchkonzept sofort gut gefiel.

Was bedeuten Löwen für dich?

Löwen repräsentieren für mich alles, das frei und wild sein sollte. Sie existieren an der Spitze der Lebenspyramide in der Wildnis. Wenn man den Löwen schützt, beschützt man alles unterhalb von ihnen – die Beutetiere und damit wiederum den Lebensraum und die Wildnis selbst.

Ich denke, du bist wirklich ein „Löwenflüsterer". Hast du ein spezielles „Löwen-Gen"?

Ich wurde im Sternzeichen Löwe geboren wie auch meine Mutter. Ich hatte diese Verbundenheit mit Löwen, so lange ich denken kann. Einige von uns auf der Erde sind etwas, das man als „Löwen-Menschen" bezeichnen kann. Ich bin einer von ihnen.

Was ist das Beeindruckendste an Löwen?

Löwen haben sieben wichtige vorbildliche Grundsätze. Es handelt sich um Selbstvertrauen, Kameradschaft, Bereitschaft zu Fürsorge, Zuneigung, Entschlossenheit, Mut und Loyalität. Und wir alle können von diesen Löwenprinzipien inspiriert werden.

Was ist der signifikanteste Unterschied zwischen Löwinnen und Löwen jenseits der Geschlechterzugehörigkeit?

Die Männchen sind primär die Beschützer, während die Weibchen die Ernährer sind. Was sie beide miteinander teilen, ist die Fürsorge für die Familie, das Rudel.

Was unterscheidet Löwen von anderen Großkatzen?

Löwen unterscheiden sich darin von anderen Großkatzen, dass sie soziale Tiere sind, die in Familien zusammenleben. Die anderen Großkatzen sind die meiste Zeit Einzelgänger.

Es geschehen grausame Dinge: Alte Leitlöwen werden ersetzt und ihre Jungen getötet. Wie denkst du darüber?

Das ist ein Teil des Lebenszyklus und hält die genetische Vielfalt aufrecht. Das hält die Löwen als Spezies gesund. Ohne dies käme es genetisch betrachtet zu Inzucht und Verarmung.

Was können wir Menschen von den Löwen für die Bewältigung unserer geschäftlichen Aufgaben lernen?

Auf das Geschäftliche bezogen können wir von den Löwen lernen, wie sie zu sein: Uns nicht über die Maßen auszudehnen, im Rahmen unserer Möglichkeiten zu leben und nur zu nutzen, was wir brauchen – und wiederum Sorge zu tragen. Dann gibt es keine Verschwendung.

Was können wir tun, um Löwen zu beschützen?

Wir alle können Löwen schützen, indem wir Bewusstsein bei anderen dafür schaffen, dass der Löwe eine sehr bedrohte Art ist. Als ich 1963 geboren wurde, durchstreiften schätzungsweise 500.000 Löwen Afrika. Als ich 25 wurde, war die Zahl bereits auf 200.000 zurückgegangen. Als ich 50 wurde, existierten weniger als 20.000 Löwen in Afrika. Und immer noch werden sie für sogenannten „Sport“ von internationalen Trophäenjägern gejagt, von denen 60 % aus Nordamerika und 40 % aus Europa stammen. Um Löwen zu schützen, müssen wir daher die Regierung des Landes, in dem wir leben, zwingen, den Import von Löwentrophäen zu untersagen. Enorme Anerkennung gebührt den Niederlanden, Frankreich und Australien, die den Import von Löwentrophäen verboten haben. Nun sollten andere Länder ihrem Beispiel folgen.

Arbeitest du noch immer mit Löwen oder sind die Elefanten nun das Hauptthema?

Im Sinne von Interessenvertretung und Schaffen von Bewusstsein arbeite ich immer noch sehr viel für beide, Löwen und Elefanten.

Gibt es eine Leitlöwin unter den Löwinnen?

Über die Jahre habe ich beobachtet, dass es innerhalb des Rudels immer ein führendes Weibchen gibt. Oft ist es eine ältere Löwin. Sie ist es, die das Rudel auffordert, sich abends anderswo hinzubewegen, und die zur Jagd animiert. Ein Löwenrudel ist eine matriarchalische Gesellschaft, nicht unähnlich den Elefanten, in der die jüngeren Löwinnen von den älteren Weibchen lernen.

Welches ist deine Lieblingsgeschichte über Löwen?

Die beste Beschreibung eines wundervollen Moments, einer wundervollen Geschichte mit den Löwen von Adamson, die ich in meinem neuesten Buch „My Lion's Heart“, meiner Autobiografie, veröffentlicht habe, ist folgende:

Zu Beginn eines neuen Tages stand ich neben Batian inmitten der afrikanischen Wildnis. Meine rechte Hand ruhte leicht auf seiner goldenen Flanke. Dann begann er zu rufen. Brüllen im Morgengrauen. Er wurde volljährig. Er und seine Schwestern, Rafiki und Furaha, lebten nun als freie wilde Löwen. Sie waren die letzten Löwenwaisen meines Freundes George Adamson, der große alte

Löwen-Mann des berühmten Buches „Born free“ – „Frei geboren“ (von Joy Adamson). Elfenbeinwilderer hatten George 18 Monate zuvor im Kora-Nationalpark in Kenia ermordet. Sein großer Wunsch war, dass die drei Waisen frei würden. Und nun waren sie es. Nach Georges Tod befreite ich die Waisen, siedelte sie in das Tuli-Buschland in Botswana um und begleitete sie zurück in die Wildnis.

Batians Rufe hallten durch das Tal, sie erreichten die höchsten Berge und schienen den Boden zu erschüttern, auf dem wir standen. Das war ein goldener, prägender Moment in seinem Leben und in meinem. Das Land vibrierte von seinem mächtigen Gesang und durch seine Rufe fühlte ich mich als Teil von allem, das um mich herum war. Das waren magische Momente. Seine Rufe sagten: Ich bin das Land, das Land ist ich, ich gehöre hierher, ich gehöre hierher, ich bin frei.

Welches Motto treibt dich an?

Gib niemals auf.

Die Löwen-Jägerin mit der Kamera

Christine Denis-Huot, Tierfotografin, Autorin

Christine Denis-Huot und ihr Mann Michel verbringen seit mehr als 25 Jahren mehrere Monate im Jahr im Herzen von Massai-Mara, einem Naturschutzgebiet in der Serengeti in Kenia, um die afrikanische Natur und Umwelt zu beobachten und zu fotografieren. Die beiden haben seit 1992 viele internationale Fotopreise gewonnen wie den „BG Wildlife Photographer of the Year“.

Mehr auf www.denis-huot.com.

Persönliches

Der Bildband „Löwen“ von Christine und Michel Denis-Huot faszinierte mich derart, dass ich einen ihrer Löwen für das Cover dieses Buches haben wollte. Etwas Individuelles, nichts aus einer Bilddatenbank. Christine ist eine großartige Fotografin und zudem hilfsbereit. Als ich das Löwen-Anforderungsprofil beschrieb, sagte sie nicht nur Ja. Ich durfte in ihrem Löwen-Archiv stöbern.

Das nenne ich Vertrauen, denn 70 oder 80 Löwen besuchten mich via WeTransfer, allesamt wunderschön. Und dann setzte sie ein: Die Qual der Wahl … Mein Netzwerk hat sie mir durch hilfreiche Statements und Zuspitzung auf wenige Kandidaten erleichtert.

Sie ahnen es, diese Geschichte führte zum nachfolgenden Interview mit Christine Denis-Huot:

Was ist dein erster Gedanke, wenn du den Begriff „Löwe" hörst?

Der Löwe ist Stärke, ein Symbol der wilden Tierwelt Afrikas, der König der Savanne. Zugleich ist er das neue Sinnbild der bedrohten Säugetiere.

Was ist das Beeindruckendste an Löwen?

Das Gebrüll, wenn ein Löwe in der Nacht direkt neben Deinem Auto brüllt und die Erde bebt. Unvergessliche Momente.

Können wir etwas von Löwen lernen?

Sie sind leistungsstark, können aber 16 Stunden am Tag schlafen, wenn sie nicht von Menschen gestört werden.

Warum haben dein Mann und du den schönen Bildband „Löwen" veröffentlicht?

Wir haben während unserer vielen Aufenthalte in Kenia so viel Zeit mit Löwen verbracht, dass wir diesen fantastischen Katzen Anerkennung zollen wollten.

Wie lange habt ihr dafür gebraucht?

Es ist sehr schwer zu sagen, wie lange wir für die Vorbereitung und Veröffentlichung gebraucht haben: Wir nutzten Fotos von unterschiedlichen Aufenthalten in Kenia, verteilt über rund zehn Jahre. Nachdem wir einen Verlag gefunden hatten, verbrachten wir zwei oder drei Monate damit, Informationen über Löwen zusammenzutragen und den Text zu schreiben.

Hast du eine gefährliche Situation erlebt?

Wir kennen das Leben in der Wildnis von Ostafrika sehr gut und wir versuchen, uns nicht in Gefahr zu begeben. Ich erinnere mich an einen Tag in der Serengeti, in der „Gol Kopjes", zu einer Zeit, als dort fast keiner war. Wir beschlossen mittags einen Hügel zu besteigen. Ich ging voran und sah mich plötzlich einem großen Löwen gegenüber, der dort oben ruhte. Wir waren so überrascht, der Löwe und ich. Wir blieben ein oder zwei Sekunden Auge in Auge, flohen dann in unterschiedliche Richtungen und ich fiel in einen Dornenbusch …

Welches Motto verleiht dir Stärke?

Jeder Tag ist anders als der vorangegangene.

2. Kapitel

2

Löwen-Kommunikation: Gut gebrüllt, Löwe

„Those who tell the stories rule the world."
Hopi-Sprichwort

„Es gehören immer zwei dazu, die Wahrheit zu entdecken: Einer, der sie ausspricht, und einer, der sie versteht."
Khalil Gibran, Philosoph und Dichter

Als Expertin für Networking und Kommunikation ist mir seit Langem bewusst, dass Kommunikation eines der schwierigsten Unterfangen ist. Das gilt für alle Bereiche: intern in Unternehmen und Organisationen mit Vorgesetzten, Mitarbeitern und Kollegen, extern mit Kunden, Dienstleistern, Kooperationspartnern, der Presse und der sonstigen Öffentlichkeit und nicht zuletzt auch privat. Dabei kommunizieren wir andauernd: Wir verschicken E-Mails an alle, dröhnen die Welt mit Newslettern, Postings, Tweets, mit Fotos und Selfies und neuerdings auch mit selbst gedrehten Videos zu. WhatsApp nicht zu vergessen, den üblichen Werbespam auch nicht. Das alles geschieht bei manchen im gefühlten Minutentakt.

Kommunikation ist die Basis all unserer Aktivitäten. Ohne Kommunikation ist alles nichts, und doch läuft dabei so vieles schief – unnötigerweise. Das ist nicht nur lästig und anstrengend, sondern auch teuer. Unserer Volkswirtschaft und auch unserer Gesellschaft entsteht jährlich ein Milliardenschaden durch schiefgelaufene oder nicht erfolgte Kommunikation. Das macht professionelle Kommunikation zu dem Erfolgsfaktor schlechthin.

Essenz: Wir brauchen in Unternehmen und Organisationen mehr Fokus, Effektivität und Effizienz bei der internen und externen Kommunikation. Daher habe ich die Kommunikationskompetenz allen anderen Kompetenzen vorangestellt.

Was ist Kommunikation?

Laut Duden online ist Kommunikation „Verständigung untereinander; zwischenmenschlicher Verkehr besonders mithilfe von Sprache, Zeichen." Das sind recht dürre Worte für ein sehr komplexes Thema, das uns alle betrifft. Wir können ihm nicht entgehen. Paul Watzlawick, der österreichisch-amerikanische Kommunikationswissenschaftler (1921–2007), brachte es auf den Punkt: „Wir können nicht nicht kommunizieren."

I. Vom Nutzen guter Kommunikation

Dieses Kapitel handelt von erfolgreicher Kommunikation im Berufsalltag, die uns zum einen hilft, unsere Aufgaben besser zu erfüllen, und uns zum anderen unseren Zielen und Karrierewünschen rascher näher bringt.

Löwen kommunizieren unmissverständlicher als wir: Sie verfügen in Wohlfühlsituationen über die Fähigkeit, hingebungsvoll zu schnurren, bei Gefahr aber auch über beeindruckende Stimmorgane zum Brüllen. Das bis zu fünf Kilometer weit zu hörende Brüllen ist eine klare Botschaft an andere Rudel oder herumstreifende Löwenjunggesellen: Das ist mein Territorium. Bleib weg, ich werde mein Rudel verteidigen. Zusätzlich wird das Revier mit Duftnoten markiert und mit Patrouillen gesichert.

Wer sich dennoch heranwagt, dem werden sprichwörtlich die Zähne gezeigt – die Fangzähne sind übrigens sechs Zentimeter lang. Nützt das nichts, wird gekämpft. Die Kämpfe der Männchen enden, wenn nicht mit dem Tod, dann doch mit Unterwerfungsgesten der Verlierer oder rascher Flucht, was letztlich dasselbe ist.

Das sind eindeutige Botschaften an die Welt.

Neben dem Brüllen gibt es Variationen von Knurren, die in ihren Schattierungen ebenso eindeutig sind: Sie reichen von: „Hey, lass mal" bis zur letzten Warnung: „Stopp, bis hierher und nicht weiter." Darüber hinaus wird körpersprachlich agiert:

- Innerhalb des Rudels gibt es Begrüßungsrituale wie das Reiben der Köpfe aneinander.

- Weitere klare Signale sind mehr oder weniger sanfte Nasenstüber oder Hiebe mit den Pranken, wenn der Nachwuchs zu dreist wird oder zu viel Unsinn macht.

Aktion zieht bei den Löwen stets unmittelbar Reaktion nach sich. Löwen verlieren keine Zeit. Sie können es sich auch nicht leisten. Bei ihnen dreht sich letztlich alles um das Überleben des Rudels.

Löwen-Kommunikation ist klar. Das können wir von ihnen lernen.

Löwen sind zudem Meister des Schweigens. Darin gleichen sie Philosophen. Wenn sie ruhen, genießen sie ihre Erfolge und denken über die nächsten Schritte nach. Das ist äußerst klug und strategisch. Löwen haben es nicht in der Hand, ob Herden von Gnus oder Antilopen zum richtigen Zeitpunkt ihren Weg kreuzen. Also müssen sie zweigleisig fahren: Auf die Pirsch gehen und die Dinge teilweise auf sich zukommen lassen. Die Kunst besteht darin, für alles einen Plan B zu haben.

Auch in der nonverbalen Kommunikation sind Löwen stark. Blicke genügen, um andere Tiere zu verjagen oder Rudelmitgliedern Grenzen aufzuzeigen. Bloßer Blickkontakt reicht zur Verständigung untereinander bei der Jagd. Das funktioniert nur deshalb so gut, weil das Team eingespielt ist.

II. Zielgerichtete Kommunikation

1. Kommunikationsturbo: Mehr Fokus auf bewusste Kommunikation

Das größte Kommunikationsproblem überhaupt besteht darin, dass wir nicht zuhören, um den anderen zu begreifen und seinen Ansatz zu verstehen. Wir sind gedanklich schon bei der Antwort, während der andere noch spricht. Es geht uns darum, unser Wissen auszubreiten, die Bühne zu der unsrigen zu machen oder worum auch immer.

Unsere Kommunikation sollte die Bedürfnisse des anderen stärker im Hinterkopf haben. Wenn wir den Fokus auf bewusstere und zielgerichtetere Kommunikation mit mehr Aussagekraft richten, weniger herumeiern, dann bekommt unsere gesamte Kommunikation mehr Gewicht und erzielt größeren Nutzen. Das erhöht wiederum unsere Effektivität.

Der etwas strapazierte Begriff der Kundenorientierung schärft den Blick: Wer etwas erreichen will, sollte es dem Gegenüber so leicht wie möglich machen zu verstehen, was gewünscht ist. Keiner hat Lust herumzurätseln, zudem haben wir dafür alle keine Zeit.

Als Juristin beschäftigte ich mich schon im Studium mit dem sog. Empfängerhorizont. Man muss wissen, dass Schweigen rechtlich keine Zustimmung ist. Ausnahme: Der andere ist ein Kaufmann, von dem erwartet werden darf, dass er widerspricht, wenn er mit etwas nicht einverstanden ist. Ansonsten liegt eben das anerkennende „kaufmännische Schweigen“ vor.

Auch sollten wir uns des Wissensvorsprungs bewusst sein, den wir als Experten oder Interne haben. Allzu häufig setzen wir beim Gesprächspartner zu viel Vorwissen voraus – auch im Privatleben. Das führt zu doppeltem Verdruss, der „Sender“ ist genervt, weil der andere vermeintlich nicht mitdenkt. Dieser wiederum fühlt sich unwohl, da er sich überfordert fühlt. Das lässt sich vermeiden. Oft fehlt nur ein erklärender Nebensatz.

2. Kommunikationsturbo: Eigene und fremde Ziele ergründen

Eines der wichtigsten Tools ist, das eigene Ziel der Kommunikation für sich zu definieren: Was möchte ich und wie erreiche ich das? Welche Mittel stehen zur Verfügung? Wer unterstützt mich möglicherweise? Brauche ich Entscheidungen, wenn ja, wer entscheidet?

Ebenso wichtig ist es herauszufinden, was andere von einem wollen und wie sie ticken, um entsprechend mit ihnen umgehen zu können.

Wissen, wie der andere tickt

Der megaerfolgreiche Held Christian Grey des Bestsellers „Fifty Shades of Grey“ beantwortete die Frage nach seinem Erfolgsrezept sybillinisch: „I've always been good at people. I have a natural instinct for what makes people tick.“ Ich weiß nicht, ob wir alle einen ebenso großartigen Instinkt dafür haben, wie andere ticken, wie der Milliardär Christian Grey. Darauf dürfen wir nicht hoffen. Wir können jedoch unseren Blick schulen und den Aufmerksamkeitspegel erhöhen, um es ihm im Business gleich zu tun – mit dem Fokus, der Gelassenheit, aber auch dem Biss der Löwen und stets auf dem Sprung.

Einige Zeit war ich neben meinen Aufgaben als Leiterin der Bereiche Marketing und Unternehmenskommunikation, Beteiligungen und Geschäftsleitungssekretariat für VIP-Beschwerden zuständig. An mich wurden aufgebrachte Vorstandsmitglieder der Konzernmutter verwiesen. Ich hatte die interne Bearbeitung anzustoßen und die Kommunikation so lange zu übernehmen, bis Problemlösungen in Sicht waren. Bisweilen landeten bei mir aber auch Beschwerden von Nicht-VIPs, die bei der Telefonzentrale oder anderen Mitarbeitern aufgelaufen waren und von ihnen keinem Fachbereich zugeordnet werden konnten.

Es fiel mir immer wieder auf, dass das, was Menschen formulieren, häufig nicht das ist, was sie meinen. Das reicht von eher leicht zu enttarnenden falschen Begrifflichkeiten bis zu – vor Aufregung und Ärger – endlos anmutenden konfusen Leidensgeschichten voller Detailangaben, die sortiert werden müssen, um zu ergründen, wo der Hund denn nun begraben liegt, was nun wirklich schiefgelaufen ist – tatsächlich oder gefühlt.

Als ich mich mit den Grundlagen des Beschwerdemanagements beschäftigte, lernte ich viel von einer Kollegin in der Landesbank Berlin, die dort den entsprechenden Bereich aufgebaut hatte und EDV-gestützt über vielfältige Erfassungs-, Bearbeitungs- und „Wiedergutmachungstools" verfügte. All das hatte ich nicht.

Die wichtigsten Tools zur Lösung waren für mich die Fähigkeit, aktiv zuzuhören (dazu später mehr), und eine gute Fragetechnik. Mein ehemaliger Chef und Mentor sagte nicht umsonst häufig: Wer fragt, führt. Ergänzen mag ich diese Erkenntnis um folgende Einsicht: Und wer nicht fragt, bleibt dumm. Kinder lernen das bei der TV-Sendung Sesamstraße: „Wer, wie, was? Wieso, weshalb, warum? Wer nicht fragt bleibt dumm." Erwachsene vergessen das.

Es ist im Grunde sogar einfach, mit Beschwerden umzugehen. Ich spreche von Deeskalation in mehreren Stufen oder Schleifen. Man muss nur von sich ausgehen: Wer sein Anliegen formulieren darf, fühlt sich allein schon deshalb besser. Also nehmen Sie den Druck aus dem Kessel und lassen Sie den anderen reden. Natürlich gibt es auch Querulanten, die immer ein Haar in der Suppe finden. Solche Leute sind lästig und zudem gefährlich, denn sie werden, sollten man sie nicht zufriedenstellen, Gott und der Welt lautstark berichten, was für ein Saftladen Ihr Unternehmen, Ihre Abteilung, Ihre Behördeneinheit ist und was für ein Einfaltspinsel Sie selbst sind – Wahrheitsgehalt hin oder her. Leider wird kaum jemand die Behauptung hinterfragen, wenn die Person nur halbwegs glaubwürdig erscheint. Damit droht ein Imageschaden.

3. Kommunikationsturbo: Aktives Zuhören

Wir reden häufig zu viel und dabei oft aneinander vorbei, ohne es zu merken. Wir nehmen uns zu wichtig, jedenfalls sind uns unsere eigenen Befindlichkeiten wichtiger als die des anderen. Profis üben sich in der Kunst des aktiven Zuhörens. Aktives Zuhören ist mehr als nur zuhören. Aktives Zuhören ist Ausdruck von Empathie. Gemeint ist, dem Gegenüber 100 % Aufmerksamkeit zu schenken und sich wirklich für sein Anliegen zu interessieren.

Dazu gehört, selbst wenn man schon alles verstanden hat, keine Ermüdungserscheinungen erkennen zu lassen. Während eines Gesprächs E-Mails zu checken oder gelangweilt aus dem Fenster zu schauen – ein No-Go. Das ist nicht nur unhöflich, sondern auch eine Frage des Respekts. Auch rüde oder zu abrupte Unterbrechungen des Redeflusses sind meistens kontraproduktiv. Manchmal erlebt man zeitversetzt gleich mehrere dieser Unarten in einem Gespräch. Ein solches Verhalten ist unklug und der Sache, um die es geht, nicht dienlich.

Also investieren Sie Zeit, um zu einer guten Lösung zu kommen. Das beginnt damit, eine gute Atmosphäre zu schaffen. Das ist nicht immer leicht, aber manchmal können Sie schon mit einer netten Geste den Weg dazu bahnen. Manchmal reicht es schon, einen Sitzplatz anzubieten und eine Tasse Kaffee.

✔ Weshalb ein gutes Beschwerdemanagement ein Innovationsbooster ist, erfahren Sie im Kapitel „Innovation“.

4. Kommunikationsturbo: Fragen

Löwen lassen sich nichts aufdrängen. Sie führen und halten das Heft in der Hand.

Fragen können ein sehr strategisches Mittel der Gesprächsführung sein. Mit Fragen bringen Sie festgefahrene Gespräche wieder zum Laufen oder in eine andere Richtung. Fragen signalisieren zudem Interesse. Manchmal verschaffen sie einem auch Zeit zum Nachdenken.

Scheuen Sie sich auch nicht nachzufragen, wenn Sie etwas nicht richtig verstanden haben. Machen Sie es aber geschickt und sagen Sie nicht, Sie hätten etwas nicht verstanden. Drehen Sie den Spieß um und fragen Sie, ob Sie das und das so richtig verstanden hätten. Das macht einen großen Unterschied. Fehlen Ihnen bestimmte Informationen, weil Sie zum Beispiel beim letzten Meeting nicht dabei waren, können Sie das problemlos mitteilen: „Ich glaube, mir fehlt ein Detail, das im letzten Meeting besprochen wurde." „Null Problemo", würde Alf, der Außerirdische, sagen. Das funktioniert auch, wenn man etwas vergessen hat. Allerdings sollte man den Trick dann nicht häufig wiederholen. Mit hypothetischen Fragen regen Sie zu Gedankenexperimenten an. „Was wäre wenn wir das Teilproblem gelöst hätten, das Budget genehmigt würde, ..."

Twitter-Gründer Jack Dorsay hält für die wichtigste Frage überhaupt das schlichte Wort „Warum". Wie Recht er hat, erlebte ich selbst vor ein paar Jahren. Ein Freund und seines Zeichens Bestsellerautor brachte mich mit einem „Warum" vollständig aus dem Konzept, weil mir das vermeintliche Problem – damals aktuell kein neues Buch zu haben, das Erstlingswerk war vergriffen – förmlich vor dem geistigen Auge wegbröselte. Die von ihm skizzierte Lösung war so genial wie einfach: Vorbestellmöglichkeiten für das nächste Buch anzubieten. Das nenne ich kreativ. Das Mutige daran war, noch keinen Verlag zu haben. Dazu bedarf es normalerweise eines Löwen. Der Herr ist zwar kein Löwe-Geborener, aber die anderen Feuerzeichen unter den Sternzeichen neigen bisweilen zu ähnlichen Großtaten.

Und nicht zuletzt sei angemerkt, auch wenn man es nicht vermutet: Paradoxe Fragen können ein Team voranbringen: Was würde unser stärkster Mitbewerber an unserer Stelle tun? Welche Schwachstellen würde er finden? Wie könnte er unseren Erfolg verhindern?

Seien Sie kreativ. Denken Sie quer.

III. Von Inhalten und Botschaften

Betrachten wir die inhaltliche Seite der Kommunikation, geht es um zwei Dinge: Wesentliche Aussagen zu treffen und diese klar und adressatengerecht zu formulieren.

1. Kommunikationsgift: Viel geredet, nichts gesagt

„Menschen reden viel, wenn der Tag lang ist“, merkte seinerzeit meine Großmutter mütterlicherseits feinsinnig an. Leider sagen wir dabei wenig Gehaltvolles. Der Begriff der Worthülsen kommt nicht von ungefähr. Eines der schönsten und klügsten Bonmots zu diesem Thema stammt von Stanislaw Jerzy Lec: „Fassen wir uns kurz. Die Welt ist überbevölkert von Wörtern.“

2. Kommunikationsturbo: Klarheit

Löwen sind mit ihren ebenso schlichten wie effektiven Regeln ein Vorbild an unmissverständlicher Kommunikation. Bei uns Menschen sehe ich in Sachen Klartext hingegen trotz umfangreicher Literatur zum Thema immer noch große Baustellen. Er fehlt in Wirtschaft, Politik und Gesellschaft.

Woran liegt unser Unvermögen zu Klartext? Es wird zu viel herumgeeiert – auf allen Hierarchiestufen, von Führungskräften und Mitarbeitern, in allen Bereichen von Wirtschaft und Gesellschaft, von vielen Politikern allemal. Man hat Sorge, sich festzulegen, man könnte ja dafür einstehen müssen – irgendwann einmal. Aber bitte schön: Genau das ist unser aller Job: eine Meinung zu haben oder zu entwickeln und zu ihr zu stehen. Keine Meinung zu haben oder sie nicht zu äußern, bedeutet Verzicht auf Mitwirkung, Teilhabe. Manchmal ist es auch ein Wegducken vor Verantwortung.

Mir ist sehr wohl bewusst, dass Mitarbeiter, die eine eigene Meinung haben, nicht überall geschätzt werden. Dann bedarf es besonders viel Rückgrats, zu seiner Meinung zu stehen. Mancherorts werden Ja-Sager bevorzugt und „Entlastungskulturen“ gepflegt. Damit meine ich Entscheidungsfindungen über formale Entscheidungswege mit möglichst vielen Unterschriften.

„Die da unten“ fühlen sich entlastet, weil letztlich „die da oben“ die letzte Entscheidung treffen, während „die da oben“ sich entlastet fühlen, weil mehrere Instanzen unter ihnen geprüft und vorvotiert haben. Weitreichende Entscheidungen werden im Vorfeld mit teuren Gutachten abgesichert. Eine andere Variante ist, sich vor Verkündung der geplanten Entscheidung intern auf den Weg zu machen, um Belege für die Folgerichtigkeit zu finden.

Es stellt sich nicht nur unter ökonomischen Aspekten die Frage: Können und wollen wir uns diese Delegation von Verantwortung noch leisten?

3. Sonderfall: Auseinanderklaffen von Wahrheit und Rede

Ein ganz anderer Punkt ist der, dass wir nicht immer sagen, was wir denken. Das kann unterschiedliche Gründe haben: Maulfaulheit, fehlender Mut, dienstliche Anweisung oder auch Taktik. An einer gewissen Verschlagenheit soll es bereits den sehr erfolgreichen alten Borgias und Medicis, aber auch Heinrich dem Großen und der großen Zarin Katharina nicht gefehlt haben.

Für Normalsterbliche ist es aus mehreren Gründen bisweilen gefährlich zu taktieren, wenn wir etwas verschweigen oder anders darstellen, als es ist. Der wichtigste Grund ist der, ertappt zu werden. Gute Rhetorik übertüncht zwar manches, in der Regel jedoch merken andere, dass etwas nicht stimmt: Denn das gesprochene Wort und die Körpersprache klaffen bei einem nicht geübten Schwindler mit Sicherheit auseinander, die Stimme zittert womöglich. Nicht umsonst spricht man vom Pokerface, das man bisweilen braucht. Allzu „offene Bücher“ werden nämlich von allen gelesen, was nicht immer von Vorteil für die betreffende Person ist.

Gerne verweise ich auf das Kapitel zu Stimme und Körpersprache.

4. Kommunikationsturbo: In der Kürze liegt die Würze

Unser Aufmerksamkeitspegel ist nicht immer gleich hoch und ebenso wenig die Aufnahmekapazität. Das gilt umso mehr, als gerade die am Computer mit Internetzugang arbeitenden Wissensarbeiter enormen Ablenkungen durch E-Mails und Social Media ausgesetzt sind. Egal, ob es sich um E-Mails oder andere Kommunikationsmedien handelt, gilt als Faustregel: Niemals zu viele verschiedene Punkte in einem Dokument ansprechen und sich kurz fassen. Man scheitert häufig schon daran, dass Menschen E-Mails, aber auch Briefe nur flüchtig lesen und bisweilen nicht nach unten scrollen.

Fokussieren Sie sich auf Ihr Hauptanliegen, um zu Ergebnissen zu kommen. Meine Empfehlung lautet: Mehrere Anliegen/Themen gehören in mehrere E-Mails oder Vermerke. So behalten alle Beteiligten den Überblick.

IV. Kommunikation mit Emotion

Kommunikation ist mehr als die Übermittlung von Informationen in Form von Zahlen und Fakten. Es geht um interaktiven Austausch, Wissenstransfer oder auch Erfahrungsaustausch. Und machen wir uns nichts vor: Es geht immer um einen Zweck.

1. Kommunikationsturbo: Emotionen anpeilen

Wir sind uns oft nicht darüber im Klaren, dass wir bei der Kommunikation zwei höchst unterschiedliche Ebenen bedienen müssen. Das ist einerseits die Sachebene, sprich die geschäftliche mit fachlichen Inhalten und Bewertungen. Andererseits ist es die Beziehungsebene. Sie ist der Grund, weshalb Sie ohne Small Talk nicht elegant zum Business Talk kommen.

Bitte missverstehen Sie mich nicht. Die Löwen pflegen selbstverständlich keinen Small Talk mit Beutetieren oder Feinden. Sie tun dies innerhalb des Rudels. „Weibertratsch" über ungezogene Junge gehört dazu. Der Löwen-Business-Talk ist ganz anders. Er kommt bei der Jagd und der Abwehr von Feinden zum Tragen. Das sind Abstimmungen, Anordnungen, Informationen. Kurz und knapp der Situation geschuldet, das wird nicht diskutiert.

Die wenigsten Mensch mögen Small Talk. Manche hassen ihn sogar. Doch ohne Small Talk kein Business Talk – so einfach ist das und zugleich so schwer. Mehr dazu im Kapitel „Networking" und in meinem Ratgeber „Crashkurs Networking – in 7 Schritten zu starken Netzwerken".

Bloß dürre Worte zu wechseln, reicht nicht. Nicht umsonst bedienten sich alle Völker in früheren Zeiten der Geschichtenerzähler. Neudeutsch heißt das jetzt „Storytelling". Warum das Ganze? Weil wir uns Geschichten besser merken können als reine Fakten. Aber auch gute Geschichten reichen noch nicht. Es bedarf ehrlichen Interesses am anderen. Dies muss nicht einmal ausschließlich altruistisch sein. Wir können und dürfen das Angenehme mit dem Nützlichen verbinden. Wer sich in den anderen hineinversetzt, kommt in der Regel schneller ans Ziel – er bekommt die gewünschten Informationen, einen neuen Job oder Aufträge.

Selbst mit objektiv richtigen und sinnhaften Aussagen können wir auf der Beziehungsebene Porzellan zerschlagen – mit verheerenden Folgen für die Sachebene, auf der wir nichts mehr gebacken bekommen: Wir sind Menschen mit Eigenheiten, Erwartungen und Wünschen. Hierauf Rücksicht zu nehmen, ist keine Nebensache. Nicht umsonst wurde vor einigen Jahren das Thema emotionale Intelligenz auf die Agenda gesetzt. Ein ehemaliger Arbeitskollege, eine hochangesiedelte Führungskraft bei einem der Anteilseigner eines früheren Arbeitgebers, berichtete mir damals stolz, seine Mitarbeiter hätten ihm ein entsprechendes Buch geschenkt. Mir erschien es eher wie ein Hilfeschrei oder Wink mit dem Zaunpfahl.

2. Verkauf über Emotionen

Marketingleute achten sehr genau darauf, dass Emotionen angesprochen werden. BWM wirbt in seinem Hauptslogan nicht mit PS und Technikfinessen, sondern ganz elementar mit „Freude am Fahren“. Damit sind die Münchner sehr erfolgreich. Mit dem neuen Leitspruch „Dynamik beginnt im Kopf“ zündete BMW 2012 die nächste Stufe in der Markenkommunikation, ohne auf den alten Claim zu verzichten. Veränderung tut Not in Zeiten, in denen an selbstfahrenden Autos gearbeitet wird.

3. Kommunikationsbooster: Charisma

Erfolgreiche Werbung erzeugt starke Emotionen. Starke Persönlichkeiten tun dies auch. Man nennt dies „Charisma“. Die Folgen sind im positivsten Sinne unbezahlbar.

Die Löwen sind zweifellos charismatisch. Sonst würde sich die Heraldik ihrer nicht so exzessiv bedienen. Das Abbild des Löwen steht für den Herrscher, und der Löwe wird für diesen zum Vorbild.

„Charisma“ ist griechisch, wurde dann von den Römern übernommen und bedeutet „Gnadengabe“. Bei Charisma handelt es sich meines Erachtens weder um ein reines Göttergeschenk noch kann man Charisma erlernen, obwohl es Regale voller Ratgeber dazu gibt, wie man charismatisch(er) wird. Man kann Rhetorik trainieren, an der Aussprache feilen, sich geschickt kleiden und auch in gewissem Umfang an seiner Körpersprache arbeiten. All das verhilft noch lange nicht zu der Ausstrahlung, die charismatische Menschen wie der viel zitierte Apple-Gründer Steve Jobs, die Sängerin Beyoncé oder auch die Schauspieler Meryl Streep oder George Clooney haben. Für Fußballfans – und nicht nur die weiblichen – sei David Beckham genannt.

Manche Menschen sind schon als Baby ein strahlender Sonnenschein, der die Aufmerksamkeit aller auf sich zieht. Ob sie charismatische Erwachsene werden, sei dahingestellt. Sie haben allerdings gegenüber Menschen, die schon als Kinder Mauerblümchen waren, einen enormen Startvorteil. Auch Schönheit, und sei sie noch so groß, hat per se nichts Charismatisches. Sophia Loren definiert Charisma sehr feinsinnig als den unsichtbaren Teil der Schönheit, ohne den niemand wirklich schön sein kann.

Es geht um die Persönlichkeit hinter der Fassade. Sie wird sicherlich mitbestimmt von den Genen und unserer Mentalität. Ein wichtiger Faktor ist jedoch die innere Haltung. Diese können wir beeinflussen. An ihr können wir arbeiten. Für mich hat Charisma zudem viel mit Tiefe und Reife zu tun und damit, was ein Mensch an Freud und Leid erfahren hat. Das alles macht den Charakter und letztlich die Ausstrahlung aus.

4. Kommunikationsturbo: Empathie

Wir alle lechzen nach Aufmerksamkeit, Liebe und Anerkennung. In erster Linie wollen wir jedoch ernst genommen und respektiert werden. Wäre der Begriff des „wertschätzenden Umgangs" miteinander nicht so ausgelutscht und zu häufig als Worthülse missbraucht, wäre er die richtige Wahl.

Egal ob es sich um aufgebrachte Kunden oder intern um verärgerte oder verunsicherte Mitarbeiter, Kollegen oder auch genervte Vorgesetzte handelt – versetzen Sie sich in die Situation des anderen. Das gilt auch für ganz normale Gespräche, in denen die Stimmung ausbalanciert scheint.

Nehmen Sie regelmäßig einen Perspektivwechsel vor. Löwen tun das bei der Jagd höchst erfolgreich. Sie wissen, was die Beute vorhat, und berücksichtigen das. Der Perspektivwechsel im Beruf öffnet uns häufig die Augen. Wir erkennen, warum andere so auftreten, wie sie es tun. Das erleichtert häufig den Umgang. Vor allem lässt uns der Perspektivwechsel Kundenbedürfnissen erkennen.

Sollten Sie ihre Gesprächspartner schon länger kennen, werden Sie ohnehin wissen, welche Knöpfe man drücken muss, um auf der Sachebene voranzukommen.

5. Kommunikationsherausforderung: Unangenehmes

Wir sind fachlich bestens ausgebildet, trainieren das analytische Denken, das Abstrahieren. Zudem werden viele mehr oder weniger freiwillig durch Soft-Skill-Seminare gejagt. Sie kennen danach den Begriff des Konfliktmanagements oder arbeiten mit Coaches an ihrer emotionaler Kompetenz weiter. Eigentlich müssten wir so umfassend geschult kommunikativ gut aufgestellt sein. Und doch stoßen wir an unsere persönlichen Grenzen:

Es ist uns – Kommunikationstechnik hin oder her – unangenehm, anderen Unerfreuliches zu übermitteln. Noch schwieriger ist es, eigene Fehler zuzugeben. Andere auf Fehler hinzuweisen, ist auch nicht einfach. Handelt es sich um Vorgesetzte oder sonstige „Höhergestellte", lassen wir es meistens gleich bleiben. Wir sind an manchen Tagen ein wenig bequem, um nicht zu sagen: feige – ich nehme mich davon nicht aus.

Der innere Schweinehund ist dann nämlich zur Stelle und sagt uns, was wir gerne hören wollen: „Lass es bleiben. Es ist nicht deine Baustelle. Du machst dich nur unbeliebt. Das dankt dir keiner." Oder auch: „Du kleiner Wicht kannst eh nichts machen. Es wird schon jemand merken, dass der Chef mit seiner Einschätzung danebenlag, sonst wird das teuer. Zum Glück musst du nicht dafür geradestehen. Also freu dich auf die Grillparty nachher. Und als Gegenleistung für den guten Rat gibst du mir ein besonders saftiges Steak aus und wir stoßen mit einem großes Bier auf unsere Freundschaft an."

6. Kommunikationskatalysator: Wohlfühlambiente

Da Menschen soziale Wesen sind, brauchen sie auch für berufs- und geschäftsbezogene Kommunikation neben dem intellektuell-fachlichen Austausch noch ein bisschen mehr. Es geht nicht um Spaß, Menschen müssen auch nicht in Watte gepackt und von ernsten Ansagen verschont werden. Jedoch sollte Kommunikation in einem Rahmen stattfinden, der diese fördert. Die Bedeutung von Empathie hatte ich schon erwähnt.

Enorm wichtig sind die Orte der Begegnung und das Drumherum. An einem schönen Ort fühlt man sich grundsätzlich wohler und ist allein schon deshalb offener. Ob ein Gespräch gelingen kann, kann sich schon bei der Terminfindung entscheiden. Sie werden bei wichtigen Anliegen etwas verkrampft zum Termin gehen, wenn man Ihnen im Vorfeld sagt, Frau Müller oder Herr Meyer habe nur ganz wenig Zeit und einen direkten Folgetermin außer Haus. Nach Möglichkeit verzichten Sie auf einen dazwischengequetschten Termin. Ganz anders fühlt man sich, wenn man gesagt bekommt, man habe für Sie etwas mehr Zeit eingeplant oder es sei etwas Luft bis zum nächsten Termin.

Besprechungen sind schon an so banalen Dingen wie der genauen Angabe des Ortes der Besprechung gescheitert, weil man auf dem Werksgelände selbst bei guter Ortskenntnis 20 Minuten braucht, um dort hinzukommen. Sinnvoll ist der Austausch der Handynummern, damit Ansprechpartner erreichbar sind, wenn sie Orte außerhalb ihres Büros, ihrer Werkstatt wählen. Das klingt banal, Sie werden den Vorzug jedoch zu schätzen wissen, wenn Ihnen Ihr Gesprächspartner übermitteln kann, dass er oder sie im Stau steht. So lässt sich die Wartezeit halbwegs sinnvoll gestalten. Nicht zu vergessen, dass sich mit einem kurzen Anruf der Ärger aufseiten des Wartenden in Grenzen halten lässt.

In Konzernen werden in finanziell angespannten Situationen gerne Zeichen in Sachen Kosteneinsparungen gesetzt. Bei einem ehemaligen Arbeitgeber gab es bei internen Besprechungen keine Softdrinks mehr, nicht einmal in den kostengünstigen großen Einliterflaschen, selbst Tee oder Kaffee wurden gestrichen. Ich spreche nicht von halbstündigen Meetings, nein: Besprechungen über mehrere Stunden, auch im Sommer bei großer Hitze, in großen Runden.

Was für ein demotivierender Unsinn, zudem ohne große Auswirkung in der G&V-Rechnung! Tee und Kaffee kosten relativ wenig, Karaffen mit Leitungswasser und ein paar Zitronenscheiben noch weniger. Ein Minimum an Gastlichkeit verändert die Grundstimmung. Letztlich will man, dass Menschen kreativ sind. Das sind sie vor allem dann, wenn sie sich wohlfühlen. Meines Erachtens wird häufig am falschen Platz gespart.

Fettnäpfchen bei Events

Bei einer Tagung gut dotierter Mitarbeiter aus ganz Deutschland gab es beim 10-Uhr-Get-together nur Mineralwasser, Tee und Kaffee. Ein paar Snacks hätten den Kohl nicht fett gemacht angesichts des finanziellen Aufwands, 150 Personen einen Tag aus dem Alltagsgeschäft herauszulösen, zzgl. Reiseaufwand. In Baden-Württemberg ist die schlichte Brezellösung beliebt. Ein paar Körbe mit Brezeln ohne Butter, das war's – wenig Aufwand, geringe Kosten, aber die Teilnehmer bekommen eine handfeste kleine Zwischenmahlzeit. Eine sinnvolle Pausenplanung trägt stets zum Gelingen von Veranstaltungen bei und fördert die Vernetzung. Zu kurze Pausen zwischen Tagungsblöcken führen zu Stress. Man braucht sich nicht zu wundern, dass sich Menschen über die Organisation beschweren.

7. Kommunikationsturbo: Vertagen und Ortswechsel

Bei festgefahrenen Besprechungen helfen Ortswechsel. Wenn man in schlechter Stimmung oder im Streit auseinanderging, wird die Location einem großen Teil der Beteiligten oder allen als unangenehmer Ort in Erinnerung bleiben. Wechselt man vom Büro in einen Konferenzraum oder von einem Konferenzraum in einen anderen Konferenzraum, hat man beim Folgetreffen einen weniger belasteten Start. Sich an einen schönen Ort zum Business Lunch zu treffen, wäre eine andere Option, sofern die Compliance-Richtlinien das zulassen. Ist das Budget klein, tut es der Italiener oder Chinese um die Ecke – allerdings sollten die Plätze reserviert sein und etwas separat liegen, damit nicht das ganze Lokal mitbekommt, was besprochen wird. Nebenzimmer sind insofern eine gute Option.

V. Die Kommunikationskultur

Die Kommunikationskultur in Unternehmen und Organisationen ist nicht nur eine Frage der Kommunikationskompetenz von Mitarbeitern. Für mich ist dies ein zentrales Führungsthema, worauf im Kapitel „Führung und Team" einzugehen ist. Hier sei nur so viel gesagt: Unzureichende Kommunikation, Entscheidungsschwäche und Mutlosigkeit treten meistens im Verbund auf. Sie werden verstärkt durch schlechte interne und externe Vernetzung und Risikoscheu. Das kostet die Wirtschaft richtig Geld. Den Fokus darauf zu richten, diese Themen effektiv anzugehen, birgt ungeheure Chancen und Entwicklungsmöglichkeiten, die zudem nicht viel kosten, außer der Mühe, eigenes Verhalten und das der Organisation zu ändern.

VI. Kommunikationskiller oder -booster: Die Dosis

Schon Paracelsus wusste: Ob etwas ein Heilmittel oder ein Gift ist, entscheidet allein die Dosis.

1. Kommunikationsherausforderung: Redezeit

Wer kennt sie nicht, die endlos lang erscheinenden sog. Koreferate im Anschluss an einen Redebeitrag. Sie sind besonders beliebt nach Vorträgen, wenn Fragen zugelassen werden. Der obligatorische Dank an den Redner darf nicht fehlen. Er ist auch nicht zu beanstanden, wenn er nicht ausufert. Doch selbst den Vorrednern wird häufig gern gedankt. Warum machen Menschen das? Manche haben wirklich etwas zu sagen, einen ergänzenden Gedanken oder eine Information hinzuzufügen. Eine Vielzahl von Menschen hat jedoch nichts anderes im Sinn, als für sich eine Bühne zu schaffen. Manchmal ist das ausgesprochen peinlich, in nahezu 100 % der Fälle nervt es schlicht, und zwar alle: den Referenten, die anderen Zuhörer und nicht zuletzt den Veranstalter, der die meist knappe Zeit für Diskussionen im Auge behalten muss.

In Meetings und Konferenzen aller Art erleben wir maßlose Zeitverschwendung durch überflüssiges Wiederholen und langatmiges Hinzufügen von Altbekanntem. Von eigenen Erfahrungen zu berichten, kann eine Diskussion bereichern, doch dabei sollte man sich an den Grundsatz von Angelus Silesius halten: „Mensch, werde wesentlich." Fokussierung auf das Wesentliche im Interesse des Anlasses für das Zusammentreffen muss das Ziel sein. Selbstbeweihräucherung und Monologe von Vorgesetzten in Abteilungsbesprechungen oder sonstigen „Inforunden" verhindern häufig die Interaktion. Allerdings soll es auch Vorgesetzte geben, die Interaktion ohnehin nicht wünschen.

Es ist erschreckend zu wissen: Bereits nach wenigen Sekunden droht Langeweile. Der Amerikaner Marty Nemko erfand eine „Verkehrsampel für Kommunikation". Als grobe Grundregel kann danach gelten:

- **Grünes Licht:** Die ersten 20 Sekunden; man hört uns jetzt aufmerksam zu – möglicherweise.
- **Gelbes Licht:** Nach 30 Sekunden sinkt das Interesse und der Zuhörer hofft womöglich schon, dass wir bald zum Ende kommen.
- **Rotes Licht:** Nach 60 Sekunden sind die meisten gelangweilt und halten uns, wenn wir jetzt nicht aufhören, für eine Quasselstrippe oder einen Dampfplauderer. In einigen seltenen Fällen können die 60 Sekunden überschritten werden, dann nämlich, wenn die Zuhörer offensichtlich an unseren Lippen hängen.

Meistens nerven wir eher mit zu viel Wissen – sprich Details – als mit zu wenig Information. Wer kann sich eine Flut von Details schon merken? Nicht einmal der wahrhaft Interessierte, denn unsere Aufnahmekapazität ist begrenzt.

Beachten sollten wir alle Zeichen von Langeweile: Menschen checken ihre E-Mails oder führen störende Nebengespräche, die allerdings auch ein Zeichen dafür sein können, dass die Teilnehmer entweder keine Pausen hatten oder diese zu kurz waren, um sich genügend austauschen zu können. Daneben gibt es körperlich geäußerte Botschaften: Herumwandern mit den Augen, ständige Blicke auf die Uhr, mit den Beinen wippen oder auch mit den Fingern herumtrommeln.

Wir sollten wissen und dann entsprechend auch beachten: Menschen empfinden Gespräche als besonders wertvoll oder beglückend, in denen sie selbst am meisten gesprochen haben. Also lassen Sie andere zu Wort kommen und hören Sie gut, nämlich aktiv zu. Siehe Stichwort „aktives Zuhören“.

2. Kommunikationsbooster: Informationen

Manche Unternehmen halten intern immer noch Wissen unter Verschluss und machen es nur ausgewählten Kreisen zugänglich. Manche Führungskräfte kultivieren unabhängig davon ihr „Herrschaftswissen“. Ich hatte einmal einen solchen Vorgesetzten. Bei ihm war das auf mangelnde Souveränität gepaart mit fachlichem Unvermögen zurückzuführen – so die einhellige Meinung der Abteilung. Eine echte Niete in Nadelstreifen. Das ist der eine Pol. Das andere Extrem ist ebenso wenig optimal.

Vielerorts erlebe ich eine gewisse Orientierungslosigkeit bei Mitarbeitern, obwohl oder gerade weil reichlich Informationen zur Verfügung gestellt werden. Das Problem ist, man findet sie nicht oder nur nach langem Suchen. Intranet, Wikis, Prozessbeschreibungen, Rundschreiben, Quartals- und Monatsberichte etc. überfluten die Mitarbeiter, aber auch viele Führungskräfte überfordert die Fülle und Unübersichtlichkeit. Neue Mitarbeiter und Führungskräfte „wurschteln“ sich durch das Informationsüberangebot und vermissen einen roten Faden, vergeuden Zeit. Weniger ist auch hier mehr.

Wissensmanagement ist eines der großen Themen. Darin liegt eine Menge Geld: Neben Zeitersparnis bedeutet effektives Wissensmanagement bessere Ergebnisse durch besseren, weil leichteren Zugang zu Wissen und viel weniger Wissensverlust. Das ist ein Schatz, den es zu heben gilt. Das zugehörige Zauberwort ist „Transparenz“, die Klarheit der Löwen.

Doch nicht nur Inhaltliches macht Probleme. So wurde bei 16 Workshops in vier Tagen mit über 400 Mitarbeitern beim Kunden durchgängig geklagt, dass man Ansprechpartner nicht kenne und nur schwer finde. Man behelfe sich mit den bekannten internen Netzwerken und hoffe, dass man einen kennt, der einen kennt. Eine schwierige Situation, da sich das Unternehmen permanent im Umstrukturierungsprozess befindet. Mit den wegbrechenden Strukturen brach leider auch die Motivation ein.

Bedenklich stimmte mich zu hören, dass Vorgesetzte die Vernetzung von Mitarbeitern nicht wünschen, die Zeit dafür für fehlinvestiert halten und die entsprechenden Aktivitäten behindern. Dabei ist Networking eine lohnende Investition. Dazu mehr in Kapitel „Networking".

VII. Kommunikationswege, -mittel und -formen

Bisweilen ist kriegsentscheidend, an wen wir uns wenden und welchen Weg wir dafür beschreiten. Manchmal sind hierarchische Wege einzuhalten, bisweilen muss man diese hintanstellen und Hänschen ignorieren, weil Hans sonst nie erfährt, was das Unternehmen voranbrächte.

1. Kommunikationsturbo: Botschaften clever adressieren

In Meetings bringt es Sie nicht voran, wenn Sie ihrem Sitznachbarn, jung, unerfahren und neu im Unternehmen, geniale Dinge zuraunen. Gedanken brauchen die richtige Plattform, um auf fruchtbaren Boden zu fallen. Das bedeutet, sie müssen bei denjenigen platziert werden, die die Möglichkeit haben, Ideen umzusetzen. Das sind die hochrangigen Entscheider. Der Ranghöchste hat den üblicherweise besten Platz, den am Kopfende eines Tisches. Bevorzugt wird von Entscheidern das Kopfende, das den Blick auf die Tür freigibt. Auch der Sessel mit der erhöhten Lehne, falls nicht alle gleich hoch sind, spricht dafür, dass dort der Entscheider sitzt. Es gibt Untersuchungen, welchen Sitzplätzen welche Bedeutung zukommt. Wer rechts vom Boss sitzt, kann – Verbundenheit oder Abhängigkeit ausdrückend – ein Schmeichler oder aber der Kaffee kochende Assistent sein. Die nach dem Boss zweitwichtigste Führungskraft und die Kronprinzen sitzen links.

Um Gehör zu finden, ist gerade in größeren Gruppen der Blickkontakt zur offenkundig wichtigsten Person wichtig, sonst kommen Sie nie dazu, sich in ein laufendes Gespräch einzuklinken. Wenn Sie nicht wissen, wer das ist, richten Sie Ihre Botschaft bevorzugt an die Person, die von anderen die meiste Aufmerksamkeit erhält. In Organisationen mit flachen Hierarchien wie Start-ups werden Sie sich kaum an den bislang üblichen Statussymbolen orientieren können.

Wichtig ist allerdings auch, wer etwas sagt. Das hat viel mit hierarchischer Einordnung und persönlichem Standing zu tun.

2. Kommunikationsärgernis: Die E-Mail an alle

E-Mails sind großartig, sie sind aber auch monströse Zeitfresser. Das Phänomen der „E-Mail an alle" macht sich in fast allen Unternehmen und Organisationen breit. Man wählt große Verteiler und setzt auch noch jede Menge Menschen in Kopie „Cc", in der Regel, um sich zu entlasten, denn alle könnten nun Bescheid wissen. Wie viele Personen dann noch durch eine Blindkopie „Bcc" miteinbezogen werden, lässt sich nur vermuten. Das kostet Unternehmen und Organisationen richtig viel Geld.

Es ist grundsätzlich zu begrüßen, wenn Informationen breit gestreut werden, wenn viele Menschen informiert sein müssen. Das stellt Transparenz her und befördert den Arbeitsfluss. Doch all diejenigen in den ausufernden Verteilern, die mit dem Vorgang nichts zu tun haben, beraubt diese Vorgehensweise ihrer Zeit. Zeit zu rauben ist meines Erachtens eines der größten Verbrechen gefolgt vom Verbreiten von Langeweile. Zudem entsteht Unsicherheit, ob man nicht doch etwas tun muss. Also liest man die E-Mail zweimal und versenkt noch mehr Zeit.

Warum tun wir das? Dafür gibt es mehrere mögliche Gründe:

- Wir machen uns zu wenig Gedanken darüber, wer informiert werden muss. Es fehlt eindeutig der Fokus oder es ist Faulheit. Das ist unverzeihlich.
- Wir wissen es vielleicht selbst nicht genau und können niemanden fragen oder trauen uns nicht, dies zu tun. Sich nicht zu trauen, ist menschlich verständlich, aber nicht gerade professionell. Von Löwenmut keine Spur ...
- Wir wollen uns mit dieser Vorgehensweise entlasten. Das ist der verwerflichste Grund: Wir nehmen alle in den Verteiler, die irgendwie betroffen sein könnten. Geht etwas schief, kann man mit dem Finger auf andere zeigen, die sich ja hätten melden und kümmern

können. So delegieren wir Verantwortung weg. Das ist fatal. Löwen kämen damit nicht durch.

Dabei ist es nicht schwer, auch an einen größeren Personenkreis sinnvoll zu adressieren, wenn man sich an folgende Grundsätze hält:

- Sparsam mit den Adressaten umzugehen – orientiert an der Frage: Wer muss das wissen, um handeln zu können?
- Hervorheben, wer wofür zuständig ist und was bis wann liefern muss.
- Noch sparsamerer Umgang ist geboten mit den „in Kopie" gesetzten Adressaten unter dem Stichwort: Ist die Information für diese Person überhaupt relevant? Ist sie nicht direkt betroffen, aber besteht vielleicht doch ein Interesse, sollte man die E-Mail nach Versand mit einem Hinweis, weshalb man das für wichtig hält, weiterleiten: „Schauen Sie, ob Ziffer 3 für Sie von Interesse ist." Das ist kein großer Aufwand und ein super Service für Kollegen und Vorgesetzte.

Es ist eine Zumutung, wenn sich jeder heraussuchen muss, was er oder sie zu tun hat oder zumindest lesen sollte. Es empfiehlt sich bei unterschiedlichen Ansätzen und Bezugspunkten für unterschiedliche Personen, die E-Mail inhaltlich zu strukturieren und zu kennzeichnen, welche Aufträge sich an welche Menschen richten. Das macht Arbeit, führt aber schneller zu besseren Ergebnissen, weil man selbst noch einmal prüft, was kommuniziert werden soll.

Manchmal ist es jedoch immer noch am einfachsten, Menschen direkt zum konkreten Punkt anzuschreiben. Oder noch besser einfach anzurufen, sich kurz zu treffen.

Nachgefragt

Wie sieht es bei Ihnen in Sachen Kommunikation aus? Inwiefern könnten Sie die persönliche Kommunikation verbessern?

Woran krankt die Kommunikation in Ihrer Organisation, selbst wenn sie schon sehr gut ist? Könnten Sie etwas zur Optimierung beitragen?

3. Kommunikationsturbo: Der Kommunikationsmittelmix

Früher gab es Briefe, später auch Telegramme und schließlich das Telefon. Heute stehen uns viele Kommunikationswege parallel zur Verfügung und die meisten jungen Leute kennen das Telegramm nur noch vom Hörensagen. Wie kommunizieren wir richtig?

Eine häufig nicht beachtete Grundregel ist, sich bei der Wahl der Kommunikationsmittel am Adressaten zu orientieren. Solange Menschen und Unternehmen unterschiedliche Kommunikationswege beschreiten, muss ich eben verschiedene Kommunikationsmittel einsetzen, um all diejenigen zu erreichen, die ich erreichen möchte. Ich spreche gerne davon, dass man aus allen Rohren schießen muss. Aber nicht auf alle Adressaten, sondern unter zielgerichteter Verwendung des richtigen Kanals.

Lange dachte ich, meine Mutter und ich wären die Einzigen, die noch ein Fax haben, wobei meine Mutter das Fax kaum noch verwendet, seit sie ein iPad hat. Ich verwende das Fax fast ausschließlich für Einladungsbestätigungen, da es meistens einfacher ist, ein Fax zu versenden, als sich per E-Mail anzumelden. Zu meinem Erstaunen verwenden laut neuen Erhebungen des Hightech-Verbandes Bitkom stolze 79 % der Unternehmen nach wie vor Faxe. Und sie tun es häufig. Totgesagte leben eben länger …

Zum Glück gehören die Zeiten, in denen sich Geschäftsführer und Vorstände ihre E-Mails von ihren Assistentinnen ausdrucken ließen, langsam der Vergangenheit an. IBM arbeitet mittlerweile intern schon mit Instant-Messaging-Systemen. Täglich werden bei IBM weltweit 2,5 Millionen Nachrichten via Instant Messaging versandt – berichtet Cal Newport in „Deep Work".

Die fortschreitende Digitalisierung sorgt für neue Formen und für nie geahnte Schnelligkeit in der Kommunikation. Ob das alles der Qualität immer zuträglich ist, sei dahingestellt. Mehr dazu später.

4. Kommunikationsturbo: Face-Mail statt E-Mail

Ich halte viel von persönlichen Gesprächen und versuche so viele Dinge wie möglich persönlich oder telefonisch zu regeln. Meines Erachtens wird zu viel geschrieben. Als ich 2007 Heinrich von Pierer, den damaligen Aufsichtsratsvorsitzenden der Siemens AG, interviewte, betonte er, dass er für „mehr Face-Mail statt E-Mail" sei. Auch ich sehe das so: E-Mails sind großartig, doch im persönlichen

Gespräch lässt sich viel mehr viel schneller klären. Sehr effizient. Es kommt nicht zu zeitversetztem Hin- und Herschreiben, bei dem man sich mehrfach in einen Sachverhalt hineindenken muss. Null unnötige Zeitverschwendung. Zudem hat ein persönliches Gespräch, ja selbst ein Telefonat oder eine technisch gut gemachte Videokonferenz den unschätzbaren Vorteil, dass man die Stimmung des anderen erkennt – ihm ansieht oder sie heraushört. Das ist wichtig für die Einschätzung und den Auf-und Ausbau von Vertrauen.

5. Kommunikationsturbo: Bewusste digitale Abstinenz

Heute wissen wir nicht nur um die Effizienz direkter persönlicher Kommunikation. Wir wissen auch um den enormen Ablenkungsfaktor der elektronischen Medien. Laut einer Studie von McKinsey aus dem Jahr 2012, die Cal Newport in „Deep Work" zitiert, verbringt der durchschnittliche Wissensarbeiter rund 60 % der Arbeitswoche mit elektronischer Kommunikation und Recherchen im Internet. Dabei werden fast 30 % der Zeit auf das Lesen und Abfassen von E-Mails verwandt. Wie viel davon nutzlos ist, lässt sich nur erahnen.

VIII. Diverse Kommunikationskniffe

1. Kommunikationsessenz: Wer schreibt, der bleibt

Mein Mentor aus dem Bankenwesen war es, der mir einmal sagte: „Wenn Sie irgendwo ein weißes Blatt sehen, schreiben Sie Ihren Namen darauf, sonst tue ich es – wer schreibt, der bleibt." Diese Wahrheit ist ebenso einfach wie bestechend. Ihr Bekanntheitsgrad ist enorm wichtig: Wen man nicht kennt, wird man nicht bei neuen Aufgaben, Jobs oder Aufträgen berücksichtigen.

Achten Sie darauf, dass Sie Erwähnung finden, schreiben Sie intelligente Vermerke mit dem richtigen Verteiler und geben Sie sich Mühe mit dem Betreff. Ist der Betreff nicht interessant, wird die E-Mail weggeklickt, der Brief landet im Müll.

Leider stimmt es: Eine Leistung, die nicht als solche publik wird, hat keine Außenwirkung. Es ist als wäre sie nicht erbracht. Wer die klugen Sprüche der Altvorderen liebt, freut sich bestimmt zu lesen: „Klappern gehört zum Geschäft." Das Prinzip ist uralt und bewährt, wir vergessen es lediglich bisweilen oder haben Manschetten, es zu nutzen. Schade, eine verpasste Chance.

2. Kommunikationsretter: Das Himbeerbonbon

Mein Freiburger Strafrechtsrepetitor predigte förmlich, dass wir in der mündlichen Prüfung (1. Juristisches Staatsexamen) in den schlimmen Momenten des Blackouts oder schlichter Wissenslücken zumindest „Himbeerbonbon“ sagen. Das klingt sicher banal, vielleicht sogar bekloppt, zumal Juristen nicht gerade für ein Übermaß am Humor in mündlichen Prüfungen bekannt sind. Seine Argumentation hatte jedoch so viel für sich, dass ich sie nie vergessen habe: Sagt man nichts, hat man definitiv schon verloren. Bringt man das Himbeerbonbon ins Spiel, können die anderen helfen. Auf jeden Fall gewinnt man Zeit – ein wichtiger Punkt.

3. Kommunikationsanker: Reden ist Silber, Schweigen ist Gold

Mein Zivilrechtsrepetitor, ein Rechtsanwalt mit scharfer, nein: giftiger Zunge, merkte einmal an: „Es ist nicht immer gut, wenn die Mandantschaft redet.“ Richtig, manche reden sich um Kopf und Kragen, insbesondere wenn sie sich aufregen. Das gilt nicht nur für Mandanten. Schon Martin Luther wusste „Wes Herz voll ist, dem geht der Mund über.“ Man muss wissen oder mit der Zeit zumindest ein Gespür dafür entwickeln, wann es besser ist zu schweigen.

Nicht zu Unrecht titelt ein Buch „Einfach mal die Klappe halten“. Einfach mal den Mund zu halten. Das funktioniert übrigens auch im Schriftlichen. Die im Zorn geschriebene E-Mail eben nicht gleich wegschicken. Etwas einen Tag liegen zu lassen oder auch nur eine Nacht, wirkt Wunder und bewahrt vor Schaden.

Natürlich ist es toll, dem Gegenüber so richtig die Meinung zu sagen. Das befreit ungeheuer. Und genau deshalb gestattete ich einem ebenso kreativen wie impulsiven Kunden, einem Michael Kohlhaas oder Don Quijote, der hochsensible Texte und wundervolle Gedichte zu schreiben vermag, E-Mails, in denen er derb herumholzte, im ersten Impuls gerade nicht an den Adressaten, sondern an mich zu schicken – zum Entschärfen. Das hat ihm großen Ärger erspart. Schrappte er doch häufig haarscharf am Straftatbestand der Beleidigung und Ähnlichem vorbei.

Manchmal ist die Zeit aber auch noch nicht reif für manche Dinge – manchmal ist der Zeitpunkt schlicht ungünstig. Insofern kommt es für das Gelingen von Vorhaben stets auch auf das richtige Timing an.

Vieles scheitert an mangelnder Vorbereitung. Noch mehr scheitert an unentschiedener, gar angstvoller Präsentation. Das Gegenüber riecht Angst und Unsicherheit. Damit hat man schon verloren, wenn der andere einem nicht wohlgesinnt ist. Skeptiker wird man so nicht überzeugen.

4. Kommunikations-Exit-Strategien: Was interessiert mich mein Geschwätz von gestern?

Im Grunde mag ich den Ausspruch „Was interessiert mich mein Geschwätz von gestern?“ nicht, denn er wirkt oberflächlich, wenn nicht gar charakterlos. Wir sollten unser „Fähnchen nicht in den Wind hängen“, zur jeweiligen Situation passend. Wendehälse sind selten starke Persönlichkeiten – ich denke, es handelt sich eher um Opportunisten, denen das Rückgrat fehlt.

Was wir allerdings tun sollten, ist, uns zu hinterfragen und unsere Meinung durchaus zu ändern, wenn es dafür gewichtige Gründe gibt. Um bei einem Meinungswechsel nicht bloß wetterwendisch zu wirken, sollten wir Hintergründe transparent machen. In welchem Umfang das geschehen sollte, hängt von der Situation und dem Kontext ab, in dem wir uns bewegen, aber auch von anderen Faktoren wie der hierarchischen Stellung innerhalb einer Gruppe. Es ist dabei nicht erforderlich, vielmehr eher hinderlich, sein Innerstes nach außen zu kehren. Es reicht ein gutes sachliches Argument. Für einen Meinungswechsel muss man sich in der Regel auch nicht entschuldigen. Man kann Folgen bedauern wie Präsident Obama es mit dem Einsatz in Libyen tat. Er sagte, er habe seine damalige Entscheidung für richtig gehalten.

Das ist genau der springenden Punkt: Wir können nicht mehr tun, als zum Zeitpunkt der Entscheidung und ihrer Kommunikation davon überzeugt sein, dass wir das Richtige tun. Wir haben selten alle Informationen, die wir für eine Entscheidung benötigen, manchmal schätzen wir die Dinge falsch ein und bisweilen wissen wir nicht einmal, dass es noch etwas zu berücksichtigen gäbe. Nichts davon darf uns davon abhalten zu agieren. Wer nicht handelt, trifft gerade durch das Nichtstun eine Entscheidung und wird so zum Spielball, vielleicht sogar zum Opfer.

IX. Ausblick auf weitere Kommunikationsturbos

1. Körpersprache und Stimme

Körpersprache und Stimme sind für Ihren Auftritt – und wir befinden uns tagtäglich auf unterschiedlichen Bühnen – enorm wichtig. Sie sind Kommunikationsverstärker. Ich widme mich dem Thema im Kapitel „Souveräner Auftritt für starke Wirkung".

2. Kommunikationsturbo für Frauen: How to talk to men

Dazu finden Sie, liebe Leserinnen, mehr im Sonderkapitel „Löwinnen". Die Herren Leser bitte ich schon jetzt um einen Gegencheck, ob dem so ist.

Zusammenfassung

Kommunikation ist vielschichtig: Was wir sagen, wo und wann wir das tun, wie wir das Gesagte formulieren und mit welchen Medien wir es vermitteln, das alles spielt zusammen. Es geht um Inhalte, die Art der Vermittlung und die Einstellung dazu. Manchmal wird anderen nicht klar, was wir überhaupt ausdrücken wollen. Ob wir sagen, was gesagt werden müsste, was angebracht wäre, oder ob wir das nicht tun, haben wir weitgehend in der Hand – das richtige Timing nicht immer. Doch schlechtes Timing bringt uns um den möglichen Erfolg, falsche Ansprechpartner auch. Es gilt vieles zu beachten.

Der Fokus der Löwen-Strategie liegt auf klarer zielgerichteter Kommunikation. Deutliche An- und Aussagen erhöhen die Effektivität und Effizienz, weil es zu weniger Missverständnissen und Informationsdefiziten kommt. Die gewonnene Transparenz erspart Umwege und damit viel Zeit. Das schafft Freiraum und erhöht die Zufriedenheit.

3. Kapitel

3

Souveräner Auftritt für starke Wirkung

„Stell dein Licht nicht unter dem Scheffel."
Sprichwort

„Klappern gehört zum Handwerk."
Sprichwort

„Man bekommt keine zweite Chance, den ersten Eindruck zu wiederholen."
Sprichwort

Von Löwen und Löwinnen kann man lernen, was ein Auftritt ist, den andere nicht so schnell vergessen. Löwen setzen sich perfekt in Szene: perfekte Körperhaltung im Verbund mit einer der Situation entsprechenden Körperspannung, die Erhabenheit und Eleganz zum Ausdruck bringen. Löwen beeindrucken ihre Gegner schon durch ihre Größe.

Das Spiel mit der Stimme beherrschen die Löwen vortrefflich: Die Bandbreite reicht – ich hatte es schon erwähnt – vom Schnurren über das Knurren bis hin zum Fauchen und lautstarken Brüllen. Den Feinden die Zähne zu zeigen, reicht aus, diese zu erschrecken, man muss ein Löwengebiss nur betrachten, dann braucht es kein Brüllen und Fauchen mehr.

Löwen sind, anders als viele Menschen, in sich stimmig, sie verstellen sich nicht, was nicht heißt, dass sie im Kampf und bei der Jagd nicht trickreich vorgehen. Im Grundsatz jedoch gilt: Der Löwe ist sich seiner Stärke bewusst, er braucht keine Theatralik.

Und nicht zuletzt haben die ausgewachsenen Löwenherren prachtvolle Mähnen. Übrigens hegen die Löwendamen dafür bestimmte Präferenzen: Je üppiger und dunkler die Mähne, desto begehrter der Löwe. Es ist wie bei den Menschen: Erfolg, Macht und jedwede Potenz wird auch an Äußerlichkeiten festgemacht.

Oft sind es bei Menschen nur Kleinigkeiten, die aus einem edlen Statussymbol eine Karikatur machen: Während ein eleganter Porsche, BWM oder welche Nobelkarosse Ihnen sonst noch einfällt – einen erfolgreichen Unternehmer oder eine Firmenchefin ziert, verrät die aufgemotzte, supergetunte Variante in geschmacklosen Farben den Angeber – zumindest scheinbar betucht, aber in jedem Fall wenig kultiviert.

I. Zeigen Sie Profil

Wir sollten unverwechselbar sein, um im Meer der nahezu austauschbaren Mainstream-Leute positiv aufzufallen. Das bedeutet: Wir sollten etwas zu sagen haben und dies dann auch noch gekonnt tun, um in Erinnerung zu bleiben.

Mit Fokus zu einem starken Profil zu kommen, verschafft uns wiederum den besten Platz im Fokus anderer. Doppel-Fokus. Zwei Fliegen mit einer Klappe.

Mein geschätzter Kollege Jon Berndt, der Erfinder des „Human Branding“, empfiehlt, eine Marke zu sein. Mich freut noch immer, dass er mir bei unserer ersten Begegnung, als wir auf der Women Power 2009 in Hannover eine Podiumsdiskussion bestritten, seinen Marken-Button mit der Bemerkung „Sie sind eine Marke“ überreichte. Ich habe später einmal nachgefragt, ob er mit jedem neuen Kontakt – quasi im Rahmen einer seiner unglaublichen Charmeoffensiven – so verfährt. „Nein“, lautete sinngemäß die beruhigende Antwort, man müsse seine Markenanforderungen schon erfüllen. Glück gehabt. Oder doch nicht, sondern vielmehr das Ergebnis davon, viele Jahre mehr oder weniger bewusst am eigenen Erscheinungsbild gearbeitet zu haben.

Ob man nun von Human Branding spricht oder von Profil im Rahmen konsequenter Positionierung, ist nicht kriegsentscheidend. Wichtig ist, dass wir wahrgenommen werden, und zwar möglichst positiv und nachhaltig. „Aus den Augen aus dem Sinn“ können wir uns nicht leisten, wenn wir vorankommen wollen.

Profis zeichnen sich nicht nur dadurch aus, dass sie ihre Hausaufgaben in Sachen Üben, Trainieren und Verfeinern gemacht haben. Profis sind originell, aber nicht im Sinne von „Herumkaspern“. Es geht um die Originalität der Gedankenführung und des Auftritts, der der Persönlichkeit entsprechen muss, um ein wirklich starker zu sein. Das heißt nicht, dass jeder von uns das Rad neu erfinden müsste. Jeder kann und muss jedoch seine ureigene Sicht der Dinge herausarbeiten und andere in einem zweiten Schritt an seinen Ideen und Erfahrungen teilhaben lassen.

Ein gutes Beispiel für eine starke Marke ist Fußballtrainer Jürgen Klopp. Die Presse beschreibt ihn als positiv verrückten Trainer und Chefcoach, der über Fußball spricht wie ein Fußballfan. Klopp hat enorm hohe Sympathiewerte. Diese verdankt er sowohl den sportlichen Erfolgen als auch seiner kommunikativen Art. Wie alle starken Marken polarisiert er: Man findet ihn entweder super oder man mag ihn gar nicht oder eine ganz eigene Kategorie: Man findet ihn toll, aber er trainiert den Gegner ... Es geht nicht darum, ob wir seine kernigen Sprüche und seine Emotionalität mögen. Klopp ist unverwechselbar und vor allem ist er immer glaubwürdig. Jürgen Klopp bleibt in Erinnerung.

II. Die Zutaten für einen souveränen Auftritt

Ein guter Auftritt resultiert aus dem gekonnten Zusammenspiel von Inhalt, Optik, Stimme und Sprechweise im Gesamtkontext des Ambientes. Das ist eine ganze Menge an Voraussetzungen, die man im Blick haben muss. Doch sehen Sie es positiv: Wir können an vielen Stellschrauben drehen, um beim Agieren vor Publikum zu reüssieren.

Dabei meine ich nicht nur die „echten“ Auftritte beim Regionalfernsehsender, als Münchner Oberbürgermeister beim Fassanstich auf dem Oktoberfest, als Chefin des örtlichen Gründerinnen- und Unternehmerinnennetzwerks bei der Neujahrsansprache, als Bereichsleiter bei der Begrüßung auf der Führungskräftekonferenz oder als Mitarbeiter bei Präsentationen. Im Grunde stehen wir den lieben langen Tag auf der Bühne, nämlich schon dann, wenn auch nur eine Person den Raum betritt. Sobald wir „im Dienst“ sind, haben wir uns dementsprechend professionell zu verhalten. Das sind wir uns schuldig und als Mitarbeiter auch unserem Arbeitgeber.

III. Gesamtstrategie für den nachhaltigen Auftritt

Es reicht nicht, von Zeit zu Zeit einen guten Auftritt hinzulegen, gut zu performen. Es geht um gleichbleibend hohe Qualität, um mittel- und langfristige Ziele wie einen hohen Bekanntheitsgrad gepaart mit guter Reputation und dem Status eines Experten, einer Expertin zu erreichen. Das erfordert permanenten Einsatz. Nur Dranbleiben wird belohnt.

Natürlich ist es eleganter, wenn andere Menschen einen loben, einem Türen öffnen und einen weiterempfehlen. Doch wenn es kein anderer tut, bist du eben selbst in der Pflicht, für entsprechende Außenwirkung zu sorgen und in Erinnerung zu bleiben, Kontakt aufzubauen. Hilf dir selbst, so hilft dir Gott. Leistung muss kommuniziert werden, wenn sie ins Bewusstsein anderer und dabei vor allem der Entscheider rücken soll. Und während man selbst zugange ist, sollte man parallel die erforderlichen Netzwerke aufbauen, damit das mit den Empfehlungen irgendwann klappt.

Man kann selbstverständlich darauf verzichten, sich so zu präsentieren, dass man anderen auffällt. Wer sich für diesen Weg entscheidet, darf sich jedoch nicht darüber wundern und schon gar nicht darüber ärgern, dass andere beruflich an ihm oder ihr vorbeiziehen. Natürlich gibt es Blender, Angeber und Großmäuler unter den Aufsteigern. Wir sollten jedoch vorsichtig sein mit vorschnellen Kategorisierungen. Zudem bin ich mir sicher, dass bei wenig marketingaffinen und schlecht vernetzten Personen, überzeugten Marketingverweigerern gar, ein Hauch von Neid mitschwingt, wenn sie andere als Angeber bezeichnen. Das wird von Dritten übrigens schnell durchschaut und macht nicht wirklich sympathisch.

✔ **Meine Federn gehören mir**

Wollen Sie verhindern, dass sich jemand mit fremden, nämlich Ihren Federn schmückt, sollten Sie aktiv werden – und zwar frühzeitig, bevor es zu spät ist. Meistens kennen wir unsere Pappenheimer, die sich gerne die Ergebnisse und Erfolge anderer zueignen. Es sind Kollegen, aber auch Vorgesetzte. Selbstständige sollten in Richtung Ideenklau die Augen offen halten. Es wird schamlos abgekupfert und gegen Urheberrechte verstoßen.

Generalisten managen die Vielfalt

Wenn Sie angesichts des Hinweises, wie wichtig der Expertenstatus ist, zusammenzuckten, weil Sie gerade kein Experte, sondern ein Generalist sind und bisweilen mit dem Vorurteil zu kämpfen haben, dass Generalisten von allem ein wenig und nichts richtig können, können Sie aufatmen: Diese Klippe umschiffen Sie gekonnt, indem Sie von sich aus prophylaktisch darauf hinweisen, dass das Managen vieler Aufgaben genau ihre Expertise ist. Sie halten viele Bälle gleichzeitig in der Luft, das kann nicht jeder.

Vermarktungsbooster: Vom Ende her denken

Konsequente Vermarktung sollte so früh wie möglich mit im Fokus stehen. Wenn das Produkt, die Dienstleistung entwickelt ist, ist es zu spät, sich Gedanken über so wesentliche Dinge wie Zielgruppen, Vermarktungsstrategien und den Vertrieb zu machen. Das gilt ähnlich auch für Mitarbeiter. Wer nur die Inhalte für eine Präsentation zusammenträgt, sich jedoch keine Gedanken darum macht, wie er die Inhalte verständlich und attraktiv präsentiert, bringt sich zumindest um den halben Erfolg.

IV. Äußerlichkeiten, auf die es ankommt

Untersuchungen der Attraktivitätsforschung belegen immer wieder: Schöne Menschen haben es leichter. Das gilt für Frauen und Männer gleichermaßen. Das fängt ganz früh an: Schon schöne Babys bekommen mehr Aufmerksamkeit und Zärtlichkeit als weniger hübsche. Später haben sie mehr Freunde und verdienen mehr Geld. Daran können wir nichts ändern. Aber wir können aus dem, was uns in die Wiege gelegt wurde, das Beste machen. Wir können uns vorteilhaft anziehen, uns pflegen, darauf achten, dass wir nicht aus der Form geraten. Wir Frauen können mit Make-up das Äußere etwas aufpolieren, ein schicker Haarschnitt gereicht beiden Geschlechtern zum Vorteil.

Doch das Wichtigste ist: Eine gute Ausstrahlung und eine gepflegte Erscheinung macht vieles wett. Jack Nicholson ist nun wirklich kein schöner Mann, doch als Daryl in „Die Hexen von Eastwick" ist dieser Filou für drei attraktive, intelligente Frauen unwiderstehlich. Auch wer vom Schicksal in Sachen Aussehen nicht begünstigt wurde, kann mithin enorm attraktiv sein. Zudem nützt eine schöne Fassade nicht auf Dauer, wenn der zugehörige Mensch einen miesen Charakter hat.

1. Kleider machen Leute oder: Dress for Success

Soldaten und Polizeibeamte haben Uniformen, Mönche und Nonnen tragen Kutten, Habite, Ärzte und Arzthelferinnen sind meistens berufsspezifisch weiß gewandet, in vielen Chefetagen findet sich edler Zwirn, Werber tragen noch immer gerne schwarz und in der IT-Branche wimmelt es nur so von Hoodies. Selbst der Nachwuchs in den Kindergärten und Schulen kreiert und beachtet Moden. Schon die Kleinsten achten darauf, dass angesagte Designermarken eingekauft werden.

Wer Karriere machen möchte, sollte sich frühzeitig damit beschäftigen, was es dazu braucht. Es gibt den alten Grundsatz: Kleide dich so wie diejenigen, deren Job du haben möchtest.

Der professionelle Auftritt beginnt in vielen Bereichen noch immer bereits mit dem Einhalten des branchenüblichen Dresscodes. Das wird allerdings längst nicht mehr so streng gehandhabt wie noch vor einigen Jahren. Daimler-Chef Zetsche verzichtet selbst auf der Bilanzpressekonferenz auf eine Krawatte. Siemens und Bosch haben den Krawattenzwang abgeschafft. Ob die roten Sneakers des Allianzvorstandsvorsitzenden Bäte auf anderen Hauptversammlungen Schule machen werden, wird sich zeigen. 2016 standen sie auch für die Partnerschaft mit einem Sportartikelhersteller. Gleichwohl tut man sich in konservativen Branchen mit Verstößen gegen den Dresscode keinen Gefallen. Der Dresscode – ob er uns nun gefällt oder nicht – signalisiert Gruppenzugehörigkeit. Das schließt Mitglieder ein und grenzt nach außen ab. Es geht um „Stallgeruch“ oder in Bayern das „mia san mia.“

Dresscode beim Wirtschaftsprüfungsunternehmen PwC

PwC schreibt auf seiner Hompage: „Business as usual: Der generelle Dresscode bei PwC ist Business, darauf wird besonders von Mandanten geachtet. Krawatten sind bei Männern gern gesehen und gehören deshalb einfach zum Outfit dazu. Insgesamt ist ein gepflegtes äußeres Erscheinungsbild sehr erwünscht. In den meisten Abteilungen gibt es einen Casual Friday. Ob das in Ihrer Abteilung der Fall ist, finden Sie am besten im Gespräch heraus. Für Ihren ersten Tag gilt: Lieber etwas over- als underdressed. Weitere Details zum Dresscode können Sie später in Ihrer Abteilung besprechen.“

Eine junge Investmentbankerin berichtete mir vor wenigen Jahren, dass sie und ihre Kollegen nur Maßanzüge/-kostüme tragen. Selbst beim Innenfutter könne man Fehler machen. In einer St. Galler Privatbank sind hingegen genau diese Maßanzüge verpönt, weil sie zu protzig wirken. Einstecktücher sollten deren Meinung nach nur Genfer Banker tragen. Die Sicht der Dinge spiegelt die Unternehmenskultur. Die Firmenkrawatten, die ein Unternehmen, für das ich einmal arbeitete, seinen Mitarbeitern bei offiziellen Anlässen aufzwang, waren einfach nur furchtbar. Geschmack ist ein weites Feld, über das sich trefflich streiten lässt. Sneakers im Job sind auch so eine Sache. Sie scheinen sich jedoch auf dem Vormarsch zu befinden, selbst bei Frauen.

2010 handelte sich die UBS, die größte Schweizer Bank, mit einer 44-seitigen Fibel mit Verhaltensregeln für die Angestellten am Schalter weltweiten Spott ein, weil Tattoos und Piercings, Knoblauch-, Zwiebel- oder Zigarettengeruch per Dekret „nicht erwünscht" waren. Einige der Verbotsregelungen finden meine volle Zustimmung: Knoblauchgeruch ist für die meisten Menschen eine Zumutung. Zu kurze, bunte oder weiße Herrensocken, Tennissocken gar, sind in vielen Branchen ein No-Go für die Führungsjobs und Menschen mit Kundenkontakt. Meines Erachtens sind sie eine Beleidigung fürs Auge.

Auch wenn man meint, lachen zu müssen, gibt es für solche Regeln einen ernsthaften Hintergrund: Es geht um den Kunden und das Erscheinungsbild eines Unternehmens. Forscher des Massachusetts Institute of Technology untersuchten die ersten negativen oder positiven Eindrücke von Mitarbeitern. Nur ein Bruchteil der ersten Einschätzung entfällt dabei auf das Gesagte. Mehr als 90 % machen die nichtverbalen Eindrücke aus – darunter hauptsächlich die Kleidung und die Frisur, das Make-up und die Accessoires.

Mitarbeiter sollten bedenken, dass sie mit ihrem Outfit ihr Unternehmen repräsentieren. Sie sind stets ein Aushängeschild und somit ein Teil der Unternehmenskommunikation. Es geht um Außenwirkung und das Unternehmensimage. Kleider machen Leute – das wussten schon die Altvorderen. Gottfried Keller schrieb dazu eigens eine Erzählung.

2. Überflüssige Outfitpannen

Vermeiden Sie die größten Outfitpannen wie schlecht sitzende Kleidung, die zudem in die Reinigung müsste, zu freizeitliche Kleidung und ungepflegte Schuhe mit abgetragenen Absätzen, die nach Lederpflege und einem Schuster verlangen.

Den alten Grundsatz, dass man als Business-Outfit in vielen Branchen noch folgende Grundausstattung braucht, halte ich nach wie vor für eine gute Richtschnur:

- ein oder zwei gute Anzüge bzw. Kostüme zum Wechseln
- eine gute Markenuhr – Handaufzug nicht erforderlich und wahrscheinlich ist die Apple Watch in manchen Branchen die einzig richtige Wahl
- hochwertige Schuhe
- ein attraktives Behältnis für Unterlagen – ob Rucksäcke dazugehören, wage ich zu bezweifeln
- aktuelles technisches Equipment: Im Kundenkontakt wirkt ein Uralt-Laptop nicht professionell. Der Kunde fragt sich mit Sicherheit, ob die betreffende Person fachlich auf der Höhe, „at the state of art“ ist.

3. Das schöne Geschlecht im Fokus

Frauen haben mehr Gestaltungsspielraum bei der Bekleidung als Männer. Umso größer sind die Fettnäpfchen, in die man als Frau treten kann. Zudem stehen Frauen stärker unter Beobachtung als Männer. Es gibt nur wenige Fälle, in denen die Frisuren von Männern in der Presse diskutiert wurden. Altbundeskanzler Schröder war einer der wenigen, die mit dem Thema Haare („Färbt er sie oder nicht?“) in die Schlagzeilen kam und auch mit seinen schicken, teuren Brioni-Anzügen. Der smarte Fußballtrainer Jürgen Klopp schaffte es mit seiner Haartransplantation in die Medien, und auch die schwindende und sich wieder auffüllende Haarpracht von Italiens ehemaligem Ministerpräsidenten Berlusconi bewegte die Gemüter. Danach kam das Thema männliche Haarpracht erst wieder durch Donald Trump aufs Tapet – böse Zungen behaupten, er trage ein Toupet, wirklich garstige Reporter halten die Matte für ein Meerschweinchen. Ich finde, er sollte seinen Friseur verklagen. Ansonsten kommen Männer wegen Äußerlichkeiten selten in den Fokus.

Anders verhält es sich bei Bundeskanzlerin Merkel: Haarschnitt und Bekleidung waren jahrelang Zielscheibe von Spott und Häme, bis sie sich entschloss, Frisur und Kleidungsstil zu verändern. Sie soll gesagt haben, hätte sie gewusst, wie viele unschöne Kommentare es ihr erspart, hätte sie es schon eher getan. Nach jahrelanger Kritik verfällt die Presse derzeit ins Gegenteil und macht Angela Merkel gar als Trendsetterin für einen neuen Bekleidungsstil von Politikerinnen aus.

Die Frisuren von Angela Merkel, Großbritanniens Premierministerin Theresa May und US- Präsidentschaftskandidatin Hillary Clinton – sog. Bobs – werden gar als „Frisuren der Macht" bezeichnet, so DRadio Wissen. Man mag davon halten, was man will. Theresa May ist jedenfalls eine modebewusste Frau, der „Spiegel" bezeichnet sie als Stilikone. Ihre Schuhe sind permanent ein Medienthema. Auf den Schuhtick, dem bekanntlich viele Frauen verfallen sind, angesprochen, reagierte sie gut: Das biete ihr einen Grund, neue Schuhe zu kaufen.

Bei einer Buchvorstellung lernte ich Madeleine Albright, die erste Außenministerin der USA, kennen und amüsierte mich königlich über Geschichten zu ihren Broschen. Sie bezeichnete sie als modischsten Teil ihres diplomatischen Werkzeugkastens. Für die Friedensverhandlungen im Nahen Osten wählte Madeleine Albright eine Schildkröte, weil sie so zäh vorangingen. Kleinigkeiten machen bekanntlich den Unterschied. Das Museum of Arts and Design in New York widmete den Broschen 2009 eine eigene Ausstellung: „Read My Pins: The Madeleine Albright Collection". Lies und interpretiere meine Anstecknadeln. Eine Auswahl der „Pins" wurde im Oktober 2016 beim „DiplomacyXDesign"-Event im Gästehaus des US-Präsidenten präsentiert.

Stilfettnäpfchen für Frauen können von Branche zu Branche variieren. Eines gilt jedoch überall: Es ist nicht gut, zu viel Haut zu zeigen. Eine Kollegin weist in Seminaren für Frauen stets darauf hin, dass zu viel nackte Haut Männer verwirrt. Richtig. Zur rechten Zeit am rechten Ort durchaus erwünscht. Doch am Arbeitsplatz hat sich frau auch kleidungstechnisch professionell zu verhalten. Andernfalls schmälert sie ihre Kompetenz und untergräbt ihre Autorität. Was man privat anzieht, ist etwas ganz anderes.

Bridget Jones

Wer den legendären Film „Bridget Jones" – nicht „Bridget's Baby" von 2016, sondern den ersten von nunmehr dreien – gesehen hat, weiß, wozu durchsichtige Blusen und allzu kurze Röcke am Arbeitsplatz führen können: zu einer (unglücklichen) Affäre mit dem von Hugh Grant hinreißend komisch gespielten Filou und Verlagsboss.

Männliche Praktikanten sollten nicht aussehen, als hätten sie auf der Parkbank genächtigt oder den Garten umgegraben. Auch wie ein Teenie daherzukommen, geht gar nicht. Selbst eine 19-jährige Praktikantin sollte sich das gut überlegen. Was ältere Semester anbelangt, so zitiere ich gerne einen scharfzüngigen Freund, der betont, wie unpassend „von hinten Lyzeum, von vorne Museum“ sei. Charmanter ausgedrückt geht es bei beiden Geschlechtern um ein stimmiges typ- und altersgerechtes Erscheinungsbild. Menschen, die in Geschmacksfragen unsicher sind, sollten sich beraten lassen.

Vom Nutzen der Hosenanzüge

Nur kurz für die Leserinnen, die als Diskutantinnen an Podiumsdiskussionen teilnehmen: Mit einem Hosenanzug erklimmen Sie jede Bühne, die keine vernünftige Treppe hat, mit einem großen Schritt – mit dem engen Mini jedoch nicht. Zudem sehen all diejenigen, die nicht die wahnsinnslangen Beine einer Tina Turner oder Beyoncé haben, im zu kurzen Röckchen in tiefen Sesseln oder auf den fiesen Barhockern, die gern für Gespräche verwendet werden, selten gut aus. Menschen, die nicht ganz so lang sind wie andere, also wir unter 1,70 m, sollten darauf achten, bei Vorträgen ein verstellbares Stehpult zu bekommen, damit das Ganze nicht aussieht wie Kopf ohne Körper oder „die Frau ohne Unterleib“.

Nachgefragt

Falls es in Ihrer Branche/Ihrem Unternehmen einen Dresscode gibt, wie gehen Sie damit um und sind Sie damit gut gefahren?

V. Von der Optik zu anderen Inhaltsverstärkern

Ich hatte es bereits im Kapitel zur Kommunikation erwähnt: Kommunikation ist mehr als das gesprochene Wort. Stimme und Körpersprache haben einen großen Einfluss auf unseren Auftritt und die damit verbundene Wirkung. Sprache, Stimme und Körpersprache bilden ein Gesamtpaket, das stimmig sein sollte.

Es gibt eine kontrovers diskutierte Erfolgspyramide. Sie basiert auf Studien des amerikanischen Psychologen Albert Mehrabian. Es wurden u. a. positive, neutrale und negative Wörter jeweils unterschiedlich, nämlich mit positivem, neutralem und negativem Ausdruck gesprochen und Probanden vorgespielt. Auch das neutrale Wort „maybe“ (vielleicht) wurde gesprochen und in den genannten drei

Ausdrucksformen mit Fotos unterschiedlicher Mimik kombiniert. Analysiert wurde, wie Menschen eine Aussage bei Widersprüchen zwischen gesprochenem Wort und Stimme bzw. Stimme und Mimik zuordnen.

Das Ergebnis war die sog. 7-38-55-Regel. Danach wird die Wirkung einer Mitteilung über das eigene emotionale Empfinden von Mögen oder Ablehnung (like/dislike) durch die drei Faktoren sprachlicher Inhalt, stimmlicher Ausdruck und Körpersprache bestimmt, die in einem bestimmten Verhältnis zueinander stehen.

Überträgt man diese Erkenntnisse auf jede Form von Kommunikation – was man Einzelstimmen zufolge nicht tun darf –, bedeutet dies: Erfolgreiche Kommunikation beruht zu 7 % auf Inhalt, zu 38 % auf Tonfall und Stimme und zu 55 % auf Körpersprache.

Man mag über die genauen Prozentangaben streiten. Die klare Gewichtung spricht jedoch eine deutliche Sprache: Inhalt allein reicht nicht. Punkt. Es kommt auch auf Tonfall und Stimme an. Stellen Sie sich vor, mit was für einer Hebelwirkung Stimme und Körpersprache Ihre starken Inhalte voranbringen.

Und noch etwas: Nicht umsonst frisst der böse Wolf Kreide, bevor er zur Großmutter geht, um für das Rotkäppchen gehalten zu werden.

1. Quäkende Gießkanne oder Verführung pur: Die Stimme

Unsere Stimme ist ein wichtiges Medium und entscheidet häufig darüber, ob man als sympathisch oder unsympathisch empfunden wird. Ist sie zu hoch, zu tief, sind wir zu laut oder zu leise, zu langsam oder zu schnell, kann das dazu führen, dass andere uns nicht zuhören oder nur ungern. Unangenehme oder zu leise Stimmen bringen die besten Ideen nicht voran, während andere Redner ihre Stimme als Instrument gekonnt zum Einsatz bringen. Wir sind uns dessen oft nicht bewusst. Auch die entsprechende Artikulation und der Einsatz von Pausen ist ein wichtiger Hebel für Inhalte. Das sollten wir gezielt einsetzen, um noch mehr Erfolg zu haben.

2. Gut gebrüllt, Löwe

Mein geschätzter Biologielehrer riet regelmäßig: „Ihr müsst das im Brustton der Überzeugung sagen.“ Auch sein zweiter Rat: „Sprecht mit Atemstütze!“ war Gold wert. Er meinte, gerade zu sitzen bzw.

aufrecht zu stehen und nicht wie ein Fragezeichen in der Luft zu hängen. Heute beschäftigen sich Heerscharen von Stimm-Coaches und Körperspracheexperten mit solchen Themen. Aus gutem Grund. Den Löwen jedoch muss das keiner sagen: Sie brüllen mit voller Atemkraft. Man hört sie bis zu fünf Kilometer weit.

An der Stimme zu arbeiten, kann uns einen Quantensprung nach vorne bringen. Dies ist jedoch nicht Gegenstand meines Buches. Ich schaffe lediglich Bewusstsein für diesen wichtigen Erfolgsbaustein. Guten Gewissens kann ich „Mit Stimme zum Erfolg", den Ratgeber der Schauspielerin und ausgebildeten Opernsängerin Nicola Tiggeler (u. a. „Sturm der Liebe"), empfehlen. Er gehört wie mein „Crashkurs Networking" zur Beck-kompakt-Reihe.

3. Kommunikationsbooster: Stimmige Körpersprache

Die Körpersprache ist ein weiterer wichtiger Wirkungsverstärker. Vermeintliche Kleinigkeiten können dabei den gesamten Auftritt verändern. Im legendären Schauspielinstitut von Lee Strasberg in New York ließ uns einer der Schauspieltrainer kurze Reden halten – stehend, nach vorne gehend, mal mit ausgestrecktem linkem und dann mit ausgestrecktem rechtem Arm. Ich hätte nicht gedacht, wie sehr sich die Stimme verändert und mit der Aktion auch die Wirkung. Das muss man ausprobieren und sich dabei möglichst filmen lassen.

Was jeder sofort umsetzen kann, ist, für einen guten, festen Stand zu sorgen, wenn er oder sie öffentlich spricht. Die ehemalige rechte Hand von Lee Strasberg, Lola Cohen, plädiert für geschlossen nebeneinander stehende Beine, andere geben den Rat, die Füße quasi in senkrechter Verlängerung zu den Schulter zu platzieren, also mit leichtem Abstand. Beides funktioniert, testen Sie, womit Sie sich wohler fühlen. In jedem Fall gibt einem ein guter Stand „Erdung". Damit spricht es sich leichter.

Wenn man um solche Dinge weiß, kann man Körpersprache bewusst einsetzen. Das ist nicht nur für professionelle Redner wie mich interessant, sondern für jeden, der an seiner Selbstpräsentation arbeitet. Achtung: Unser Körper scheint manchmal ein Eigenleben zu führen und signalisiert anderen ein Nein, wo unser Mund ein Ja formuliert hatte. Kurz: Der Körper lügt nicht.

4. Kein guter Auftritt ohne starken Abgang

Damit es nicht in Vergessenheit gerät: Jeder Auftritt besteht aus drei Teilen: Anfang – Mittelteil – Ende. Das mag banal klingen, ist es jedoch nicht. Ich möchte Ihren Blick auf die beiden Eckpfeiler Anfang und Ende richten, denn ich gehe davon aus, dass Sie das, was in der Mitte passiert, sachlich-fachlich gut hinbekommen.

Dass wir selten eine Chance haben, den ersten – vergeigten – Eindruck zu reparieren, hat sich herumgesprochen: „You never get a second chance to make a first impression." Die meisten Menschen bedenken jedoch nicht, wie wichtig es ist, einen Auftritt so zu beenden, dass er in Erinnerung bleibt. Sie kennen das: Man ist froh, dass man die Präsentation vor Kunden oder den Bericht in der Abteilungsrunde hinter sich gebracht hat, nuschelt noch kurz „Das war's", tritt verschämt ab und schon kommt ein anderer zu Wort. Wie schade, eine vertane Chance.

Überlegen Sie sich immer einen starken Schlusssatz. Der ist genauso wichtig wie der starke Einstieg. Denken Sie an Nina Ruge, die ihre Sendung immer mit dem Satz beendete: „Alles wird gut." Das war markenbildend. Geben Sie den Zuhörern einen guten Wunsch mit auf den Weg, danken Sie für etwaige Unterstützung bei der Ausarbeitung, bieten Sie einen Ausblick auf etwaige Folgeinformationen, machen Sie am besten neugierig darauf, mehr von Ihnen zu hören. Das kostet Sie Zeit im Rahmen der Vorbereitung. Na und? Es geht über das Fachliche hinaus um Ihre Karriere, für die man Ihnen eine Bühne bietet.

Man sollte immer über die Erledigung einer konkreten Aufgabe hinausdenken und sich mit Kompetenz und Verbindlichkeit präsentieren – bereit, sich noch ganz anderen Herausforderungen zu stellen. Jede Präsentation, jeder Redebeitrag ist eine Chance zu zeigen, dass man das Format für die demnächst neu zu besetzende Abteilungsleiterposition oder eine Projektleitung hat.

VI. Vermarktungsbooster: Übung macht den Meister

Erfolge entstehen nicht aus dem Nichts, sie wollen erarbeitet sein: Gute Selbstpräsentation ist das Ergebnis vieler Versuche – Fehlschläge eingeschlossen. Sie erinnern sich: Acht von neun Beutezügen gehen bei den Löwen schief. Während ich diese Gedanken zu Papier bringe, werde ich von zwei zauberhaften Schmetterlingen umschwebt – der Musenkuss, der mich daran erinnert, über Leichtigkeit zu sprechen, die es für einen gekonnten Auftritt braucht. Leichtigkeit darf dabei nicht mit Oberflächlichkeit verwechselt werden.

Super, werden Sie denken, wie sollen Sie Leichtigkeit versprühen, wenn Sie als Berufsanfänger oder aber auch nach langen Jahren im Job immer noch Bammel vor Präsentationen, Reden auf dem Firmenevent oder bei der Hochzeit der besten Freundin haben? Dafür, wie man den Spagat hinbekommt, gibt es kein Patentrezept.

Man sollte sich an Sportlern oder an Balletttänzern orientieren, die üben, üben und nochmals üben, bis der Griff sitzt, der Stand, der Sprung oder die Drehung perfekt ist. Und mehr noch, die auch dann weitertrainieren, wenn etwas klappt. Wer nicht in Übung bleibt, erzielt rasch weniger gute Ergebnisse. Das gilt für jeden Bereich. Der Künstler Alberto Giacometti vernichtete unzählige Skulpturen, weil sie seinem Anspruch nicht genügten. Selbst der geschäftstüchtige Picasso zerschnitt vor den Augen eines enthusiastischen Galeristen mehrere Leinwände, weil ihm die Bilder nicht gut genug waren, obwohl er sie so hätte verkaufen können. Das ist wahre Hingabe.

Talent und Begabungen sind ein Geschenk – ein Geschenk Gottes, der Evolution oder der guten Zusammenstellung elterlicher Gene zu verdanken. Talent allein reicht jedoch nicht. Ohne Fleiß verpufft es. Und so bringen es mäßig Talentierte mit Herzblut und Fleiß weiter als das faule Genie, das meint, die Welt habe auf es gewartet. Talent ist stets eine Verpflichtung, das Beste daraus zu machen.

1. Vermarktungsbooster: Feedback

Doch auch die Kombination aus Talent und Fleiß reicht nicht aus, um Erfolg zu haben. Es braucht qualifiziertes Feedback. Das ist im Beruf wie beim Yoga: Verdreht man beim „abwärtsgerichteten Hund" die Daumen, braucht man sich über Probleme mit der Daumenwurzel nicht zu wundern. Jeder erfolgreiche Sportler hat seinen Coach. Schauspieler und andere Stars haben eine ganze Entourage von Schauspiellehrern, Personal Trainern, Stylisten. Nichts wurde zuvor dem Zufall überlassen, wenn Lady Gaga oder Beyoncé die Bühne betreten. Auch die Opernsängerin Anna Netrebko versteht es, sich perfekt zu inszenieren.

Der Blick von außen hilft, besser zu werden. Doch nicht nur konstruktive Kritik bringt uns voran, sondern auch die Bestätigung dessen, was wir gut machen. Es tut gut zu hören, dass etwas, das wir für nicht ganz so gelungen halten, für Dritte sehr okay war oder dass

Nervosität anderen nicht auffiel. Vieles ist relativ. Nehmen Sie als gute Botschaft mit, dass die Fremdmeinung in der Regel besser ist als unsere eigene Meinung über uns und unsere Fähigkeiten. Das hat viel mit Selbstvertrauen und Selbstwertgefühl zu tun.

Als ich nach einem meiner Vorträge die großartige Moderatorin des Events, eine TV-Moderatorin, auf die Möglichkeit eines Medientrainings bei ihr ansprach, war diese ernsthaft erstaunt: „Mehr Präsenz als eben auf der Bühne geht doch nicht!“ Ebenso schön war die Antwort eines geschätzten Herrn, dem ich vor einer wirklich aufregenden Premiere an einem sensationellen Ort scherzhaft vorwarf, mich übersehen zu haben, weil ich so klein sei (1,57 m): „Dich sieht man in jedem Raum.“ Sehr charmant. Dankeschön Euch beiden. Es freut ungemein, wenn Profis so reagieren. Gleichwohl machte ich ein Medientraining für den ultimativen Flirt mit der Kamera. Besser geht immer.

Nachgefragt

Sind Sie mit Ihrem Auftreten im Allgemeinen und bei Auftritten vor Publikum im Besonderen zufrieden? Welches Feedback bekamen Sie für die Art, wie Sie präsentiert haben? Falls Sie überzeugend waren, woran machen Sie das fest?

2. Stay cool, Baby

Es sei noch ein weiterführender Gedanke erwähnt: Für Schauspieler ist es wichtig, entspannt zu sein. Das können wir aber auch auf uns übertragen. Keine leichte Sache im Alltagsstress, die Rücken- und Kopfschmerzen der Büromenschen sprechen eine deutliche Sprache. Wenn wir uns verkrampfen, kommen wir nicht gut rüber. Andere spüren das. Wirken Sie dem entgegen: Treiben Sie Sport, laufen Sie sich den Kopf frei, machen Sie Gymnastik oder was immer Ihnen dabei hilft abzuschalten. Auch ein Stückchen Schokolade oder ein Glas Wein tun gut.

Selbsterfahrung eines schreibenden „Yogi"

An einem Buch schreiben – diesem – und Yoga auf einer griechischen Insel lernen: eine Woche, zwei Projekte, zwei Erfolgsgeschichten: Für das Buch gab es beim Blick über das Meer viele Musenküsse und beim Yoga exorbitante Fortschritte für einen Skeptiker. Mir tut Yoga gut, was nicht zuletzt meiner großartigen Yogalehrerin Kirsten Hanser zu verdanken ist. Viele kennen die eloquente Sat.1-Astrologin, die uns mit interessanten Ausführungen zu den Sternen in den Tag starten lässt. Ich werde zwar keinen übertriebenen Yogaehrgeiz entwickeln – die „Krähe" oder Kopfstände mögen andere machen. Aber das Prinzip ist genial und mit einer umsichtigen Lehrerin wie Kirsten riskiert man nichts und gewinnt viel. Besonders schön sind Kirstens Astro-Yoga-Workshops.

Gelassenheit und Geduld sind echte Herausforderungen. Eher zufällig stieß ich auf die zehn Gebote der Gelassenheit von Papst Johannes XXIII. Sie haben nicht unmittelbar mit Religionsausübung zu tun. Der Papst widmet sich quasi mit Aufträgen an sich selbst den Themen Leben, Sorgfalt, Glück, Realismus, Lesen, Handeln, Überwinden, Planen, Mut und Vertrauen. Drei seiner Gedanken möchte ich Ihnen nicht vorenthalten, weil wir uns ständig und großenteils unnötige Sorgen machen und gerne hätten, dass alles nach unseren Vorstellungen abläuft. Den dritten Grund finden Sie ganz unten, vielleicht fühlen Sie sich wie ich auch ein wenig ertappt.

- **Leben** – Nur für heute werde ich mich bemühen, einfach den Tag zu erleben – ohne alle Probleme meines Lebens auf einmal lösen zu wollen.
- **Realismus** – Nur für heute werde ich mich an die Umstände anpassen, ohne zu verlangen, dass die Umstände sich an meine Wünsche anpassen.
- **Planen** – Nur für heute werde ich ein genaues Programm aufstellen. Vielleicht halte ich mich nicht genau daran, aber ich werde es aufsetzen. Und ich werde mich vor zwei Übeln hüten: vor der Hetze und vor der Unentschlossenheit.

Zusammenfassung

Wichtig ist, stets im Blick zu haben, dass ein noch so genialer Inhalt keine Wirkung erzielt, wenn er nicht gut präsentiert wird. Das

Gesamtpaket aus Inhalt, Stimme und Körpersprache muss stimmen, damit wir überzeugen. Ein starker Auftritt macht starke Inhalte unwiderstehlich. Das ist Erfolg. Das schafft Resultate.

Löwen-Lounge Nr. 2: Fokus erzeugen

Zeit für einen zweiten Besuch in der Löwen-Lounge. Ich darf Sie mit zwei Menschen bekannt machen, die wissen, wie wichtig Inhalte und gute Kommunikation sind und wie sehr gute Selbstvermarktung den Bekanntheitsgrad erhöht und Inhalte verstärkt.

Die Chefin vom Dienst – mal Innen-, mal Außenministerin der Süddeutschen Zeitung

Dr. Alexandra Borchardt, Politikwissenschaftlerin und Journalistin, Chefin vom Dienst der Süddeutschen Zeitung

Dr. Alexandra Borchardt ist seit 2005 Journalistin bei der Süddeutschen Zeitung, Ressort Innenpolitik. Chefin vom Dienst wurde sie 2011. Sie war Dozentin für Politikwissenschaften in den USA, wo sie promoviert hatte. Sie war Journalistin bei der Financial Times Deutschland und bei der Deutschen Presse-Agentur. Das 2015 kreierte SZ-Wirtschaftsmagazin „Plan W. Frauen verändern Wirtschaft" ist eine gemeinsame Kopfgeburt von Dr. Alexandra Borchardt und ihrer Kollegin Susanne Klingner. Bereits kurz nach Erscheinen wurde „Plan W" beim European Newspaper Award 2015, dem größten Zeitungswettbewerb Europas, in der Kategorie Magazin prämiert. „Plan W" hat zudem 2016 beim größten deutschen Wettbewerb für Wirtschaftspublizistik den Preis für die Innovation des Jahres, den Ernst-Schneider-Preis, gewonnen, der von den Industrie- und Handelskammern vergeben wird. Was für ein rasanter Erfolg.

Persönliches

Frau Dr. Borchardt und ich lernten uns 2014 in Paris beim Global Summit of Women kennen, den über 1.000 Frauen aus über 100 Ländern besuchten. Wir saßen zufällig an einem Tisch und stellten bei der Begrüßung fest, dass wir beide aus Deutschland sind. Wir tauschten die Visitenkarten und ich schenkte ihr noch ein Exemplar meines „Crashkurs Networking“, den ich in meiner Tasche hatte. Zurück in Deutschland trafen wir uns auf einen Tee. Frau Dr. Borchardt ließ vage anklingen, dass etwas in Sachen Frauen und Wirtschaft geplant sei, ob ich ggf. einen Beitrag leisten würde. Selbstverständlich gerne. Einige Zeit später wurde ich um ein Interview in Sachen Networking für die erste Ausgabe des „Plan W“ gebeten. Eine große Ehre. Nun bin ich mit sechs anderen Profi-Netzwerkerinnen in diesem tollen Magazin verewigt.

Bühne frei für Dr. Alexandra Borchardt:

Was verbinden Sie mit Löwen?

Eine Löwin ist kraftvoll, aber sie verausgabt sich nicht ohne Sinn und Verstand. Aktionismus ist ihr fremd, sie strahlt Stärke aus, allein durch ihre Präsenz. Aber wenn es darauf ankommt, verteidigt sie ihre Jungen. Der Löwe ist gelassen, er weiß um seine Stärke, deshalb muss er sich nicht ständig beweisen.

Welche Werte sind Ihnen wichtig?

Die stehen alle im Grundgesetz. Das Leben an sich ist ein Wert und deshalb auch die Wertschätzung des Lebens anderer.

Was bedeutet Innovation?

Innovation ist, wenn ein Prozess oder ein Produkt auf eine neue Entwicklungsstufe gehoben wird, die bisher Dagewesenes dauerhaft verändert – idealerweise zum Guten. Sie sollte die Welt mindestens ein klitzekleines bisschen besser machen, sonst verdient sie das Wort nicht.

Welche Innovation würden Sie sich wünschen?

Einen Roboterassistenten, der uns den Haushalt erledigt.

Worin liegen die größten Chancen?

Den eigenen Kopf zu benutzen.

Welche Idee steckte hinter dem SZ-Magazin „Plan W. Frauen verändern Wirtschaft“?

Plan W ist das erste Magazin, das Frauen und Wirtschaft zusammen denkt. Das Magazin soll eine Welt zeigen, die noch zu selten zu sehen ist: die Welt aus weiblicher Perspektive. Plan W macht Frauen sichtbar. Wir wollen unseren Lesern und Leserinnen Lust machen auf Verantwortung, Veränderung, Lernen und Ideen. Plan W soll informieren, Denkanstöße geben und unterhalten. Außerdem bauen wir mit jedem Heft unser Netzwerk aus, da jedes ein anderes Thema hat, um das sich alle Geschichten gruppieren. Plan W verbindet aber auch Netzwerke, da es verschiedene Generationen und Berufsgruppen anspricht. Mittelfristig soll Plan W die Plattform werden, auf der sich professionelle Frauen begegnen und austauschen können.

Welche besonderen Stärken von Frauen treiben Veränderung voran?

Frauen sind es gewohnt, einen Plan B zu entwickeln, weil Plan A nicht immer klappt. Das zahlt sich im Leben aus, denn es macht flexibel im Denken und Handeln. Frauen geht es oft stärker um die Sache als um Status oder Geld. Und wenn eine Situation sie unglücklich macht, finden sie sich seltener als Männer damit ab: Sie ziehen die Konsequenzen und verändern sie.

Die Steigerung des Bekanntheitsgrades steht auf fast jeder Agenda. Was macht gute Selbstvermarktung aus?

Wenn ich das, was ich weiß und kann, auch anderen zeige. Was viele nicht beachten: Vermarktung – wie auch Netzwerken – ist ein Geben und Nehmen. Der beste Karrieretipp stammt von meinem Mann: „Sag nicht immer alles gleich ab." Seitdem sage ich nichts mehr ab, es sei denn, der Termin wäre schon vergeben.

Was müssen wir tun, um den erforderlichen Wandel zu bewältigen?

Wir müssen viel weniger, als wir manchmal glauben. Neugierig sein, die Lust am Lernen und Denken bewahren, den Humor nicht verlieren – das ist schon mal gut. Nicht jedem Hype hinterherlaufen. Offen sein und Dinge ausprobieren, sie aber auch wieder sein lassen, wenn sie nicht funktionieren. Das Leben ist zu kurz, um lange einer schlechten Idee zu folgen. Stolz ist nicht immer hilfreich, Löwe hin oder her.

Welches Motto treibt Sie an?

Denken, fragen, leben.

Der Mann mit den Scherenhänden

Gerhard Meir, Friseur, Liebling des Jetsets, Autor

Gerhard Meir lebt in München. Von seinem eleganten Friseursalon im Ludwigspalais schwärmt er regelmäßig aus: Seine Kundinnen sind nicht nur in ganz Deutschland, sondern in der ganzen Welt zu Hause. Viele gehören der Münchner High Society an, zu deren Lieblingen er gehört. International bekannte Stars aus Film und Mode schwören auf ihn und lassen ihn kurzerhand zu besonderen Anlässen einfliegen. Er mag den Ausdruck nicht, aber er ist seit Jahrzehnten ein Starfriseur und zum Glück einer ohne Allüren und Launen. Normalsterbliche werden ebenso sorgfältig beraten und charmant bedient wie Fürstin Gloria von Thurn und Taxis, mit der er in den 1980er-Jahren seinen Durchbruch erlebte. Über Jahre führte er zeitgleich drei exklusive Salons in München, Berlin und Hamburg und verwöhnte die Kunden im Grandhotel Heiligendamm, ein Spagat neben den vielen beruflichen Reisen zu Events. Nicht zuletzt schreibt Gerhard Meir auch noch erfolgreich Bücher – fachbezogene und Romane.

Persönliches

Wir kennen uns seit über 20 Jahren. Und Gerhard Meir ist nach wie vor der einzige Friseur, der meine Lockenpracht im Griff hat. „Der Widerspenstigen Zähmung" gelingt immer, viele Jahre im Berliner Hotel Adlon und wann immer ich in München bin. Ankommen, hinsetzen, sich wohlfühlen und entspannt mit dem Meister plaudern, Rat erhalten und geben, wie man das eben tut, wenn man lange befreundet ist. Gerhard Meir war der Erste, der die Entwürfe meines neuen Logos und ein halbes Jahr später die Entwürfe für die im Herbst 2015 gestartete neue Homepage sah. Unglaublich zielsicher und schnell empfahl er mir, was ich für mich schon als Favoriten auserkoren hatte. Man nennt das seelenverwandt. Sein Rat ist unverzichtbar. In allen Lebenslagen.

Lieber Herr Meir, was verbinden Sie mit Löwen?

Viel. Ich bin im Sternzeichen Löwe geboren. Ein Doppellöwe: Löwe, Aszendent: Löwe. Auf mich treffen viele der üblichen Zuschreibungen zu: Ich bin in allem rasant unterwegs, gehe schnell in die Luft. Es ist aber auch schnell wieder gut. Brüllen und schnurren – Löwen können beides.

An den Löwen in der Tierwelt bewundere ich den sozialen Instinkt, den Gemeinschaftssinn. Von Natur aus stärker sind natürlich die männlichen Löwen. Ihre Mähnen sind beeindruckend. Nicht umsonst waren eine Zeit lang bei den Damen Löwenmähnen sehr angesagt. Da wurde toupiert, gemacht, getan. Heute sind eher die Extensions und ein guter Haarschnitt für Haarpracht verantwortlich.

Welche Werte sind Ihnen wichtig?

Mir ist die Tradition wichtig und auch den christlichen Glauben zu manifestieren, soziale Bindungen aufzubauen und zu pflegen. Ich bin neugierig und offen, aber mit strikten Regeln, die ich einhalte. Meistens jedenfalls. Ich habe Sorge, dass das alles in der heutigen Zeit verloren geht.

Was bedeutet Innovation?

Innovation bedeutet für mich, nie stehen zu bleiben, jeden Tag als neue Seite eines Buches zu betrachten, an sich selbst zu arbeiten und nicht nur hinter dem Geld herzurennen.

Sie haben aus Fürstin Gloria von Thurn und Taxis mit wilden Frisuren in den 1980ern ein Gesamtkunstwerk gemacht, das viele schockte. Wie sehen Sie das im Rückblick?

Das war nicht ich allein, das waren wir beide zusammen. Wir hatten viel Spaß am Ausprobieren und an der Provokation. Da muss die Chemie stimmen, die Persönlichkeit, der Auftritt. Wir hörten sofort auf, als der Fürst schwer erkrankte. Das habe ich mit keiner anderen Kundin gemacht. Das wäre eine billige Kopie gewesen.

Damals in den 80ern erzeugten wir helle Aufregung mit den gewagten Frisuren der Fürstin. Wir haben gerade beim Adel verbreitete alte Zöpfe abgeschnitten. Das war softer Rock 'n' Roll, verhaltener Punk, der in den Kreisen der Fürstin gerade noch vertretbar war. Ihre Auftritte waren gefürchtet und die Leute fragten sich, was der Meir sich Neues ausgedacht hat. Das gab es zuvor nur bei Marie Antoinette, der unglücklichen französischen Königin, als sich die Damen mit z. T. meterhohen Haartürmen nur so überboten. Das hat mich inspiriert. An der Berufsschule fand ich den Unterricht in Stilfachkunde besonders interessant, griechische, römische und andere Einflüsse bis hin zu Biedermeier. Vor allem war spannend, wie damals gearbeitet wurde.

Für mich als Friseur war das der Sprung von der Regionalliga direkt in die Champions League. Privat ist eine tiefe bis heute bestehende Freundschaft entstanden, die sich auch auf die jüngere Generation erstreckt. Für Prinzessin Maria Theresia, eine der beiden Töchter der Fürstin, kreierte ich 2014 mit Freude die Hochzeitsfrisur.

Welche Innovation würden Sie sich wünschen? Und sind Sie selbst eher kreativ oder innovativ?

Dass alle Menschen zeitgleich für eine Stunde überlegen, was wir an Abscheulichkeiten produzieren und was wir ändern und stattdessen Sinnvolles tun könnten.

Ich denke, beides geht zusammen, kreativ und innovativ. Bei mir 50 : 50. Man muss weiterdenken. Es geht mit dem Willen los.

Worin liegen die größten Chancen?

Im zeitweisen Verzicht auf das Web und Surfen mit Smartphones. Öfters mal zwölf Stunden das Handy nur zum Telefonieren nutzen, am besten ganz ausschalten und sich stattdessen mit anderen treffen, sprechen, diskutieren.

Was macht gute Beziehungen aus?

Manche reden von Netzwerken, ich spreche von Beziehungen, aus denen Freundschaften entstehen können. Man darf Beziehungen nicht strapazieren und muss es auch aushalten, wenn ein ernst gemeinter Anruf oder persönlicher Hinweis kommt, wenn etwas nicht rund läuft – persönlich oder in der Beziehung zum anderen. Wir beide haben eine gute Beziehung.

Welches Motto treibt Sie an?

Ich liebe das Leben.

4. Kapitel

4

Von souveräner Führung und funktionierenden Teams

Führung und Teamarbeit sind so elementar für unser aller Berufsleben, dass einige Ausführungen hierzu unverzichtbar sind: Entweder sind wir in Teams tätig oder leiten sie. Häufig sind wir in beiden Situationen im Job oder in privaten oder ehrenamtlichen Konstellationen.

Führungskräfte können ihre Art zu führen reflektieren, Mitarbeiter über die Basis guter Zusammenarbeit nachdenken – im Team und im Zusammenspiel mit Vorgesetzten. Führungskräfte wie Mitarbeiter werde ich in diesem Kapitel zudem bewusst in die Perspektive des jeweils anderen hineinversetzen, dem Grundsatz folgend, man solle die Schuhe des anderen getragen haben, bevor man diesen oder seine Reaktionen bewertet.

Auch Mitarbeiter sollten sich unbedingt den Part zu Leadership zu Gemüte führen: Sie könnten morgen schon eine Führungsposition oder eine Projektleitung angetragen bekommen oder sich durch dieses Buch ermutigt fühlen, sich auf eine solche zu bewerben. Und nicht zuletzt hat jeder Mensch eine bedeutende Führungsaufgabe, nämlich die, sich selbst zu führen. Das bedeutet, sich selbst motiviert und diszipliniert zu halten und – nicht zu unterschätzen – dabei den inneren Kritiker und den inneren Schweinehund davon abzuhalten zu verhindern, dass wir Chancen ergreifen.

I. Leadership – Führung

„Wer leitet, tue es mit Begeisterung."
Römerbrief 12, 8

„Ein Unternehmen kann nicht besser sein, als es der führende Geist zulässt."
Peter Löscher, ehemaliger Vorstandsvorsitzender der Siemens AG

„Und wenn wir denken, wir führen, werden wir am meisten geführt."
Lord Byron, Die zwei Foscari

„Wer andere führt, sollte zuerst der Meister seiner selbst sein."
Philip Massinger, Der Leibeigene

Der Löwe als wahrhaft majestätisches Tier wird nicht umsonst der König der Tiere genannt. Wer, wenn nicht er, könnte den Anspruch erheben, der Inbegriff von Macht, Autorität und Führung zu sein? Man widmete ihm ein gleichnamiges Musical – eine recht profane Ehre, betrachtet man seine dominante Rolle in der bereits erwähnten Heraldik, der Wappenkunst.

Männliche Löwen führen ihr Rudel an, genauer: das stärkste männliche Tier tut dies. Es gibt im wahrsten Sinne des Wortes den Ton an: zärtliches Schnurren bei den Löwendamen, freundschaftliches bis warnendes Knurren für den übermütigen Nachwuchs, fünf Kilometer weit zu hörendes Gebrüll für die Wettbewerber da draußen, aber auch für die größeren der heranwachsenden Junglöwen, die Halbstarken. Diese schickt er ohnehin mit ca. drei Jahren hinaus in die Welt – um sich zu beweisen, aber auch, um nicht zu stören.

Der Löwe ist sich seiner doppelten Rolle als Herrscher über die Tiere und als Führer des Rudels bewusst und füllt sie aus – souverän und konsequent. Das macht ihn so effizient.

1. Führungsnotstand?

Betrachtet man das menschliche Führungspersonal in Wirtschaft, Politik, Wissenschaft und Gesellschaft, gibt es viel Potenzial, dass Führungskräfte besser oder noch besser werden, als sie es bereits sind. Und ja, das Majestätische und Souveräne der Löwen scheint vielen Führungskräften zu fehlen. Führungskräfteschelte trifft man daher ebenso oft an wie Politikerschelte. Beides ist gleichermaßen richtig und falsch, denn wie immer gibt es solche und solche. Allerdings klaffen der fachliche und persönliche Anspruch an eine Position bisweilen weit auseinander. Das stresst den betreffenden Manager, behindert Mitarbeiter und kostet sie Nerven. Unter dem Strich schlägt das auf die Qualität der Arbeit und die Schnelligkeit der Aufgabenerfüllung durch. Das kostet Unternehmen und Organisationen wahrscheinlich ebenso viel Geld wie unzureichende Kommunikation, die ihrerseits ein Teil des Problems unzureichender Führung ist.

Wir brauchen Führungskräfte, die ihr Team motivieren und darauf fokussiert sind, die Fähigkeiten der Mitarbeiter richtig einzuschätzen, verborgene Talente zu entdecken, um das Beste aus den Mitarbeitern herauszuholen – nicht ausbeuterisch, sondern zu deren Wohl und zum Wohl des Teams. Das setzt eine gewisse Souveränität voraus und ein Hintanstellen von Egoismen im Interesse der zu bewältigenden Aufgaben.

Mangelnde Führungskompetenz ist manchen altgedienten Führungskräften nur bedingt vorzuwerfen, legte man doch viele Jahre das Hauptaugenmerk auf die fachliche Qualifikation und weniger auf die Führungsqualitäten. Das hat sich geändert. Man setzt mittlerweile zusätzlich auf emotionale Intelligenz. Die Soft Skills werden trainiert, bisweilen allerdings mit zweifelhaftem Erfolg: Manche besuchen die Workshops und weiter geht's im alten Trott. Das gilt insbesondere in den Organisationen und Betrieben, in denen Empathie kein wesentlicher Bestandteil der gelebten Unternehmenskultur ist.

Schwierig sind all die Fälle, in denen man Mitarbeiter zum Teamleiter des bisherigen Teams macht oder Spezialisten und bewährte Sachbearbeiter, die einen super Job machen, urplötzlich mit Leitungsaufgaben betraut. Sie werden mit Fragestellungen konfrontiert, für die bislang kein oder zu geringes Know-how vorhanden ist. Für das Hineinwachsen ist selten Zeit da.

Karrieresprünge bringen Herausforderungen mentaler Natur mit sich, weshalb Seminare mit Titeln wie „Vom Mitarbeiter zur Führungskraft“ oder „Vom Kollegen zum Vorgesetzten“ seit Längerem Hochkonjunktur haben. Sie sind dringend erforderlich, um Mitarbeitern das Hineinwachsen in die Führungsrolle zu erleichtern.

Führungskompetenz folgt der Fachkompetenz nicht zwingend. Dazwischen liegen Welten, was nicht heißt, dass man die erforderlichen Fähigkeiten nicht erwerben könnte. Man muss das nur wollen und wissen, dass ein guter Führungsstil einem nicht einfach so in die berufliche Wiege gelegt wird, von wenigen Ausnahmen abgesehen, die mit natürlicher Autorität und Gespür für gute Menschenführung ausgestattet sind. Hier gehen wir vom Normalfall aus.

Direktor wider Willen

Mein hochgeschätzter Amtsrichter am Amtsgericht Freiburg, dem ich als Referendarin in der Zivilrechtsstation zugewiesen war, war todunglücklich, als man ihn später zum Direktor des Amtsgerichts Waldkirch beförderte. Er klagte, zu wenig mit Rechtsprechung und zu viel mit Personal- und Verwaltungsthemen zu tun zu haben. Er war ein außerordentlich heller Kopf, ein großartiger Amtsrichter mit dem Herz auf dem rechten Fleck, aber ohne Freude an Verwaltungstätigkeiten. Ich konnte ihn so gut verstehen.

2. Begriffsdefinition Führung bzw. Leadership

Was ist Führung eigentlich? Führung bzw. Leadership ist ein weites Feld mit unterschiedlichsten Ansätzen, Definitionen und viel Interpretationsspielraum und auch Moden. Gehen wir zu den Wurzeln: Dem Oxford English Dictionary zufolge ist Führung „der Vorgang, eine Gruppe von Menschen oder Organisationen zu leiten oder die Fähigkeit, dies zu tun." Zum Führen und Leiten gehören danach folgende Aspekte:

- das Sagen und die Verantwortung zu haben
- zu organisieren und anzuordnen
- Prozesse in Bewegung zu setzen
- der Grund oder das Motiv dafür zu sein, dass andere handeln, sich verändern etc.

Es gibt unzählig viele Felder, auf denen Führung stattfindet: Ein Basketball-, Eishockey- oder Fußballmanager führt sein Team, der Vereinsvorstand die aktiven Vereinsmitglieder, ein Lehrer seine Schüler, die Professorin die Studenten, Eltern ihre Kinder. Projektverantwortliche leiten Projekte. Jesus und Buddha waren religiöse, Mahatma Ghandi, Martin Luther King jr. und Mutter Teresa geistige Führer. Der Dalai Lama ist beides. Ein Monarch – König, Zarin oder

Kaiserin – führt sein Volk, ebenso eine demokratisch gewählte Regierung,

Wir Deutschen tun uns angesichts des unrühmlichsten Teils unserer Vergangenheit – der zwölf verlorenen, vom Nationalsozialismus beherrschten Jahre von 1933 bis 1945 – zu Recht schwer mit dem Begriff „Führer“. Insofern spreche ich lieber von Leadership und Führungskräften – auch wenn der eine Begriff ein Anglizismus und der andere keine schöne Wortschöpfung ist.

Die Begriffe „Führung“ und „Leadership“ sind als solche zunächst wertfrei. Erst wie Führung gehandhabt wird und zu welchen Zwecken, macht sie zu guter oder schlechter, ja krimineller Führung.

Ist Leadership ein technisches Modell, ein Verhalten, eine Stilfrage oder eine Philosophie? Wahrscheinlich ist es ein wenig von allem. Mir gefällt die Umschreibung von James Kouzes und Barry Posner in „The Leadership Challenge“ gut: „Die Kunst, andere dazu zu mobilisieren, dass sie für gemeinsame Ziele kämpfen.“ James Scouller untergliedert Führung in „The Three Levels of Leadership“. Führung als ein Prozess beinhaltet danach,

- Ziele und Richtungen zu definieren, die Menschen dazu inspirieren, sich zusammenzutun und auf etwas willentlich hinzuarbeiten,
- auf die Mittel, die Gangart und die Qualität des Prozesses im Hinblick auf das Ziel zu achten sowie
- die Einheit der Gruppe und die individuelle Effektivität durchgängig zu erhalten.

Führung definiert mithin, wie die Zukunft aussehen sollte. Sie koordiniert, motiviert und inspiriert Menschen mithilfe dieser Vision dazu, sie Wirklichkeit werden zu lassen – allen Erschwernissen und Hürden zum Trotz. Meines Erachtens gehört zu Führung auch Zugang zu den erforderlichen Ressourcen oder die Fähigkeit, sie beschaffen zu können. Fehlen diese Ressourcen, wird über natürliche Autorität geführt: von einem charismatischen Leader, einer charismatischen Führungskraft, die selbst in ausweglosen Situationen alle Kräfte zu mobilisieren vermögen. Machen wir uns nichts vor: Es geht bei Führung um Macht und finanzielle Potenz.

3. Führungsstile im Überblick

Ich bezweifle, dass es Menschen gibt, deren Führungsstil klar einer Theorie zuzuordnen ist. Es werden immer Mischformen sein, die zum

Erfolg führen. Zu vieles ist im Fluss, zudem lernen wir alle dazu und entwickeln uns weiter. Jeder Mensch, ob Mitarbeiter oder Führungskraft, ist anders und muss seinen persönlichen Weg finden. Zudem sollte man Mitarbeiter nicht nach Schema F behandeln wollen. Der eine braucht vielleicht mehr Zuwendung und Unterstützung als der andere. Dem sollten wir Rechnung tragen. Dennoch schärft ein Blick auf die gängigen Theorien das Auge:

Man unterscheidet die tradierenden Führungsstile nach Max Weber und die klassischen nach Kurt Lewin. Der Soziologe und Nationalökonom Max Weber (1864–1920) kategorisierte Führungsstile wie folgt:

- **Autokratischer Führungsstil:** Der Vorgesetzte sagt, wo es lang geht. Es gibt kaum Spielraum für eigene Ideen der Mitarbeiter. Gehorsam ist oberstes Gebot.
- **Patriarchalischer Führungsstil:** Auch hier ist der Chef die Autoritätsperson. Die Leitungsfunktion wird jedoch mit väterlichem Wohlwollen durchgesetzt. So können sich Mitarbeiter leichter mit dem Unternehmen identifizieren.
- **Charismatischer Führungsstil:** Die Ausstrahlung des Vorgesetzten ist entscheidend. Durch sie motiviert er die Angestellten fast nebenbei.
- **Bürokratischer Führungsstil:** Die Führungskraft ist austauschbar, denn alles wird von Strukturen und Vorschriften geregelt. Flexibilität wird kleingeschrieben.

Der Psychologe Kurt Lewin (1890–1947) unterscheidet folgende Führungsstile:

- **Autoritärer Führungsstil:** Die Vorgesetzten erwarten widerspruchslosen Gehorsam und haben kein offenes Ohr für Mitarbeiter. Der Mitarbeitermotivation ist das nicht dienlich. Vorteilhaft sind allerdings die kurzen Entscheidungswege. Diese Art der Mitarbeiterführung ist lediglich sinnvoll bei Aufgaben, bei denen im Ernstfall nicht diskutiert werden kann, beispielsweise bei Polizei oder Feuerwehr.
- **Kooperativer Führungsstil:** Kreative Mitarbeiter mit eigenen Ideen und eigener Meinung sind willkommen. Gerne wird die Verantwortung von Vorgesetzten an kompetente Angestellte delegiert – auch zur Steigerung ihrer Motivation. Die kooperative Führungskraft muss den **Überblick behalten** und regelmäßig prüfen, ob die Mitarbeiter ihrer Verantwortung gewachsen sind.

- **Laissez-faire-Führungsstil:** Der Vorgesetzte nimmt sich als Leitungspersönlichkeit zurück und gibt Mitarbeitern viel Gestaltungsspielraum bei der Erledigung der Aufgaben. Er gibt lediglich Ziele vor und verteilt die Aufgaben. Er fördert die Selbstständigkeit der Mitarbeiter. Es besteht die Gefahr, dass aufgrund der Freiheit die Autorität der Führungskraft leidet.

Es haben sich weitere Unterformen entwickelt. Der situative Führungsstil beruht darauf, dass jeder Mitarbeiter entsprechend seinem Reifegrad geführt wird. Beim kooperativen Führungsstil arbeiten Vorgesetzter und Untergebener bei der Entwicklung von Ideen und deren Umsetzung eng zusammen. Der partizipative Führungsstil funktioniert ähnlich wie der kooperative. Er ermöglicht Mitarbeitern, eigene Ideen und Lösungsvorschläge aktiv mit einzubringen. Er bietet sich insbesondere bei qualifizierten Mitarbeitern an.

Der Begründer des modernen Managements, Peter Drucker, kreierte 1954 die Idee des „Leading by Objektives“ oder „Management by Results“ – Führen über Ziele: Der Vorgesetzte führt mit jedem Mitarbeiter zu Beginn des Planungszeitraums ein Gespräch, in dem die Ziele des Mitarbeiters und des Vorgesetzten bzw. der Organisation aufeinander abgestimmt werden. Wege zur Zielerreichung werden nicht festgelegt. Besprochen wird, welche Unterstützung der Mitarbeiter vom Vorgesetzten zur Erreichung des Ziels wünscht. Das Gespräch mündet in eine schriftliche Zielvereinbarung in zwei Ausfertigungen – eine für den Mitarbeiter und eine für den Vorgesetzten.

Sehr gut gefällt mir das Wortspiel: A boss says: Go. A leader says: Let’s go.

4. Anforderungen jenseits des individuellen Führungsstils

Wie auch immer Ihr persönlicher Führungsstil oder der Ihrer Vorgesetzten aussehen mag, so gibt es doch allgemeingültige Erfolgsfaktoren, die Menschen zu besseren Führungskräften machen würden, wenn sie um sie wüssten und sie umsetzen wollten.

Ich habe mich mit Führung aus unterschiedlichen Perspektiven beschäftigt. Meine Erfahrungen als Mitarbeiterin und Führungskraft im Bereich von Abteilungsleitung und Geschäftsführung in einem großen Konzernverbund haben sich in der Mischung aus Freud und Leid tief in mein Bewusstsein eingegraben. Daraus resultiert die nachfolgende Übersicht über Eigenschaften und Verhaltensweisen, die meines Erachtens zu guter Führung enorm beitragen.

Mitarbeiter, die mit ihrer Vorgesetzten oder ihrem Chef unzufrieden sind, werden wahrscheinlich genau die Punkte finden, die in ihrem Umfeld so nicht gelebt werden. Wenn Sie Mut, gar Löwenmut besitzen, wäre es eine Überlegung wert, das eine oder andere bei Ihrem/Ihrer Vorgesetzten anzusprechen – nicht in einer offenen Runde, eher in einen Zweiergespräch ohne Dritte, damit der/die Vorgesetzte das Gesicht nicht vor der gesamten Abteilung verliert. Letzteres könnte allerdings ein strategisch einzusetzendes Mittel sein, wenn sich ein Vorgesetzter in keiner Weise gegenüber Anregungen offen zeigt und sich nicht ändert. Damit würde ich allerdings sehr vorsichtig umgehen. Als Ultima Ratio bleibt, sich unternehmens-/organisationsintern wegzubewerben oder sich insgesamt einen anderen Arbeitgeber zu suchen.

a) Das große Ganze im Blick

Man sollte möglichst in längeren Zeiträumen denken – in der Politik wäre das über die nächste Amtszeit hinaus. Gerade bei Produktentwicklungen braucht es bisweilen einen langen Atmen. Zu früh aufgegeben zu haben, bringt einen um den gesamten Projekterfolg. Mit Ungewissheit umzugehen und trotz Rückschlägen an Themen dranzubleiben, die Mitarbeiter und Projektbeteiligten motiviert zu halten, ist für mich die hohe Kunst der Führung.

„Out of the box" zu denken, über das Interesse der eigenen Abteilung hinaus im Sinne des Unternehmens bzw. der Organisation, dient dem Gesamtinteresse am meisten.

b) Entscheidungen und eigene Fehler

Es erleichtert die Zusammenarbeit und stärkt das Vertrauen, wenn Entscheidungen, so es geht, transparent und nachvollziehbar sind. Wie viel an Detailinformation erforderlich ist, hängt vom Einzelfall und Ihrem Fingerspitzengefühl ab. Werden Entscheidungen geändert, empfiehlt sich eine Begründung. Das gilt auch bei von anderen getroffenen Entscheidungen, wenn das möglich ist. Mitarbeiter tun sich leichter mit geänderten Positionen, wenn sie den Grund dafür kennen. Keiner ist gerne ein Befehlsempfänger, für den heute hü und morgen hott gilt. In Fällen, in denen eine Entscheidung für den Mitarbeiter selbst, die Abteilung oder ein Projekt nachteilige Konsequenzen hat, ist ein Wort des Bedauerns durchaus angebracht. Rechtfertigungen sollten Sie hingegen vermeiden. Diese schwächen Sie.

Fehler zuzugeben, ist manchmal hart. Man fühlt sich angreifbar. Man sollte es dennoch tun. Und mal ehrlich: Meistens merken es andere ohnehin, wenn etwas schiefgelaufen ist. Dann kann man auch als Führungskraft gleich dazu stehen. Es macht uns nicht kleiner, eher größer, sympathischer und menschlicher. Mehr dazu u. a. im Kapitel zur Risikokompetenz.

c) Mitarbeitereinsatz und -auswahl

Unser Fokus muss sein, Mitarbeiter nach ihren Fähigkeiten einzusetzen, um sie so weder zu über- noch zu unterfordern. Leistungsträger können stärker belastet werden als unerfahrene oder schlicht schwächere Mitarbeiter. Doch man vergisst manchmal, dass etwas, das für einen selbstverständlich ist und keiner Überlegung bedarf, für Mitarbeiter die größte Herausforderung darstellen kann. Versuchen Sie Verständnis zu haben, auch wenn es bisweilen schwer ist. Manchmal reicht es schon, sich in die Situation des anderen hineinzuversetzen.

Führung in der Praxis

So weit die Theorie. Wie schwierig das sein kann, erlebte ich selbst vor Jahren in einem Banken- und Immobilienkonzern, als ich mit dünner Personaldecke auskommen musste und eine intelligente und motivierte Mitarbeiterin nicht damit klarkam, dass sich die Prioritäten häufig kurzfristig änderten. Was morgens als vordringlich bezeichnet wurde, konnte nachmittags schon einmal nachrangig sein. Das verwirrt einen Berufsanfänger natürlich, ist aber eben so, wenn man vorstandsnah arbeitet. Allerdings muss man lernen damit umzugehen. Die Mitarbeiterin war damit überfordert und ich war offen gesagt genervt, konnte aber nichts für die junge Frau tun. Es gab in dieser Abteilung kein Zeitfenster, in dem man länger in Ruhe und am Stück an etwas arbeiten konnte.

Manche Menschen arbeiten lieber und besser, wenn sie sich nur einer Aufgabe widmen können. Das konnte ich in der damaligen Struktur und Situation im Geschäftsleitungs- bzw. Vorstandssekretariat nicht bieten. Manche Tätigkeiten sind nun einmal stark fremdbestimmt in Sachen Zeitvorgaben und Prioritäten. Der Fairness halber hatte ich den Job beim Bewerbungsgespräch geschildert, wie er war. Als die Mitarbeiterin zu unser beider Erleichterung kündigte, fragte ich sie, weshalb sie diese Stelle überhaupt angenommen habe, ich hätte ja offen gesagt, wie hektisch es zugehe. Ihre Antwort machte mich ein wenig verlegen: „Weil Sie so begeistert von dem waren, was Sie tun." Stimmt, ich mochte meinen Job – er war anstrengend, ich stand ständig unter Strom, aber es war auch hochinteressant. Den permanenten Druck auszuhalten, war der Preis, der zu zahlen war.

Unternehmen und Organisationen nutzen die Chancen von Vielfalt noch immer zu wenig und vor allem nicht systematisch. Doch aktives Diversity-Management lohnt. Unser Team sollte in etwa das Spektrum unsere Kunden abbilden. Das erleichtert uns, deren Bedarf nicht nur zu erkennen, sondern vorausschauend Produkte und Dienstleistungen zu kreieren. Mehr dazu im Kapitel „Innovation".

d) Motivation und Miteinander

Mit dem Thema Wertschätzung tue ich mich schwer – nicht mit dem Inhalt, sondern damit, wie inflationär mit dem Begriff umgegangen wird. Eine viel zitierte Worthülse. Mir ist die Formulierung des respektvollen Umgangs somit lieber. Wertschätzung leben, anstatt nur darüber zu reden – so erreicht man Glaubwürdigkeit. Ein paar Ideen hierzu:

- Sparen Sie niemals an Lob – es ist die kostengünstigste und nachhaltigste Form der Anerkennung. Lob freut nicht nur den Adressaten, sondern ist auch ein Signal an alle anderen Mitarbeiter, dass Leistung erkannt wird.
- Versuchen Sie gerecht zu sein, was nicht heißt, alle in jeder Beziehung gleich zu behandeln: Von Leistungsträgern können Sie mehr Leistung verlangen als von etwas schwächeren oder unerfahrenen Mitarbeitern.
- Fördern Sie Mitarbeiter, aber fordern Sie auch. Sog. Low Performer schaden der ganzen Abteilung, denn sie untergraben die Motivation der Motivierten, wenn man das einfach nur laufen lässt. Schlendrian stellt sich sehr schnell ein und ist extrem schwer wieder aus einem System zu bekommen.

Umgang mit Low Performern

Es gibt Menschen, die haben nicht einfach viele schlechte Tage, die schieben einfach einen faulen Lenz. Über diese Personengruppe wird selten gesprochen. Man nennt sie die Low Performer, Personen, die weit hinter ihren Möglichkeiten zurückbleiben. Arbeitsrechtlich ist ihnen oft schwer beizukommen, Abmahnungen müssen wasserdicht sein. Deshalb gilt: Frühzeitig gegensteuern, die Probleme ansprechen, Ursachenforschung betreiben und ggf. Hilfe anbieten. Der größte Fehler ist zu lange zu schweigen.

- Fördern Sie Innovation und Kreativität (s. auch Kapitel „Innovation") – insbesondere durch Motivation und Gestaltungsspielräume. Geben Sie dabei Freiräume, wo immer es möglich ist und der betreffende Mitarbeiter damit umgehen kann. Zu viel Freiraum kann zu Blockaden führen, wenn Menschen mehr Vorgaben brauchen. Lassen Sie Ihre Mitarbeiter wissen, dass sie sich an Sie wenden können, wenn sie nicht weiterkommen. Zu wenig Freiraum tötet die Fantasie, die Kreativität und auch die Lust am Arbeiten.

Ungewohntes Führungsverständnis

Als ich bei einem Kunden einen Strategieworkshop leitete, erfuhr ich von der vor Kurzem extern eingekauften Führungskraft, wie schwer sich seine Mitarbeiter damit täten, dass er nicht alles vorgebe. Genau das hatte jedoch sein Vorgänger über acht Jahre so gemacht – ein Kulturschock für beide Seiten. Plötzlich Freiheiten zu haben, führte erst einmal zu völliger Irritation. Im Workshop konnten wir dieses Thema diskutieren und wechselseitige, zuvor in kürzester Zeit entstandene „Fehlinterpretationen" auflösen. Die Mitarbeiter dachten, der Vorgesetzte habe keine Ahnung, drücke sich vor Entscheidungen und lasse deshalb Spielräume. Der Vorgesetzte wiederum wunderte sich, dass er zu 80 % Befehlsempfänger vor sich hatte. Das waren die meisten davon nicht, man hatte ihre Selbstständigkeit lediglich mit minutiösen Aufgabenstellungen jahrelang untergraben.

- Haben Sie (Löwen-)Mut zum berechtigten Widerspruch – gegenüber höheren Hierarchiestufen und auch gegenüber anderen Abteilungen, Beratern und Experten. Manchmal scheinen die Menschen zu vergessen: Es geht um bestmögliche Ergebnisse und nicht – wie man es so oft erlebt – um die Befriedigung von Eitelkeiten und unsinnige Rücksichtnahmen. Allerdings ist nicht zu leugnen, dass man Rückgrat braucht und damit leben muss, sich bisweilen unbeliebt zu machen.

5. Veränderungen mit Auswirkung auf Führung

Führung hat sich verändert. Man hat hierarchische Strukturen verflacht, ihnen viel von ihrer Starre genommen. Es wird zunehmend auch mit virtuellen Teams gearbeitet, die mangels persönlicher Nähe ganz andere Anforderungen an Führung stellen. Auch die Möglichkeiten von Jobsharing, Teilzeit- und Homeoffice-Lösungen verändern die Arbeitswelt. Die fortschreitende Digitalisierung tut ein Übriges.

Es konnte nicht ohne Konsequenz für Führungsstile bleiben, dass sich der gesellschaftliche Umgang über die Jahre insgesamt geändert hat. Es geht weniger distanziert zu in Unternehmen und Organisationen. Vieles wird lockerer und weniger förmlich angegangen als noch vor zehn Jahren. Die Kultur des Duzens aus dem englisch-amerikanischen Sprachraum ist auf dem Vormarsch, auch zwischen Menschen unterschiedlicher Hierarchieebenen. Ich sehe diese Entwicklung nicht nur positiv. Ein Sie hat auch etwas für sich. Man sagt eher „Du Depp!“ als „Sie Depp!“.

Das Du ist die übliche Anrede im Web. Die Veränderungen des Sprechens, Schreibens, des Kommunizierens insgesamt, die durch das Internet entstehen, wirken natürlich auch im sog. Real. Der Chef der Otto Group Schrader bot 2016 allen Mitarbeitern weltweit das Du an, immerhin 53.000 Menschen.

Ich gehöre zu den hoffnungslos „Antiquierten“, die nicht einfach geduzt werden wollen. Schon gar noch von x-beliebigen Fremden oder Leuten, die mir unsympathisch sind. Mit drei meiner besten Freunde bin ich noch immer per Sie – nach zehn, 20 bzw. 25 Jahren. Ein Sie ist kein Hindernis für tiefe Freundschaften.

Mit einem Du ins Fettnäpfchen?

Viele wissen nicht, dass die Frau nach Knigge-Regeln einem Mann das Du problemlos antragen kann, aber nicht umgekehrt. Jüngere Leser werden das befremdlich finden. Sie sollten gleichwohl überlegen, wie sie das mit dem Du handhaben, gerade bei einer ersten persönlichen und zudem geschäftlichen Begegnung. Die Regel, dass der Ältere dem Jüngeren das Du anbietet, halte ich nach wie vor für sinnvoll. Jedenfalls bewahrt die Regel vor unnötigen Fettnäpfchen.

Wer keine starke Führungspersönlichkeit oder neu in der Führungsposition ist, kann von lockeren Umgangsarten, einem allgemein kumpelhafteren Ton in Bedrängnis gebracht werden, weil die Grenze zwischen Mitarbeitern und Vorgesetztem verwischt, genauer: von den Mitarbeitern verwischt wird. Es hilft nichts anderes, als an den Führungsschlüsselkompetenzen zu arbeiten, um nicht ins Abseits gedrängt werden. Die Künstlerin Marina Abramovic sagte: „Der Zuschauer riecht die Angst.“ Das gilt auch für Mitarbeiter. Also wappnen Sie sich.

a) Früher war Vokuhila – heute ist VUCA

Früher war alles besser. Mag sein – jedenfalls außer den Frisuren. Gestattet sei diese kleine Wortspielerei mit Begriffen, die nichts miteinander zu tun haben, außer Modeworte zu sein: „Vokuhila“ war die spaßhafte Bezeichnung des Frisurentyps der 70er- und 80er-Jahre: vorne kurz, hinten lang. Das hat sich erledigt. Doch ob „VUCA“ wirklich neu ist, wage ich zu bezweifeln. Seit einiger Zeit ist die Rede von einer VUCA-geprägten Welt. Gemeint ist das Begriffsquartett

- Volatility = Unbeständigkeit,
- Uncertainty = Unsicherheit,
- Complexity = Komplexität und
- Ambiquity = Mehrdeutigkeit.

Ich glaube, dass Menschen mit diesen Themen schon immer umgehen mussten – als Führungskräfte ebenso wie als Mitarbeiter. Heutzutage hat sich das Ganze durch Globalisierungseffekte und Schnelllebigkeit, den rasanten technischen Fortschritt lediglich verschärft. Unsicherheit infolge von Komplexität wird zur Norm.

Unsicherheit verlangte schon immer nach Orientierung. Die kommt von Vorbildern, muss aber auch von Führungskräften an der Jobfront gegeben werden. Das überfordert viele, die ihrerseits von übergeordneten Führungskräften allein gelassen werden.

6. Gut aufgestellt sein als Führungskraft

Es gibt einige grundlegende Dinge, die Führungskräfte, aber auch Mitarbeiter persönlich voranbringen. Dazu zählt, Vertrauen aufzubauen – zu Mitarbeitern, anderen Führungskräften, Kunden, Dienstleistern. Es ist wichtig, sich mit Menschen zu umgeben, die inspirieren, anspornen und die mit uns ehrlich umgehen. Schmeicheleien mögen allenfalls kurz zu erfreuen, eine Hilfe sind sie nicht. Zudem sind Speichellecker als Erste weg, wenn sich Probleme einstellen.

Die Aufforderung, mit sich und anderen achtsam umzugehen, erscheint mir richtig, sie wird jedoch reichlich überstrapaziert. Die Begriffsdehnung ist ohnehin sehr weit: Sie umfasst Empathie, der Selbsterkenntnis vorausgeht, ebenso wie Stressreduktion für sich und andere. Feine Sache. Nur ein bisschen weltfremd, meine ich.

Als Idee würde ich Achtsamkeit gleichwohl mit auf dem Weg geben wollen. Zukunftsforscher Matthias Horx hält dies sogar für ein Trendthema. Richtig ist: Weder Mitarbeiter noch Führungskräfte sind Maschinen. In einem Song bekundet der Sänger, dass er nur ein Mensch sei. Das sind wir alle, und Menschsein ist mehr als nur gut zu funktionieren. Der Fokus sollte darauf liegen, dass wir Wege finden, das Ich nicht verkümmern zu lassen. Regeneration ist wichtig.

Permanentes Verstellen stresst und lässt uns ein anderes Leben leben, als das, das wir wollen. Seien Sie authentisch und rennen Sie nicht jeder neuen Strömung in Sachen Führung hinterher. Vertrauen Sie stattdessen mehr auf sich, hören Sie auf Ihren meist gar nicht so dummen Bauch und orientieren Sie sich an persönlichen Vorbildern, die eine in sich stimmige, wertebasierte Führung leben. Lassen Sie ihre Persönlichkeit nicht von Coaches und Trainern glatt schleifen, die nur dem Mainstream oder den aktuellen Trends frönen. Ich bin der Meinung, wir brauchen mehr Persönlichkeiten mit Ecken und Kanten wie z.B. Altkanzler Helmut Schmidt.

Hilfreich und mit enormer Auswirkung auf unsere Effektivität sind zielführende Kommunikation und professionelle Vernetzung

- Pflegen Sie eine offene Kommunikation, sprechen Sie Unstimmiges, Ärgerliches an – auch wenn Sie dann vielleicht mehr diskutieren müssen. Das bringt Sie und die Abteilung voran – siehe auch das Kapitel „Kommunikation“.
- Vernetzen Sie sich intern und extern und fördern Sie zudem den Beziehungsaufbau und -ausbau Ihrer Mitarbeiter. Mehr dazu im Kapitel „Networking“.

a) Von Narzissten, Psychopathen und Getriebenen

Viele werden denken, das hätten sie schon immer gewusst: Studien zufolge finden sich in Führungspositionen überproportional viele Psychopathen und Narzissten, nachzulesen auf „ZEIT ONLINE“ in einem Interview mit dem Psychologen Jens Hoffmann aus dem Jahr 2014. Die einen befriedigen damit ihr Dominanzbedürfnis, die anderen ihren Wunsch nach Aufmerksamkeit.

Ganz so schlimm ist es dennoch nicht um die Führungsetagen bestellt, schaut man sich die Zahlen genauer an: Etwa 4 % der Bevölkerung sind Narzissten und etwa 1 bis 2 % Psychopathen. Deren Anteil in Führungspositionen beträgt etwa 6 %. Trotzdem gut zu wissen.

b) Selbstverständnis als Mensch im Berufsalltag

Vielleicht sollten wir den Blick auf einen anderen Umstand lenken, der wahrscheinlich viel mehr Menschen betrifft als die vorgenannten eher pathologischen Fälle. Viele sind mit sich selbst nicht im Reinen, mögen sich nicht oder behandeln sich einfach nur schlecht, weil sie den Kampf mit ihrem inneren Kritiker häufig verlieren, was sich wiederum auf ihre Beziehungen zu den Mitmenschen auswirkt.

In diesem Kontext kommt mir die Rede von Charlie Chaplin anlässlich seines 70. Geburtstags, die ich seit Jahren in meiner Zitatensammlung habe, in den Sinn. Sie können sie bei YouTube anhören. Sie ist von der großen Weisheit des damals 70-Jährigen durchdrungen und gewiss nicht in der Esoterikecke angesiedelt. Ich teile den Ansatz von Charlie Chaplin, wir müssten anfangen, uns selbst zu lieben. Er meint damit nicht die Selbstverliebtheit der Narzissten, die sich für den Nabel der Welt halten, weil ihnen etwas Wesentliches fehlt: eine gewisse Demut und Bescheidenheit. Das meint Chaplin nicht, sondern die vielen von uns, die lernen müssen, anders – gnädiger – mit sich umzugehen, nicht so hart zu sich selbst zu sein, insbesondere wenn sie etwas nicht erreichen. Es tut mir in der Seele weh zu sehen, wie schonungslos ein Freund mit sich umgeht, was er meint, sich versagen zu müssen, damit das Leben geordnet bleibt – auf Kosten von Glück, Liebe und Lebensfreude.

Ähnliche Gedanken wie die, die Chaplin herausstellt, finden sich auch in den Interviews mit meinen geschätzten Gesprächspartnern wieder. Offenkundig ist: Sein, mein und ihr Wertekonzept ist ein sehr ähnliches. Charlie Chaplin passt auch insoweit perfekt in diesen Kontext, hat er sich doch sehr intensiv mit dem Thema Führung und fehlgeleiteter Führung auseinandergesetzt – unvergessen dokumentiert im Filmklassiker „Der große Diktator“, der berühmten Hitlerpersiflage.

Charlie Chaplins Rede

Als ich begann, mich selbst zu lieben, erkannte ich, dass Schmerz und emotionales Leid nur Warnzeichen dafür sind, dass ich dabei war, gegen meine eigene Wahrheit zu leben. Heute weiß ich, das ist **Authentizität**.

Als ich begann, mich selbst zu lieben, habe ich verstanden, wie sehr es jemanden verletzen kann, wenn ich versuche, ihm meine Wünsche aufzuzwingen, obwohl ich wusste, dass es nicht der richtige Zeitpunkt war und die Person nicht bereit dafür war, obgleich ich selbst diese Person war. Heute nenne ich es **Selbstachtung**.

Als ich begann, mich selbst zu lieben, habe ich aufgehört, nach einem anderen Leben zu verlangen, und konnte sehen, dass alles, was mich umgab, mich einlud zu wachsen. Heute nenne ich es **Reife**.

Als ich begann, mich selbst zu lieben, habe ich verstanden, dass ich in jeder Lebenslage zur richtigen Zeit am richtigen Ort bin und alles geschieht im absolut richtigen Moment. Also konnte ich ruhig sein. Heute nenne ich es **Selbstvertrauen**.

Als ich begann, mich selbst zu lieben, hörte ich auf, mir meine eigene Zeit zu stehlen, und ich hörte auf, riesige Projekte für die Zukunft zu entwerfen. Heute mache ich nur das, was mir Wonne und Freude bereitet; Dinge, die ich liebe und die mein Herz zum Lachen bringen. Und ich tue sie auf meine eigene Art und Weise und in meinem eigenen Rhythmus. Heute nenne ich es **Einfachheit**.

Als ich begann, mich selbst zu lieben, befreite ich mich von allem, was nicht gut für meine Gesundheit ist, von Speisen, Menschen, Dingen, Situationen und von allem, das mich hinunterzog und weg von mir selbst. Anfangs nannte ich diese Haltung gesunden Egoismus. Heute weiß ich, es ist **Selbstliebe**.

Als ich begann, mich selbst zu lieben, hörte ich auf zu versuchen, immer recht zu haben, und seitdem habe ich mich weniger geirrt. Heute habe ich entdeckt, das ist **Bescheidenheit**.

Als ich begann, mich selbst zu lieben, weigerte ich mich, weiter in der Vergangenheit zu leben und mich um die Zukunft zu sorgen. Jetzt lebe ich nur für den gegenwärtigen Moment, in dem alles geschieht. Heute lebe ich jeden einzelnen Tag, Tag um Tag, und ich nenne es **Erfüllung**.

Als ich begann, mich selbst zu lieben, da erkannte ich, dass mich mein Verstand durcheinanderbringen und krank machen kann. Aber als ich ihn mit meinem Herzen verband, wurde mein Verstand zu einem wertvollen Verbündeten.Heute nenne ich diese Verbindung **Weisheit des Herzens**.

Wir brauchen uns nicht weiter vor Auseinandersetzungen, Konflikten oder irgendwelcher Art Probleme mit uns selbst oder anderen zu fürchten. Sogar Sterne kollidieren und aus ihrem Zusammenprall werden neue Welten geboren.

Heute weiß ich: **Das ist das Leben!**

Das ist ein hoher Maßstab, an dem man vielleicht 70 Jahre zu arbeiten hat. Man sollte umgehend damit anfangen – für mehr Lebensqualität.

7. Wohlbefinden steigert die Effektivität und sorgt für ein besseres Betriebsklima

Führungskräfte sollten – wie im Übrigen alle anderen Mitarbeiter auch – im eigenen Interesse wie auch im Interesse des Unternehmens oder der Organisation auf sich und ihr körperliches und mentales Wohlbefinden achten. Nur so können sie ihre Leistungsfähigkeit erhalten. Dazu gehört, sich auf das eigene Ich und eigene Werte zu besinnen, die Batterien immer wieder aufzuladen. Sie sollten geerdet sein. Das ist nicht einfach in dieser schnelllebigen Zeit mit echtem und unnötigerweise produziertem Stress und Pseudowichtigkeiten.

a) Stressfaktoren

Laut der TK-Stress-Studie der Techniker Krankenkasse vom Oktober 2016 sind die wichtigsten Stressfaktoren der Job (46 %), hohe Eigenansprüche (43 %), Termindichte in der Freizeit (33 %), Straßenverkehr (30 %) sowie die ständige digitale Erreichbarkeit (28 %). Letztere betrifft vor allem die Berufstätigen: Drei von zehn Beschäftigten geben an, ihr Job erfordere, auch nach Feierabend oder im Urlaub erreichbar zu sein. Bei ihnen liegt der Stresspegel besonders hoch: 73 % leiden unter Stress, vier von zehn „Always-on-Beschäftigten" stehen unter Dauerdruck.

Einige Großunternehmen gehen dazu über, E-Mail-Verkehr ab einer bestimmten Uhrzeit nicht mehr zuzulassen. VW hat eine feste Dienst-Mail-Sperre: Blackberry- und Smartphone-Nutzer unter den Tarifmitarbeitern empfangen zwischen 18 Uhr und 7 Uhr sowie an Wochenenden keine E-Mails. Mails und Anrufe oder generell Arbeit nach 18 Uhr können bei BMW vorkommen im Rahmen der sogenannten Mobil-Arbeit, die vereinbart sein muss. Ziel ist mehr Flexibilität.

b) Verbindende Gruppenerlebnisse

Gemeinsame Aktivitäten können Abteilungen stärken. Besonders beliebt sind seit einiger Zeit Outdoor-Workshops. Eine hochrangige Führungskraft aus dem Konzern der Deutschen Bahn berichtete bei der Vorstellung der Oktober-Ausgabe des Magazins der Süddeutschen Zeitung „Plan W. Frauen verändern Wirtschaft", wie positiv sich ein Pferdecoaching auf ihre Abteilung ausgewirkt habe. Pferde sollten ohne Halfter und Longierleine dazu gebracht werden, Dinge zu tun. Das erfordere Klarheit des mit der Aufgabe betrauten Menschen. Fehle diese, machen Pferde ihr eigenes Ding. Hunde allerdings auch, und für Kinder gilt nicht anderes – das weiß jeder, der zumindest einmal die TV-Nanny oder den Hundetrainer sah.

8. Innovationsturbo: Kommunikationskultur

Jedes Unternehmen, jede Organisations-, Verwaltungs- oder Wissenschaftseinheit hat eine bestimmte (Unternehmens-)Kultur, die ihrerseits die interne und externe Kommunikationskultur prägt. Diese gibt wiederum den Rahmen für die individuelle Kommunikation vor.

a) Kommunikationswege und -befugnisse

Unternehmen und Organisationen gehen unterschiedlich mit den Fragen um, wer zu welchen Themen mit wem sprechen darf, welche Kommunikationswege einzuhalten sind, wie formal oder leger man sich ausdrücken darf. Branchengepflogenheiten spielen dabei eine wichtige Rolle. Der Umgang in einer Werbeagentur oder einem Start-up wird lockerer sein als der in vorstandsnahen Abteilungen einer Bank oder in einem Forschungsinstitut. Auch die bevorzugten Kommunikationsmittel können völlig unterschiedlich sein.

b) Besprechungskultur

Es gibt drei Bereiche in allen Unternehmen und Organisationen, in denen mehr Fokus und Effektivität zu enormen finanziellen und sonstigen Einsparungen führen würde. Ich spreche von ausufernden Meetings, suboptimalem Projektmanagement und schlechten Briefings. Die Art, wie Meetings gehandhabt und Projekte gemanagt werden, ist stark von der Unternehmens-/Organisationskultur beeinflusst. Für mich ist das eindeutig ein Führungsthema, weshalb ich im Kapitel „Leadership" unter Ziff. 9 darauf näher eingehe.

c) Kommunikationsgift: Firmen- oder Abteilungssprech

Es fehlt jedoch nicht nur am erwähnten Klartext. In jedem Betrieb, jeder Abteilung entwickelt sich ein „Firmen- oder Abteilungssprech", der sich für Außenstehende nicht nur sprachlich unschön anhört, sondern häufig unverständlich ist. In größeren Organisationen kennen selbst die Mitarbeiter nicht alle Feinheiten. Es geht nicht nur um das eigentliche Fachchinesisch und auch nicht nur um die sog. politischen Sprachregelungen, mit denen Dingen, die nicht rundliefen, ein nach außen für alle akzeptables oder ertragbares Mäntelchen umgehängt bekommen.

Es geht weiter: Wir alle lieben Abkürzungen. Das erlebe ich auch bei meinen Kunden nahezu täglich. Ich persönlich traue mich, nach der Bedeutung zu fragen, die meisten Menschen tun das jedoch nicht und schalten ab, wenn sie nicht verstehen, worüber gesprochen wird. Und manchmal, aber ganz selten, sitzt eine liebreizende Seele neben einem und „übersetzt", wie kürzlich, als ich vor meiner Keynote Speech zum Networking einem hausinternen Beitrag zur Kundenbegeisterung lauschte.

Mit Ausnahme der ausgefeilten politischen Sprachregelungen, die besonders beliebt sind, wenn man sich von Mitarbeitern trennt oder sich das Unternehmen in Verwerfungen befindet, sind die bisher genannten Facetten unzureichender Kommunikation eher unbewusst denn bewusst. Wir haben uns das so angewöhnt und reflektieren nicht, dass die Sprache, die im Grunde das Miteinander erleichtern soll, auch Ausschlussfunktion haben kann.

Sie kennen die Abteilungswitze zu Personen oder Gegebenheiten, wo wenige Worte oder manchmal nur ein einziges genügen, und alle wissen Bescheid. Nur der neue Azubi oder die zufällig anwesende Kollegin aus einer anderen Abteilung nicht. Klärt keiner diese beiden auf, macht sie das zu Außenseitern. Bei den Betroffenen stellt sich ein blödes Gefühl ein, während sich der Rest königlich amüsiert oder in anders gelagerten Fällen vereint resigniert aufseufzt und sich Blicke zuwirft, die Bände sprechen. Achten Sie darauf zu integrieren.

9. Exkurs: Sitzungs- und Projektkultur

a) Meetings – Zeitfresser oder Booster?

Meetings finden ständig statt, häufig mit einer Vielzahl von Beteiligten. Sie kosten enorm viel Zeit, was nicht schlimm wäre, wäre der Erfolg dementsprechend groß. Leider sind viele Meetings schlecht vorbereitet. Es fehlt der rote Faden. Man verzettelt sich, kommt nicht zum Wichtigsten. Häufig erschließt sich der Sinn nicht. Das ist schlichtes Führungsversagen: Entweder wurden die Sitzungs- oder Projektleiter nicht gut instruiert und nicht mit genügend Befugnissen ausgestattet oder sie sind eine Fehlbesetzung. Ich habe wahre Master of Desaster erlebt mit der Folge kollektiver Zeitverschwendung. Es geht um schonenden Umgang mit Ressourcen ebenso wie um Respekt vor der Lebenszeit der anderen, die sich der Unkultur vielleicht nicht entziehen können.

Sie kennen den alten, etwas despektierlichen und zudem banal klingenden Spruch: „Wer nicht weiter weiß, bildet einen Arbeitskreis." Wir alle sind Meeting-geplagt. Nichts gegen Meetings. Sie sollten jedoch in jeder Hinsicht minimalistisch sein – mit Blick auf die Teilnehmerzahl, den Turnus und die Themen. Weniger ist auch hier mehr.

Kein Minimalismus ist hingegen bei der Vorbereitung erlaubt. Hier kommt eine Checkliste des absolut Notwendigen:

- rechtzeitiger Versand von Tagesordnung und erforderlichen Unterlagen
- Vermeidung von Tischvorlagen
- Übermittlung des Protokolls, wenn Treffen vorausgingen
- Nachhalten und Übermitteln der aus dem Protokoll resultierenden Offene-Punkte-Liste

Und fast geniere ich mich, den letzten Punkt zu notieren:

- Raumreservierung und Bestellung vom Getränken und sonstiger Verpflegung, ggf. auch Reservierung von Parkplätzen

Die Sitzungsführung muss in einer Hand liegen und kann nicht straff genug sein, damit nicht die Zeit von vielen Beteiligten verschenkt wird. Mein ehemaliger Chef und Mentor war ein Meister der Meetingleitung: Wenn er sagte, die Sitzung dauert maximal eine Stunde, dann war das so. Schon aus dem einfachen Grund, weil er dann aufstand und ging. Schließlich war sein Terminkorsett eng geschnürt.

Doch nicht nur deshalb wurde der Zeitplan eingehalten. Der Herr war ungeheuer effektiv – ein Löwe-Geborener. Er fing schwadronierende Redner und die bekannten Selbstdarsteller ein, merkte sofort an, wenn Unterlagen zur Entscheidung nicht ausreichten, und stellte dementsprechend sofort die diesbezügliche Diskussion ein und vertagte sie. Auch ansonsten zwang er die Truppe zur Zeitdisziplin. Das gelang wunderbar mit dem Hinweis: „Wenn wir das heute nicht zu Ende diskutieren, habe ich erst in drei Wochen wieder für das Thema Zeit. Sie haben noch genau zehn Minuten." Ein unglaublicher Mann – ich habe diese Vorgehensweise bewundert und viel von ihm gelernt. Sein Arbeitsstil hat mich geprägt.

b) Kommunikationsturbo: Gutes Projektmanagement

Diese Grundüberlegungen zu Meetings lassen sich auf das Management von Projekten übertragen.

c) Briefings, die ihrem Namen Ehre machen

Wer von uns hat nicht schon als Mitarbeiter oder Dienstleister unter misslungenen Briefings gelitten, mit denen wenig anzufangen war. Ich bekam letztens eine Anfrage für einen Workshop. Die Anrede lautete: „Sehr geehrte Damen und Herren". Formuliert war das Ganze wie eine Einladung zu einer Strategiesitzung mit einem Text, der aus einer Vorlage herauskopiert sein musste. Gefragt wurde, ob man den Termin wahrnehmen kann. Nach flüchtigem Lesen wollte ich schon absagen, da ich für dieses Buch weitgehend in Klausur war und deshalb fast alle Einladungen absagte, um dann – dem gelobten sechsten Sinn sei Dank, beim Kunden anzurufen. Ich sollte ein Angebot abgeben, worum es genau ging, wusste die Dame aus dem Personalbereich auch nicht. Schlecht gebrieft und dann nicht selbst nachgedacht, sonst hätte sie nachgefragt.

Briefings erfolgen häufig in größerer Runde als Teil von und in Meetings. Briefings sind kurze Handlungsangaben, die alle Informationen enthalten sollten, damit wir einen Auftrag erfolgreich umsetzen können. Eigentlich … sie wären es, läge unser Fokus auf klarer und effizienter Kommunikation.

Voraussetzung wäre, dass sich der Auftraggeber im Vorfeld Gedanken macht, was er erreichen möchte und welche Informationen der Ausführende benötigt. Häufig nehmen sich die Menschen dafür keine oder zu wenig Zeit oder wissen selbst nicht so recht, was gebraucht wird. Vielleicht hatten sie den Auftrag, etwas zu erledigen, ihrerseits erhalten – ungebrieft. Man kann nicht behaupten, dass eine solche Ausgangslage optimal ist. Absolut tödlich ist es jedoch, dies zu erkennen und nicht gründlich nachzufragen.

Nicht nachzufragen bedeutet, Rätsel zu raten, damit viel Zeit zu verschwenden und womöglich ein Ergebnis abzuliefern, unter dem im Deutschaufsatz früher gestanden hätte: Thema verfehlt. Egal wie berufserfahren wir sind und wie unangenehm es uns ist, Rückfragen zu stellen: Es führt kein Weg daran vorbei.

Sollte man Ihnen keinen Zeitrahmen geben, bitten Sie selbst darum. Das verschafft sowohl Orientierung als auch Sicherheit. Fragen Sie nach, ob und mit wem Sie sich abstimmen sollen, wer einbezogen werden muss. Wichtig ist auch zu wissen, wer nicht oder erst spät in ein Projekt eingebunden werden soll. Und last but not least: Stellen Sie die Frage nach dem Budget und geben Sie Rückmeldung, wenn Sie merken, dass das auf keinen Fall reichen kann.

Fachleute nennen den Vorgang „Rebriefing“. Selbst bei einem guten Briefing ist ein Rebriefing mehr als sinnvoll: Wenn Sie den Auftrag in eigenen Worten formulieren, merken Sie, wo es hakt, und das Gegenüber hat die Chance, ein Missverständnis auszuräumen. Je mehr Sie wissen, desto besser führen Sie den Auftrag aus.

Ich war mehrere Jahre für ein Mammutprojekt zuständig: die Konzeption und Erstellung des jährlichen Geschäftsberichts mit einer Auflage von stolzen 15.000 Exemplaren. Das war ein Projekt mit vielen Beteiligten und Menschen, die Beiträge zuliefern mussten. Mein Briefing war recht schlicht: Man drückte mir die Geschäftsberichte der letzten Jahre in die Hand und sagte mir, wer für das Zahlenwerk zuständig war. Das war's. Nicht viel. Man nannte es Gestaltungsspielraum. Super! – und ich war neu im Unternehmen. Zudem sollte die Agentur gewechselt werden. Eine schwierige Ausgangsbasis, und doch gelang ein gutes Produkt – elegant, ansprechend und vor allem ohne größere Fehler. Keine der sieben Todsünden trat auf, wie z. B. Namen falsch zu schreiben bei Vorstand, Aufsichtsrat, Beirat und Geschäftsleitung.

Das Projekt zu stemmen, war nur möglich, weil ich mich mit meinem Vorgesetzten permanent austauschte und mit allen beteiligten Zulieferern sorgfältig abstimmte. Unverzichtbar war eine unerbittliche „Wiedervorlage" – wer nicht nach Zeitplan zulieferte, wurde freundlich, aber bestimmt erinnert. Danach verschärfte sich der Ton. Bei der großen Vielzahl von Beteiligten war es, wie einen Sack Flöhe zu hüten. Zudem wartete derjenige, der zuvor mit dem Geschäftsbericht betraut war, nur darauf, dass mein Chef und ich scheitern würden. Die Herren mochten sich nicht wirklich.

An einem Briefing bin ich zunächst trotz bester Vorbereitung gescheitert: Eine der innovativsten Tochtergesellschaften sollte drei Berichte beisteuern. Drei. Ich bekam ein einziges, ellenlanges Dokument, das, nachdem es auseinandergepflückt war, in einem Teilbereich unverwertbar war. Jeder potenzielle Kunde hätte sich gefragt, warum man dieses Unternehmen beauftragen soll, wo doch alles so schwierig ist. Eine Rückfrage ergab, dass man Kunden stets vor Augen führte, wie hochgradig komplex und technisch anspruchsvoll der Auftrag sei, um dann voll aufzudrehen und damit zu brillieren, wie gekonnt man das erledigen würde.

Was im Gespräch funktioniert, kann sich im Schriftlichen – in einem Geschäftsbericht oder Internetaufritt – als No-Go erweisen. Gemeinsam haben wir anhand meines Vorentwurfs den Beitrag umgeschrieben, mit vielen Nachfragen meinerseits. Der endgültige Beitrag war dann einer der besten. Wie gesagt: tolles Unternehmen, tolle Dienstleistung, preisgekrönt, man muss es eben nur richtig in Szene setzen.

Lernen kann man daraus, dass die Fachabteilungen und Geschäftsführer bei aller Tüchtigkeit nicht immer die geborenen Texter sind. Das müssen sie auch nicht sein, doch dann muss eingeplant werden, dass ein Kommunikationsfachmann oder eine Kommunikationsfachfrau die Texte redigiert. Sehr schnell gelernt habe ich, Zeitpuffer einzubauen, und vor allem, diese nicht zu kommunizieren, denn sonst werden die Zeitpuffer von den Projektbeteiligten gleich miteingeplant und so zum Verpuffen gebracht.

10. Exkurs: Leitlinien der Benediktiner für Führung und Zusammenleben

Würde ich den emeritierten Abtprimas der Benediktiner Dr. Notker Wolf nicht so sehr schätzen, hätte ich mich wohl kaum mit seinem Orden beschäftigt. Es wären mir lehrreiche Erkenntnisse zu guter Führung entgangen, die ich Ihnen nicht vorenthalten möchte.

Die Benediktinermönche und -nonnen leben nach dem Grundsatz „Ora et labora" – „Bete und arbeite". Ihre klösterlichen Gemeinschaften wurden als wirtschaftliche Betriebe angelegt. Die Benediktiner missionierten nicht nur, sie kolonialisierten auch und optimierten dabei Ackerbau und Viehzucht. Die Klöster waren Selbstversorger.

Der Abtprimas veröffentlichte 2009 das Buch „Von den Mönchen lernen", das man allen Führungskräften in die Hand drücken sollte, denn die Regeln des heiligen Benedikt sind viel moderner, als man vielleicht annimmt. Als Mann des 6. Jahrhunderts hatte er ein für die damalige Zeit außergewöhnliches Menschenbild, das von Individualität geprägt war. Vielleicht wäre heutzutage in weltlichen Gefilden abgeleitet von den Mönchen ein wenig Demut nicht schlecht.

Sehr interessant ist Kapitel 63 der Regeln des hl. Benedikt zur Rangordnung im Kloster:

„Die Rangordnung im Kloster halte man so ein, wie sie sich aus dem Zeitpunkt des Eintritts oder aufgrund verdienstvoller Lebensführung ergibt und wie sie der Abt festlegt. Der Abt bringe jedoch die ihm anvertraute Herde nicht in Verwirrung. Er treffe keine ungerechte Verfügung, als könnte er seine Macht willkürlich gebrauchen, sondern er bedenke immer, dass er über all seine Entscheidungen und all sein Tun Gott Rechenschaft geben muss."

Gerecht sein und Mitarbeiter nicht verwirren – das sind klare Ansagen an das Führungspersonal allerorten.

Auch Kapitel 68 – Überforderung durch einen Auftrag – könnte in seiner Modernität heute geschrieben worden sein: „Wenn einem Bruder etwas aufgetragen wird, das ihm zu schwer oder unmöglich ist, nehme er zunächst den erteilten Befehl an, in aller Gelassenheit und Gehorsam. Wenn er aber sieht, dass die Schwere der Last das Maß seiner Kräfte völlig übersteigt, lege er dem Oberen dar, warum er den Auftrag nicht ausführen kann, und zwar geduldig und angemessen, ohne Stolz, ohne Widerstand, ohne Widerrede."

Mitarbeiter nicht zu überfordern, ist eine Sache – die andere Sache ist die Pflicht des Mitarbeiters, sich rechtzeitig zu rühren, wenn er Aufgaben nicht bewältigen kann. Damit bin ich sehr einverstanden. Schwieriger ist der Nachsatz: „Wenn er seine Bedenken geäußert hat, der Obere aber bei seiner Ansicht bleibt und auf seinem Befehl besteht, sei der Bruder überzeugt, dass es so für ihn gut ist; und im Vertrauen auf Gottes Hilfe gehorche er aus Liebe."

Der hl. Benedikt erließ auch eine Regel zur Bestrafung von Unpünktlichkeit – wie weise. Wie viel Geld wird dadurch vernichtet, dass Unpünktliche die Zeit gut bezahlter Menschen mit Warten verschwenden.

Zusammenfassung

Die Führungskultur bestimmt den Erfolg eines Unternehmens oder einer Organisation ganz wesentlich. Man kann ihr nicht genügend Aufmerksamkeit schenken, denn schlechte Führung vernichtet zuerst die Motivation und beeinträchtigt damit die Leistung. Das verhindert in jedem Fall Innovation. Gute Führung hat das große Ganze im Fokus und erreicht zudem, dass der einzelne Mitarbeiter zu seiner bestmöglichen Form findet und so die bestmögliche Leistung erbringt.

Führungskompetenz muss erarbeitet werden. Das ist ein Prozess, der viel mit Reife und Erfahrung zu tun hat. Vor allem aber sollte man Menschen mögen. Zumindest grundsätzlich. Mit den Unangenehmen, etwaigen Querulanten gilt es, einen professionellen Umgang zu pflegen und sie nicht zum Problem für das Team werden zu lassen.

II. Effektivitätsbooster: Funktionierende Teams

Never change a running system.

Wer allein arbeitet, addiert, wer zusammenarbeitet, multipliziert.
Arabisches Sprichwort

Eine Hand alleine kann nicht klatschen.
Tunesisches Sprichwort

Jede Zusammenarbeit ist schwierig, solange den Menschen das Glück ihrer Mitmenschen gleichgültig ist.
Dalai Lama

Löwen leben wie erwähnt als einzige Großkatzen im Rudel. Sie haben eine klare Hierarchie und Aufgabenverteilung. Davon, dass jedes Tier seine Aufgaben erfüllt, hängt das Überleben des gesamten Rudels, insbesondere der Jungtiere ab. Wenn bei der Jagd drei erforderlich sind, um ein größeres Tier gemeinsam zu erlegen, darf sich die Nummer 3 nicht auf die faule Haut legen oder einem kleineren Beutetier nachjagen, weil das bequemer wäre. Die Auswirkungen, wenn ein Tier nicht mitmacht wie geplant, sind immer elementar: Hunger oder Tod.

Das Zusammenspiel der Löwen bei der Jagd erfordert klare Abstimmungen in Sekundenschnelle und ebenso schnelle Entscheidungen. Konflikte werden sofort bereinigt mit den Mitteln, die den Tieren zur Verfügung stehen. Diese drücken sich zumeist körperlich aus durch Brüllen oder Kämpfen.

Wir mögen das brutal finden, aber haben wir in den Unternehmen und Organisationen nicht auch jede Menge Brüllaffen und jede Menge Machtkämpfe? Selten werden sie offen ausgetragen und bisweilen werden einvernehmlich Bauernopfer gebracht, Allianzen zerstört und neue geknüpft.

In den meisten Unternehmen sagen die Organigramme und Geschäftsordnungen wenig über die wahren Machtverhältnisse und Steuerungsmechanismen aus. Informelle Netzwerke sind die wahren Machtzentren und als solche Veränderungstreiber oder Bewahrer – mehr dazu im Kapitel „Netzwerke“.

Anders als im Löwenrudel fehlt bei menschlichen Strukturen häufig die Transparenz. Der Chef des Löwenrudels weiß, dass ihm Ablösung droht, sobald er Schwäche zeigt oder die Kräfte schwinden. Er hat sich immer wieder gegenüber Konkurrenten im Kampf zu beweisen.

Ebenso klare Gesetzmäßigkeiten gelten für den Nachwuchs: Die halbstarken junge Männchen werden mit rund zweieinhalb bis dreieinhalb Jahren aus dem Rudel verwiesen mit der Aufforderung: Du bist jetzt erwachsen, mach dein Ding. Der Leitlöwe duldet zuvor bereits keine Liebesbezeugungen der Jungen mehr, lässt sich nicht mehr in Spiele einbeziehen.

1. Was ist ein Team?

In Unternehmen und Organisationen treffen wir unterschiedlichste Gruppierungen von Personen an: Teams innerhalb von Abteilungen, Abteilungen, die in Bereichen gebündelt werden, zeitlich begrenzte Projektteams, die aus Mitarbeitern verschiedener Abteilungen und auch Freelancern zusammengesetzt sind.

Es wäre falsch zu denken, jede Abteilung sei per se ein Team. Es wird immer Aufgaben geben, die einzelne Personen zu lösen haben, wie es Aufgaben gibt, die von mehreren gemeinsam bearbeitet werden – beispielsweise in Projekten.

In einer komplexen und immer schneller werdenden Welt werden wir neue Formen der Zusammenarbeit entwickeln. Die Bandbreite reicht von Co-working-Arbeitsplätzen, bei denen „nur" der Arbeitsraum geteilt wird, es jedoch zu wechselseitiger Inspiration kommen kann, bis zu gezieltem Design Thinking. Kooperationen und Allianzen sollten gedanklich auch miteinbezogen werden. Dazu mehr im Kapitel „Networking".

> i
>
> Ein Team ist eine kleine, nach funktionalen Gesichtspunkten strukturierte Arbeitsgruppe mit einer spezifischen Zielsetzung, gemeinsamen Aufgaben und entsprechenden Arbeitsformen, relativ intensiven Interaktionen untereinander und einem mehr oder weniger starken Gemeinschaftsgeist. (Walter Bungard, zitiert nach Cony Antoni, Praxishandbuch Gruppenarbeit, 2001)

Teamarbeit lässt sich an folgenden Fakten festmachen:

- Es handelt sich um gezielte enge Zusammenarbeit mehrerer Personen. Dabei werden einige, aber nicht zwingend alle Aufgaben gemeinsam bearbeitet.
- Die Zusammenarbeit basiert auf funktionierender Kommunikation in Form von intensivem Informationsaustausch und regelmäßiger Abstimmung untereinander. Erfahrungen werden transferiert. Wechselseitige Vertretung ist üblich. Die Teammitglieder haben bestimmte Rollen.

Das Organisatorische ist eine Sache, eine andere die mentale Ebene. Funktionierende Teams zeichnet ein starkes Wir-Gefühl aus, das von gemeinsamen Zielen und Werten gespeist wird. Sie organisieren die Aufgaben weitgehend selbst und teilen sie untereinander auf.

Ein ehemaliger Vorstandsvorsitzender der Landesbank Berlin merkte einmal sehr pointiert an, dass Teamarbeit häufig missverstanden würde – es gebe immer auch einen Teamleader, damit das Ganze funktioniere. Auf jeden Fall darf Teamarbeit nicht dazu führen, dass Mitarbeiter einen faulen Lenz schieben oder sich aus der persönlichen Verantwortung für den Erfolg des Teams stehlen.

2. Teamfähigkeit

Teamfähigkeit ist eine wichtige Schlüsselqualifikation. Ohne sie kommt es in Teams nicht zur geplanten Steigerung von Effizienz und Effektivität gegenüber Einzelkämpfern. Teamfähigkeit wird immer wichtiger, denn die fortschreitende Komplexität der Aufgaben ist zunehmend nur von interdisziplinären Teams zu lösen.

In nicht funktionierenden Teams herrscht häufig ein problematisches Verständnis vor: „TEAM – Toll, ein anderer macht's". Das ist nicht im Sinne des Erfinders, in dessen Fokus steht, dass die im Team gebündelte Erfahrung das Risiko von folgenreichen Fehlentscheidungen erheblich reduziert. Seit Langem in Verruf sind Arbeitskreise: „Wer nicht weiter weiß, bildet einen Arbeitskreis." Noch schlimmer beschrieb ein kluger Kopf Komitees: „Ein Komitee ist eine Gruppe Unfreiwilliger, ausgewählt aus Ungeeigneten, um das Unnötige zu tun."

3. Erfolgsfaktoren von Teamarbeit

Die Erfolgsfaktoren von Teamarbeit sind:

- Definition des übergeordneten Ziels
  Das Ziel kann an das Team herangetragen oder selbst entwickelt worden sein.

- gemeinsam wahrgenommene Verantwortung

- Transparenz der Rollen- und Aufgabenverteilung, um Sicherheit und Klarheit für alle Beteiligten zu schaffen

- gute Organisation
  Erforderlich ist ein Plan mit Zeitvorgaben, Zieletappen und Verantwortlichkeiten. Der Zielerreichungsgrad muss permanent im Fokus sein.

- offene und ehrliche Kommunikation

- Anforderungen an die innere Haltung
  - Bereitschaft aller, sich persönlich zurückzunehmen
  - Kompromissbereitschaft
  - Vermeidung von Konkurrenzkämpfen, die nur dem Ego und nicht der Sache dienen
- Unterschiedlichkeit ist die Chance für den Blick über den Tellerrand.
- Konfliktmanagement
  Konflikte belasten Teams. Sie sollten frühzeitig angesprochen und beseitigt werden.

Ist das alles gegeben, sollte die Arbeitsatmosphäre gut sein – ein wichtiger Ausgangspunkt für kreatives Arbeiten.

4. Gute Trainer – gute Teams

Dass viele Gesetzmäßigkeiten, die im Sport gelten, auf die Wirtschaft übertragbar sind, hat der 2010 leider verstorbene John Wooden bewiesen. Er war schon zu Lebzeiten eine Legende: Als Cheftrainer der UCLA-Basketballmannschaft gewann er zehn NCAA-Meisterschaften, davon sieben in Serie von 1967 bis 1973. Ein unglaublicher Mann, der viel von Menschenführung verstand und zugleich permanent an sich und seinen Führungsqualitäten arbeitete. In über 40 Jahren als Coach entwickelte und verfeinerte er seine „Pyramide of Success", seine Erfolgspyramide als Coachingtool, nachzulesen in seinem Bestseller „Wooden on Leadership" mit Originalauszügen seiner privaten Notizen. Leider gibt es keine deutsche Übersetzung.

Keine Sorge, es handelt sich nicht um eine Anleitung, wie man Basketball spielt, den Ball wirft etc. Es geht John Wooden darum, wie man ein guter Leader wird und es als solcher erreicht, dass jeder Spieler an seinem Platz sein Bestes gibt und das Team als Ganzes voranbringt. Die Erfolgspyramide ist der mentale Unterbau für Führung, Teambuilding und Teamplaying. Die Überlegungen sind nahezu philosophischer Natur.

Es gibt fünf Ebenen in der Erfolgspyramide von John Wooden:

- Die Eckpfeiler der untersten Ebene sind grundlegende Werte, die Herz und Kopf berühren: industriousness = Fleiß und enthusiasm = Begeisterung. Dazwischen siedelt John Wooden friendship =

Freundschaft, loyality = Loyalität und cooperation = Zusammenarbeit an. Ein starkes Fundament.

- Auf der zweiten Ebene kommt die mentale Seite zum Tragen mit self-control = Selbstkontrolle, alertness = Aufmerksamkeit, initiative = Entschlusskraft und intentness = Entschlossenheit.
- Ebene drei geht auf die klassischen Spielerfähigkeiten condition = Kondition, skill = Fertigkeit und team spirit = Mannschaftsgeist ein.
- Ebene 4 umfasst poise und confidence: Gelassenheit und Selbstvertrauen.
- Gekrönt wird die Pyramide von competitive greatness, umrankt von faith = Glaube und patience = Geduld. Competitive greatness ist schwer zu übersetzen. John Wooden umschreibt die „Größe im Wettstreit" mit „wahrer Liebe für den harten Kampf im Wissen, dass er die Möglichkeit eröffnet, dein Bestes zu geben, wenn dein Bestes gefordert ist." Was für ein Satz! Was für ein Coach!

Ein ganzheitlicher, sehr ausgereifter Ansatz basierend auf einem Wertegerüst mit der Aufforderung an sich selbst, seinen Prinzipien treu zu sein. Seine Definition von Erfolg ist ebenso konsequent: John Wooden macht Erfolg nicht an gewonnenen Spielen fest. Lassen wir ihn selbst in seinem Beitrag über den Unterschied zwischen Gewinnen und Erfolg zu Wort kommen – nachzuhören via TED2001 auf YouTube:

„Ich wusste bereits, wie Mr. Webster Erfolg definiert: als die Anhäufung materiellen Besitzes oder das Erlangen einer mächtigen oder angesehenen Stellung oder so etwas. Das mögen ehrenwerte Leistungen sein, aber es sind für mich nicht unbedingt Anzeichen für Erfolg. […] Erfolg ist für mich: Seelenfrieden, ausgelöst durch die Genugtuung zu wissen, dass man sich angestrengt hat, sein Bestmögliches zu leisten. Wenn man bereit ist, alles zu geben, und immer wieder versucht, persönlich voranzukommen, dann ist das für mich Erfolg. Andere können darüber nicht urteilen."

Ich glaube, diese Haltung entspräche auch den Löwen. Natürlich hätten wir alle gerne den Pokal, wollen wir die Nummer eins sein und gerade nicht Nummer zwei oder drei. Wenn es nur Gold, Silber und Bronze gibt, ist der vierte Platz nicht beglückend, schon gar nicht, wenn Bronze knapp verfehlt wurde. Alles gegeben zu haben, ist nicht weit entfernt vom Erfolg. Es lässt einen erhobenen Hauptes vom Platz gehen, aus dem Meeting, aus der Präsentation, denn oft scheitern wir an Dingen, die wir nicht zu beeinflussen vermögen. Manchmal steht der Sieger schon fest, bevor wir nur antreten, egal wie gut oder schlecht wir sein werden. Und bisweilen brauchen auch die Tüchtigen ein Quäntchen Glück.

John Woodens Definition von Erfolg fand ich an ganz anderer Stelle in Reinkultur. Barbra Streisand sagte 2001 in ihrer Laudatio bei der Verleihung des Oscars für sein Lebenswerk über Robert Redford – übrigens ein Löwe-Geborener:

„Er ist immer interessant. Er ist immer interessiert. Er hat eine Leidenschaft dafür, Geschichten zu erzählen von der Stärke und Verletzlichkeit des amerikanischen Geistes, von unserem Kampf, unsere höchste Bestimmung zu erreichen. Obwohl wir nicht immer erfolgreich sind, machen die Filme von Robert Redford gewiss, dass wir das Bemühen feiern."

Da haben wir es wieder: Die Achtung vor der Anstrengung, dem ernsthaften Bemühen. Also sollten wir bei allem Ehrgeiz lernen, die Relativität des Erfolgsbegriffs zu akzeptieren.

5. Teams und Innovation

Sobald Ideen für Innovationen entstehen, sollte man sich das dazu passende Team mit unterschiedlichen Kompetenzen zusammenstellen, um die Komplexität aufzulösen und die Gefahr des Scheiterns zu reduzieren

Neue Modelle: Arbeiten ohne Chef

Das Betterplace Lab ist die Forschungsabteilung des Berliner Unternehmens gut.org und besteht seit 2010. Betterplace Lab ist ein Think Tank, der digitale Innovationen mit sozialen Aspekten verbinden möchte. Beschäftigt sind zehn fest angestellte Mitarbeiter und eine Werkstudentin. Das Lab ist auf besondere Weise organisiert: Es gibt seit einem Jahr keinen Chef, sondern Projektleiter. Die Mitarbeiter entscheiden selbstverantwortlich – auch über Gehälter. Es gibt eine „Verfassung", nach der sich alle richten. Interessant ist die Funktion der „Überblicker", die das Team als Ganzes beobachten und zum Stand der Finanzen etc. berichten.

Man darf gespannt sein, ob das Modell dauerhaft funktioniert oder nur in dieser besonderen Konstellation besonderer Menschen, die offenkundig sehr partnerschaftlich miteinander umgehen.

6. Exkurs: Unterbliebene Kommunikation

Wir kämpfen im Job anders als Löwen zwar nicht um das nackte Überleben, würden jedoch sehr von den unmittelbaren und eindeutigen Reaktionen profitieren, wie Löwen sie praktizieren. Wie oft staut sich Ärger auf, manifestiert sich Unzufriedenheit, was zu folgenden zeitversetzten Reaktionen führen kann:

1. Wir explodieren für andere völlig unbegreiflich und aus deren Sicht aus nichtigem Anlass, weil uns, wenn das Maß voll ist, tatsächlich schon die kleinste Fliege an der Wand stört. Leider wirkt das weder souverän noch ist es professionell. Das schwächt unsere Performance.

2. Wir kündigen innerlich, schieben Dienst nach Vorschrift. Die einen konzentrieren sich statt auf den Job auf Hobbys, die dann häufig möglichst spektakulär sein sollen und richtig gefährlich sein dürfen. Andere kümmern sich um die Familie oder ein Ehrenamt, wo sie zur Höchstform auflaufen. Den jährlichen Studien des Gallup-Instituts zufolge ist die Quote derjenigen, die innerlich gekündigt haben, seit Jahren mit rund 15 % nahezu gleichbleibend erschreckend hoch.

3. Wir kündigen tatsächlich und erleben im neuen Job genau dasselbe.

Nachgefragt

Wann haben Sie zuletzt Brocken hinuntergeschluckt, anstatt zu sagen, dass Ihnen etwas nicht gefällt, Sie nicht einverstanden sind etc.? Wenn es möglich ist, die Themen nachträglich anzusprechen, um vielleicht Wiederholungsfälle zu verhindern, sich mit etwas Abstand Luft zu machen, Dinge klarzustellen, Wünsche zu formulieren, sollten Sie das angehen.

Frust frisst Energie und Lebensfreude, führt womöglich zum Burnout. Frust verursacht bei Arbeitgebern wie Mitarbeitern hohe Kosten. Sich einen neuen Job zu suchen oder einen neuen Mitarbeiter einzustellen, bedeutet Aufwand. Zudem bietet eine neue Stelle, ein neuer Mitarbeiter keine Garantie dafür, dass es besser läuft. Womöglich ist für Mitarbeiter ein Umzug in eine andere Stadt erforderlich, für Arbeitgeber das Einschalten von Headhuntern.

Pro Jahr wechseln ca. 5 % der rund 40 Millionen Arbeitnehmer in Deutschland den Job. Für Unternehmen ist der Wechsel von Mitarbeitern richtig teuer. Die Personalbeschaffungs-, Aus- und Weiterbildungskosten für einen neuen Mitarbeiter belaufen sich durchschnittlich auf ca. 52.000 Euro, wie der von der Unternehmensberatung Roland Berger 2011 erstellten Diversity-Studie „Dreamteam statt Quote" zu entnehmen ist.

Mit jedem ausscheidenden Mitarbeiter geht Wissen verloren, Kundenbeziehungen können in Mitleidenschaft gezogen werden. Manchmal wechselt der Kunden einfach mit dem Mitarbeiter mit. Das ist Kundenbindung in einem Sinn, wie man sich das als Arbeitgeber nicht wünscht.

7. Exkurs: Löwen und andere Spitzenväter

„Meinen Erfolg habe ich vor allem der zuverlässigen Unterstützung durch meinen Mann zu verdanken."

Margaret Thatcher

Viele Menschen wissen, dass Löwen bisweilen ihre Jungen töten. Es ist jedoch genau genommen nicht ihr eigener Nachwuchs, es sind die Jungen des abgesetzten oder zu Tode gekommenen Leitlöwen. In der Fachterminologie der Zoologen ist das der Infantizid. Es gibt eine recht simple Erklärung für diese Vorgehensweise: Es geht um die eigene Nachkommenschaft des neuen Chefs. Löwinnen, deren Junge getötet wurden, sind binnen weniger Wochen wieder paarungsbereit. Es geht um die Fortsetzung der eigenen Biografie und Gründung der eigenen Dynastie. Nochmals nachzulesen beim Interview mit dem „Löwen-Mann" Gareth Patterson in der Löwen-Lounge Nr. 1.

Vergleichbares gab es auch zu Zeiten der Sultane im großosmanischen Reich und in anderen Herrscherhäusern. Die Söhne der Nebenfrauen wurden umgebracht, die eigenen Brüder ohnehin, Onkel meuchelten die Söhne des Bruders.

Was die wenigsten wissen, ist, dass Löwen liebevolle Väter sind. Frau Dr. Johanna Painer, eine befreundete Wiener Tierärztin und Expertin für Großkatzen, merkte kürzlich an: „Die Löwen sind faul. Aber eines machen sie mit Leidenschaft: Sie kümmern sich um ihre Jungen." Damit sind die Herren Löwen unglaublich emanzipiert. Sie bewachen und bespaßen den Nachwuchs, während die Löwinnen auf der Jagd sind und für volle Mägen sorgen.

Das ist höchst innovativ, wenn man bedenkt wie lange bei uns Menschen im Modell der Hausfrauen- oder Einverdiener-Ehe die Männer das Geld nach Hause bringen mussten. In den meisten Beziehungen verdienen nach wie vor die Männer mehr als ihre Partnerinnen. Insofern ist die Frage, wer ggf. in Elternzeit geht, rasch entschieden – die Finanzen lassen vielen Paaren wenig Spielraum. Gleichwohl gehen mittlerweile rund 1,5 % der Väter (im Vergleich: 24 % der berufstätigen Mütter) in Elternzeit, wenn das jüngste Kind unter sechs Jahre alt ist. Selten nehmen sie jedoch mehr als zwei Monate in Anspruch.

Elternzeit zum Ausruhen?

Es führte bei einer Bekannten zu einem Riesenkrach, als ihr bis dato Liebster und Kindsvater meinte, er beanspruche die ganze Elternzeit, er habe ein Sabbatical verdient. Andere Väter sollen sich bösen Zungen zufolge darauf gefreut haben, die Elternzeit dazu zu nutzen, im Keller einen Fitnessraum einzurichten.

Weil die Situation ist, wie sie ist, und zudem vor Jahren noch viel schwieriger war, hat eine kluge Frau einen großartigen Preis ersonnen: Prämiert werden Spitzenväter. Nach dem Preis „Managerin des Jahres", der seit 2002 ausgelobt wird, ein weiteres gesellschaftspolitisches Leuchtturmprojekt von Prof. Dr. Ulrike Detmers, geschäftsführende Mitgesellschafterin der Mestemacher Lifestyle Bakery.

2016 hat die Mestemacher Gruppe bereits zum elften Mal den „Mestemacher Preis Spitzenvater des Jahres" verliehen. Das Unternehmen beschreibt die Zielsetzung wie folgt: „Zur Stärkung der Leistungsgesellschaft werden qualifizierte Frauen und Männer sowie Kinder benötigt. Voraussetzung der Vereinbarkeit von Elternschaft und Erwerbstätigkeit ist das praktizierte partnerschaftliche Ehe- und Familienmodell. Der Preis ‚Spitzenvater des Jahres' würdigt dessen Familienkultur. Er ist mit 2 × 5.000 Euro dotiert und wird jährlich an zwei Familienväter vergeben. Es geht nach den Preisstatuten um Flexibilität und Partnerschaftlichkeit:

- Der Spitzenvater wirkt situationsbedingt mit bei der Kleinst-, Klein- und Schulkinderbetreuung und deren altersgemäßer Förderung. Er handelt aus innerlicher Überzeugung und stimmt mit der Mutter darin überein, dass die Fähigkeit flexiblen Verhaltens die berufliche und die familiäre Leistungsfähigkeit erhalten. Beide Elternteile stimmen darin überein, dass sowohl familiäre als auch berufliche Anforderungen durch situationsbedingte Flexibilität optimal in Einklang gebracht werden können.

- Der Spitzenvater ermöglicht die Zweiversorgerfamilie. Er hält es für sinnvoll, aber nicht zwingend notwendig, dass beide Elternteile erwerbstätig sind und gemeinsam das Familieneinkommen erwirtschaften. Beide Elternteile erwerben eine eigene Altersversorgung und stärken die familiäre Kaufkraft und damit den familiären und wirtschaftlichen Nutzen."

Der Mann der Vorstandsvorsitzenden

Der wohl bekannteste prämierte Spitzenvater ist Christoph Mönnikes, der Mann von Dr. Sigrid Nikutta, der Chefin der Berliner Verkehrsbetriebe mit 13.000 Mitarbeitern. Konstellationen wie diese sind für die Ehen leitender Angestellter äußerst selten. Üblicherweise steigt der Mann auf der Karriereleiter weiter nach oben, während sich die Frau um die Familie kümmert. Hier ist das umgekehrt. Christoph Mönnikes kümmert sich in der Woche um das Wohl der mittlerweile fünf Kinder und hält seiner Frau den Rücken frei.

Es bewahrheitet sich der Satz wieder einmal: Hinter jeder erfolgreichen Frau steht ein kluger Mann. Noch ist das selten. Ich selbst genoss viele Jahre das Privileg enormer Unterstützung seitens meines klugen Lebensgefährten und erfolgreichen Rechtsanwalts. Selbst ohne Kinderschar ist dies von unschätzbarem Wert, wenn Frauen auch Karriere machen wollen. Keiner von uns beiden musste auf Karriere verzichten. Es war klar: Die Infrastruktur für den erforderlichen Freiraum in Sachen Haushalt finanzieren wir gerne, und wenn keiner Zeit zum Einkaufen hatte, gingen wir eben essen. Natürlich lässt sich manches besser organisieren, wenn einer der Partner oder beide selbstständig und nicht im Angestelltenverhältnis sind und zudem die Finanzen stimmen. Jedoch ist der springende Punkt die Geisteshaltung. Das stets offene Ohr und das vorausschauende Mitdenken, wenn der Konzern mal wieder um sich kreiste und Kapriolen schlug, machten den gelegentlichen Aufenthalt in der Schlangengrube erträglich. Ein moderner Mann. Ein Glücksfall.

Doch zurück zu den Spitzenvätern. Über eine kluge engagierte junge Frau, einst Mitglied des von mir initiierten Juniorenkreises der Berliner Wirtschaftsgespräche e. V., erfuhr ich 2013, dass es in der

Charité Väterbeauftragte gibt. Nahezu einmalig in Deutschland – lediglich am Universitätsklinikum Essen gab es eine ähnliche „Institution“. Ich lernte Herrn Dr. Jan-Peter Siedentopf, einen der vier Väterbeauftragten kennen, dessen liebste Aufgabe es als Oberarzt in der Klinik für Geburtsmedizin angabegemäß ist, Babys auf die Welt zu bringen. Mein Vorschlag, ihn als Spitzenvater zu nominieren, begeisterte ihn nicht, da er sich als privilegierten Vater betrachtet. So wurde die Idee eines Sonderpreises für die vier Väterbeauftragten geboren, die den stolzen Betrag von 2.500 Euro nicht für sich selbst behalten wollten, sondern in das Projekt der Väterbeauftragten investierten. Wunderbar! Es war mir eine große Freude, im März 2015 die Laudatio auf die Herren und die innovative Institution der Väterbeauftragten zu halten.

Was für ein innovativer Preis, was für tolle Männer, diese Spitzenväter und Väterbeauftragten!

Eines ist noch nachzutragen: Von einem anderen Väterbeauftragten erfuhr ich, wie viel Ausgrenzung Männer erfahren, die in Elternzeit gehen. Ihm ist es ein Anliegen, andere Männer zu beraten, zu ermutigen und zu unterstützen.

Zusammenfassung

Der Fisch stinkt bekanntlich vom Kopf her. Insofern hängt die Qualität von Teams maßgeblich davon ab, von wem und wie sie geführt werden. Man kann sich sein Team nicht immer selbst zusammenstellen, sondern muss mit den Menschen umgehen, die vorhanden sind. Das ist nicht selten schwierig. Doch motivierende Vorgesetzte werden selbst mit mäßig talentierten Mitarbeitern bessere Ergebnisse erzielen, als man zunächst für möglich hält, wenn es ihnen gelingt, Teamgeist zu erzeugen und die Stärken der Teammitglieder bestmöglich zum Einsatz zu bringen. Moderne, verantwortungsbewusste Führungskräfte werden immer mehr zum Coach und Lotsen der Mitarbeiter. Das stärkt Mitarbeiter und verbessert die Teamergebnisse.

Teams sind jedoch erst dann erfolgreich, wenn jedes Teammitglied begreift, dass der Erfolg als Team das Ziel ist, nicht die Profilierung eines oder mehrerer. Jedes Team ist ein Netzwerk, das mit anderen Netzwerken intern und extern in Verbindung steht. Damit Zusammenarbeit im Team und mit anderen gelingt, ist Kommunikations- und Vernetzungskompetenz notwendig. Dies ist bei der Auswahl von Mitarbeitern zu berücksichtigen.

Löwen-Lounge Nr. 3: Leadership, Team und Frauen

Erneut lade ich Sie herzlich in die Löwen-Lounge ein. Sie werden schon erwartet u. a. von Ines Fiedler, einer der wenigen Führungsfrauen in der IT, der Expertin für Genderfragen Dr. Elke Holst und dem Experten in Sachen Führung und Unternehmenskultur Martin Spilker. Zukunftsforscher Matthias Horx hat sich ebenso dazugesellt. Eine illustre Runde.

Die IT-Frau für die Berliner Verwaltung

Ines Fiedler, Vorstand IT-Dienstleistungszentrum Berlin (ITDZ Berlin), Diplom-Wissenschaftsorganisatorin

Ines Fiedler stammt aus Stralsund. Sie studierte Wissenschaftsorganisation an der Berliner Humboldt-Universität zu Berlin. Seit Mai 2016 ist sie Vorstand/Vorständin des ITDZ Berlin – die erste Frau an der Spitze des Unternehmens. Zuvor war sie bereits stellvertretender Vorstand. 2013 übernahm Ines Fiedler zunächst die Führung der neuen Abteilung Infrastruktur und Basisdienste. Später leitete sie die Abteilung Kunden und Lösungen. Ines Fiedler hat über 20 Jahre Erfahrung aus unterschiedlichen Bereichen der IT. Als Prokuristin leitete sie bis 2010 die Bereiche IT-Operations Germany und European IT-Relationship Management bei der KPMG IT Service GmbH, dem IT-Dienstleister des Wirtschaftsprüfungs- und Beratungsunternehmens KPMG.

Zur Erläuterung: Das ITDZ Berlin ist der strategische Partner des Landes Berlin für Informations- und Kommunikationstechnik. Die Anstalt öffentlichen Rechts gewährleistet den störungsfreien Betrieb der Netzwerke, Telefonanlagen und Arbeitsplatzcomputer der Berliner Verwaltung. Sie unterhält ein telefonisches Service Center, das u. a. die Bürgerfragen der Behördenrufnummer 115 beantwortet. In einem hochsicheren Rechenzentrum werden sensible Daten der Verwaltung gespeichert.

Persönliches

Ich lernte Ines Fiedler kurz nach Dienstantritt auf der Frauenversammlung des ITDZ Berlin 2013 kennen, auf der ich eine Keynote Speech hielt. Sie stellte sich dort zusammen mit den anderen neuen Abteilungsleitern vor, als einzige Frau. Seitdem hat sie nicht nur eine beeindruckende Karriere im Haus gemacht. Ihr liegt daran, den Anteil von Frauen in Führungspositionen im Unternehmen weiter zu erhöhen. Das ist in allen technikgetriebenen Unternehmen eine Herausforderung, denn Technik ist in vielen Bereichen immer noch eine Männerdomäne. Umso wichtiger ist die engagierte Unterstützung, die Ines Fiedler dem von ihrem Vorgänger etablierten ITDZ-Frauennetzwerk gewährt. Mich freut das sehr, da ich von Beginn an am Aufbau des Netzwerkes beteiligt war und die Zusammenarbeit mit den hoch motivierten Frauen schätze.

Lassen Sie uns einen Blick in die IT-Welt werfen und Ines Fiedler zu Wort kommen.

Was verbinden Sie mit Löwen?

Löwen haben eine tolle Ausstrahlung. Sie sind groß und authentisch. Löwen sind sehr erfolgreich auf der Jagd und dabei als Rudel aktiv. Sie haben beneidenswert viel Zeit zum Ausruhen. Wenn ich mir ein Tier aussuchen müsste, wäre ich gerne ein Löwe: Ich könnte für das Rudel da sein, jagen, ausruhen und weiterjagen. Löwen strahlen Erhabenheit, aber auch eine gewisse Demut aus. Die fehlt Menschen bisweilen.

Welche Werte sind Ihnen wichtig?

Mir sind Ehrlichkeit und Offenheit wahnsinnig wichtig, aber auch in Bewegung zu bleiben. Wichtig ist, Veränderungen als Chance zu begreifen. Mir liegt sehr viel daran, in einer Gemeinschaft und für sie Dinge zu gestalten.

Was bedeutet Innovation und wie innovativ ist das ITDZ Berlin?

Innovation ist für mich, neue Wege zu gehen und Menschen davon zu überzeugen mitzugehen. Innovation ist Überleben.

Da wir ITler und damit technikgetrieben sind, müssen wir innovativ sein. Wir beschäftigen uns ständig mit neuen Technologien und neuen Entwicklungen.

Wie kann technische Innovation in Verwaltungen kurzfristig erreicht werden? Welche Hürden gibt es?

Dass das geht, hat sich gerade erst beim Flüchtlingsmanagement gezeigt. Es musste schnell gehandelt werden. Die Anforderungen waren so hoch, dass höchste Flexibilität bei allen Beteiligten – der Verwaltung und uns als IT-Dienstleister des Landes Berlin – erforderlich war. Die Aufgabe wurde priorisiert und Formalia wurden handlebar. So waren schnelle Entwicklungen möglich, gerade unter neuen Rahmenbedingungen.

Allgemein kann man sagen, dass der demografische Wandel Innovationen auch in der Verwaltung erfordert und zugleich möglich macht. Das bedeutet einen Kulturwandel und setzt die Aufgabe von bisherigen Egoismen voraus. Chancen liegen darin, dass sich Verwaltungen mit jungen innovativen Kräften modernisieren und innovieren.

Was zeichnet gute Führung aus?

Gute Führung bedeutet, authentische Führungskräfte zu haben, die sich als Vorbild verstehen und Mitarbeiter als große Ressource betrachten und wertschätzen.

Was müssen wir tun oder worin besser werden, um den erforderlichen Wandel zu bewältigen?

Wir müssen neue Führungskulturen zulassen. Wichtig ist die Partizipation der Mitarbeiter. Man sollte sie auch in der Verwaltung ermöglichen und gegenüber den Mitarbeitern den mit dem Wandel verbundenen Mehrwert und die Benefits herausstellen. Wir müssen konkret werden und Mitarbeiter unterstützen. Wir müssen Raum lassen für Kreativität, aber auch Grenzen setzen.

Worin liegen die größten Risiken?

Risiken liegen darin, technischen Wandel zu forcieren, ohne ihn in ein ethisches Gesamtkonzept miteinzubeziehen. Veränderung nur um der Veränderung willen ist riskant. Wie gehen wir mit der technischen Entwicklung um? Was bedeutet sie für den Einzelnen? Muss z. B. jeder mit einer App umgehen können? Wie bewerten wir Menschen, die mit der technischen Entwicklung nicht Schritt halten können? Wie viele Risiken gehen wir ein? Das sind Fragen, die wir uns als Gesellschaft stellen müssen. Der technische Fortschritt darf nicht von der Gesellschaft entkoppelt werden, wenn er ein Gewinn für sie sein soll. Wir brauchen eine gesamtgesellschaftliche Schau.

Worin liegen die größten Chancen?

Die größten Chancen liegen darin, dass wir eine Gesellschaft werden können, die sozial und gleichberechtigt für die Zukunft aufgestellt ist und sich gesellschaftlichen Themen widmet. Technisch ist fast alles möglich, sodass es kaum Grenzen gibt. Kreativität und Gestaltungsspielräume sind damit unendlich.

Welches Motto treibt Sie an?

„Wer das Ziel nicht kennt, kann den Weg nicht finden." Dieses Zitat von Christian Morgenstern begleitet mich schon seit der Jugend.

Der kreative Vordenker für Führung

Martin Spilker, Leiter des Kompetenzzentrums „Führung und Unternehmenskultur" der Bertelsmann Stiftung

Martin Spilker studierte Volks- und Betriebswirtschaft und Wirtschaftsgeschichte. Er ist Mitglied des Führungskreises der Bertelsmann Stiftung und seit 1996 persönlicher Referent von Frau Liz Mohn, die die fünfte Generation der Eigentümerfamilien Bertelsmann/Mohn vertritt. Martin Spilker arbeitete über Jahre eng mit Bertelsmann-Nachkriegsgründer Reinhard Mohn zu Fragen der Führung, Organisationskultur und Tarifpolitik zusammen und übernahm ab 2004 auf dessen Wunsch auch die Leitung des Kompetenzzentrums „Führung und Unternehmenskultur".

www.bertelsmann-stiftung.de

Persönliches

Wir lernten uns 2006 kennen, als die Bertelsmann Stiftung zusammen mit der EAF, der Europäischen Akademie für Frauen in Politik und Wirtschaft Berlin, die Studie „Karrierek(n)ick Kinder – Wie Unternehmen mit Müttern in Führungspositionen gewinnen" vorstellte. Seitdem verbinden uns die Themen Führung, Unternehmenskultur und der Themenkomplex Frau und Karriere. Ich genieße die inhaltsvollen Diskussionen mit Martin Spilker sehr.

Lieber Herr Spilker, was verbinden Sie mit Löwen?

Bis vor Kurzem assoziierte ich Löwen mit einer Mischung aus Stärke, Imponiergehabe und einer gewissen Gelassenheit. Immerhin dösen sie die überwiegende Zeit des Tages vor sich hin. Nach einem Dokumentarfilm wurde ich nachdenklicher, weil sich in mein Bild eine gewisse Durchtriebenheit mischte. Zu sehen war das beeindruckende perfekte Zusammenspiel der Löwinnen bei der Jagd, während allerdings der Pascha im Schatten abwartete. Irritiert hat mich dann noch, dass die an der Jagd unbeteiligten Löwenmännchen zuerst fressen durften – eine skurrile Form der Arbeitsteilung. Mittlerweile wurde ich eines Besseren belehrt, wie die Aufgabenverteilung so läuft: Die Löwinnen jagen – was sie augenscheinlich auch besser beherrschen – und die Löwen sind für den Schutz des Rudels – und dabei insbesondere der Jungen – verantwortlich. Eine befremdliche Form der Arbeitsteilung und sicherlich gewöhnungsbedürftig, aber wenn alle am Ende etwas davon haben …

Welchen Werten fühlen Sie sich verpflichtet?

Ich tue mich ein wenig schwer mit der Frage, denn das Thema wird meines Erachtens überstrapaziert und keiner weiß so genau, was man eigentlich unter Werten zu verstehen hat. Mir fällt sofort die kritische Anmerkung des renommierten Change-Management-Gurus Klaus Doppler ein: „Leitbilder in Unternehmen enthalten genau die Werte, die es in diesen Unternehmen nicht gibt. Denn wenn sie dort gelebt würden, bräuchte man sie ja nicht extra aufzuschreiben."

Reinhard Mohn brauchte über Werte im Bertelsmann-Konzern nicht zu reden. Er hat sie als Unternehmer einfach vorgelebt. Vor allen Dingen ist seine Bescheidenheit legendär, Eitelkeiten waren ihm ein Graus. Ein Beispiel war sein regelmäßiger Gang in die Kantine: Tablett genommen, Speisen ausgesucht, Betrag selbst an der Kasse bezahlt, am Tisch mitten in der Kantine Platz genommen. Für Reinhard Mohn eine Selbstverständlichkeit. Und für die Mitarbeiter weithin sichtbar und damit ein Vorbild an Werthaltung und Maßstab für das eigene Handeln.

Doch um einige Werte zu nennen: Mir ist wichtig, dass Menschen Entscheidungen treffen und dafür die Verantwortung übernehmen. Die Forderung nach Freiheit muss meines Erachtens als Konsequenz die Verantwortung für freiheitliches Tun nach sich ziehen – auch oder gerade dann, wenn etwas schiefläuft. Zu viele Mitarbeiter wollen zwar Selbstverwirklichung etc., aber nicht die Konsequenzen tragen, oder verstecken sich dann gleich hinter Entschuldigungen oder dem Vorgesetzten. Wichtig ist, seiner Leidenschaft zu folgen und Mut zu haben. Bescheidenheit, Ehrlichkeit, Disziplin und auch Pünktlichkeit sind für mich weitere essenzielle Werte. Übrigens: Auch mal unbequem zu sein, bedeutet nicht illoyal gegenüber Unternehmen oder Personen zu sein.

Was denken Sie über die Diskussionen zu Fehlern?

Allzu oft höre ich den Satz, man dürfe Fehler machen. Es kann keine Generalerlaubnis für Fehler geben. Ich bin der Meinung: Fehler dürfen nicht passieren. Dass Fehler passieren, das ist menschlich. Dann kommt es darauf an, wie wir damit umgehen. Wenn ich ins Auto steige, will ich auch nicht, dass dem Mechaniker gesagt wurde: Kommt nicht so drauf an bei den Bremsen. Hier und beim Arzt muss das Ziel ganz klar null Fehler sein.

Wir sollten den Fokus auf den Umgang mit Fehlern richten. Dazu gehört aber auch, Schwächen einzugestehen. Und was hindert einen daran, auch zu sagen: Sorry, war mein Fehler. Dann sind wir aber auch schnell bei dem wichtigen Punkt des Verzeihens. Fällt manchmal schwer – es hilft aber auch nichts, sich im Unternehmensalltag in einen Kleinkrieg zu verbeißen. Zentral ist also die Professionalität, mit der wir arbeiten.

Was verstehen Sie unter Innovation?

Innovation bedeutet, etwas Neues entstehen zu lassen: Gedanken, Produkte oder auch Prozesse in Organisationen. Es muss etwas Substanzielles dabei herauskommen. Mir widerstrebt diese „Heute sind wir mal kreativ"-Mentalität von Gruppen wie von Einzelpersonen. Auch sollte man sich nicht hinter diesen vielen einschlägigen Workshop-Angeboten, Tools etc. verstecken, in denen man dann an einem Tag Post-its klebt oder irgendwelche Dinge gemeinschaftlich bastelt. Das ist zu viel Pseudokreativität. Echte Kreativität erzielen wir damit, uns hinzusetzen, über Themen in größerem Kontext gemeinsam nachzudenken, in die Tiefe zu gehen und auszuprobieren. Dazu braucht es vielmehr Delegation und einen freien Kopf. Den wenigsten Menschen fällt daher etwas am Arbeitsplatz ein, sondern unter der Dusche oder beim Waldspaziergang.

Welche Innovation würden Sie sich wünschen?

Ich habe das Bild von einer Gesellschaft, in der man tolerant und friedlich zusammenlebt, ohne über den anderen bestimmen zu wollen.

Was sind die größten Herausforderungen an Führungskräfte in den nächsten Jahren?

Das Neinsagen und für manche das Neinsagen-Lernen. Zum Neinsagen gehört Mut.

Die Arbeitswelt ist heterogen, man kann sogar von heterogener Heterogenität sprechen. Es geht nicht mehr nur um den alten Diversity-Begriff: Frauen und Männer, jung und alt, Inländer und Ausländer. Da ist zwar bei Weitem noch nicht alles gelöst. Es geht um Heterogenität durch Anstellungsverhältnisse – befristet und unbefristet –, um Beschäftigungsoptionen – Teilzeit und Vollzeit, Präsenz und Homeoffice –, und auch um verschiedene Arbeitseinstellungen. Low-Performer und Kuschelkulturen sind nach wie vor große Tabuthemen. In so einer flexiblen Arbeitswelt ist ein Paradigmenwechsel erforderlich: Es ist die Verantwortung der Mitarbeiter, sich selbst zu koordinieren und zu strukturieren, die Kommunikation und Kooperation untereinander sicherzustellen. Das ist nicht mehr nur Aufgabe der Führungskraft.

Meines Erachtens entstehen daraus viele neue Konfliktfelder, die es zu managen gilt. Daraus resultiert oft entgegen landläufiger Meinungen mancher Teilhabe-Protagonisten eher ein Mehr an Führung – aber eben eine andere Form der Führung. Führungskräfte müssen wirksam führen im jeweiligen Kontext. Propagiert wird hingegen oft „gute" Führung. Das reicht nicht. Schmusekurs hilft keinem. Es geht um Klartext in der Führung. Führung wird zudem individueller: Was braucht der Mitarbeiter und vor allem: Was braucht er nicht? Der anerkannte Managementtrainer Heiko Roehl meinte einmal: „Führung heißt in erster Linie zu enttäuschen!" Dazu gehört das Neinsagen: Nein zu Dänischsprachkursen im Unternehmen mit keinem nennenswerten Dänemarkbezug. Nein zum Vormittags-Montag-bis-Donnerstag-Teilzeit-Modell, wenn Kunden auch nachmittags oder am Freitag Beratung möchten.

Was kann Unternehmenskultur leisten?

Die Konkurrenz kann Produkte, Dienstleistungen und Prozesse kopieren, eine gute Unternehmenskultur jedoch nicht. Unternehmenskulturen sind unverwechselbar. Eine gute Unternehmenskultur schweißt zusammen, motiviert, sorgt für Identifikation und bringt Kreativität hervor. Ich beobachte, dass Unternehmen dieAnzahl der Werte in ihren Leitbildern reduzieren und sie dafür auch tatsächlich leben. Ein Beispiel ist die Firma Hilti. Man verdichtete von acht auf vier Grundwerte. Einer davon ist Mut. Herr Hilti sagte mir, man müsse es aushalten, wenn einem Mitarbeiter schon mal in einem Fall des Scheiterns entgegenhalten, dass die Leitlinien Mut verlangen.

Schon mit dem Carl-Bertelsmann-Preis 2003 haben wir nachgewiesen, welche Bedeutung die Führung und die Unternehmenskultur als Erfolgsfaktoren in der Wirtschaft besitzen: die Konzentration auf Kernwerte und deren konsequente Umsetzung, die Zusammenarbeit zwischen Gesellschaftern, Aufsichtsrat, Vorstand und Betriebsrat, die kontinuierliche Förderung von Innovationen sowie der offensive Umgang mit Krisen. Dabei wird eine Tatsache oft unterschätzt: Erst kommt der kulturelle Verfall, dann der wirtschaftliche! Warum? Überheblichkeit gegenüber Markt, Konkurrenten oder Kunden; Verlust an Querdenkertum und Förderung von Jasagern und Bürokratie als Daseinsberechtigung einzelner Abteilungen.

Worin liegen die größten Chancen?

In drei Punkten: Delegation, Freiraum und Dezentralität.

Ihr persönliches Motto?

Immer auf dem Teppich bleiben, geerdet sein und die Bodenhaftung nie verlieren.

Die TOP-100-Ökonomin und Expertin für Genderfragen

Dr. Elke Holst, Volkswirtin, Forschungsdirektorin DIW Berlin, Autorin

Dr. Elke Holst studierte Volkswirtschaftslehre, promovierte an der TU Berlin und habilitierte sich an der Universität Flensburg, an der sie auch als Privatdozentin lehrt. Sie ist Forschungsdirektorin Gender Studies des DIW Berlin und forscht auf den Gebieten Arbeitsmarkt und Gender Ökonomik. Im Fokus stehen Gender Gaps bei den Führungspositionen, dem Verdienst und der Arbeitszeit. Das DIW Managerinnen-Barometer sowie der Führungskräfte-Monitor erfahren große öffentliche Resonanz. Dr. Elke Holst ist eine der wichtigsten Ökonominnen in Deutschland. 2015 und 2016 war sie unter den besten 100 im FAZ Ökonomenranking.

Mehr dazu unter https://www.diw.de/gender.

Persönliches

Dr. Elke Holst kenne ich seit vielen Jahren von herausragenden Veranstaltungen im Kontext von Frau, Beruf und Karriere. Näher kennengelernt hatten wir uns bei einer Preisverleihung des Hauses Mestemacher zur „Managerin des Jahres“. Ich schätze Dr. Elke Holst persönlich sehr. Ihre wissenschaftliche Arbeit beeindruckt mich insbesondere wegen des großen Pragmatismus und der Klarheit, mit denen sie ihre Botschaften vermittelt. Mehr noch: Sie stößt Veränderungen an. Geht es um Finessen der Gleichstellung, wende ich mich in Zweifelsfragen vertrauensvoll an sie und bekomme immer Antworten.

Wie definieren Sie Glück?

Glück ist ein flüchtiges Spitzengefühl.

Worin bestehen die größten Chancen?

Die eigenen Potenziale bestmöglich auch für die Gemeinschaft einsetzen zu können.

Welche Innovation würden Sie sich wünschen?

Friedens-, Zufriedenheits- und Gesundheitsgenerator.

Was verbinden Sie mit Löwen?

Zeit zum Jagen, Zeit zum Entspannen.

Welche Werte sind Ihnen wichtig?

Menschlichkeit, Verantwortungsbewusstsein, Freundschaft, Überzeugungen leben, Mut, Kreativität, Lebensfreude.

Wie sollten wir mit Risiken umgehen?

Informiert, rational, nachhaltig für die Gemeinschaft.

Wie wirken sich mehr Frauen in Führungspositionen in der Wirtschaft aus?

Stärkt Wirtschaft, fördert Augenhöhe von Frauen und Männern, senkt den Gender Pay Gap, unterstützt Vielfalt und notwendigen Wandel der Unternehmenskultur.

Welches Motto motiviert Sie?

Achtsamkeit, Mitgefühl und Verantwortungsbewusstsein erhöht Frieden und breiten Wohlstand. Soziale Gerechtigkeit stärkt die Demokratie.

Der Zukunftsoptimist

Matthias Horx, Trendforscher, Bestsellerautor

Matthias Horx gilt als einflussreichster Trend- und Zukunftsforscher im deutschsprachigen Raum. Nach einer Laufbahn als Journalist bei der Hamburger ZEIT, MERIAN und TEMPO gründete er 1998 das „Zukunftsinstitut“, das Unternehmen und Institutionen berät. Seine Bücher wie „Anleitung zum Zukunftsoptimismus“ oder „Das Buch des Wandels“ sind Bestseller. Als Gastdozent lehrt er Prognostik und Früherkennung an verschiedenen Hochschulen.

Persönliches

Seit Langem finde ich die Forschungsergebnisse von Matthias Horx spannend und seine Bücher ebenso informativ wie anregend. Außerdem gefällt mir der Humor des Autors. Nach der Lektüre von „Das Buch des Wandels“ entschied ich, ihn um ein Interview zu bitten. Es kam ein „Ja, mache ich gerne – bis wann?“ Das war, wie sich herausstellte, nicht der perfekte Zeitpunkt, da er zu diesem Zeitpunkt selbst an einem Buch schrieb. Umso größer war meine Freude, dass er das Ja nicht zurückzog, wofür ich größtes Verständnis gehabt hätte. Vielleicht half der Hinweis, die Antworten könnten auch ganz kurz und knackig sein. Das sind sie tatsächlich, was dem Inhalt keinen Abbruch tut: In der Kürze liegt die Würze! Den Löwen würde das gefallen.

Lieber Herr Horx, was verbinden Sie mit Löwen?

Die Faszination einer großen Raubkatze. Ich habe auf einer Safari Löwen in freier Wildbahn gesehen und ihre Souveränität bewundert.

Was bedeutet Innovation für Sie?

Die Welt neu erschaffen. Am wichtigsten sind die Innovationen im Kopf – wenn wir unseren MIND befreien.

Welche Innovation würden Sie sich wünschen?

Ein Strahlungsgerät gegen durch Angst verursachte Dummheit.

Worin liegen die größten Chancen?

In der Evolution, vor allem auch in der persönlichen Evolution. Die findet, wie die biologische, vor allem durch Irrtümer statt.

Was macht gute Kommunikation aus?

Resonanz. Das heißt, dass man den, mit dem man kommuniziert, auch wirklich hört.

Was müssen wir tun, um den erforderlichen Wandel zu bewältigen?

Wir müssen aufhören, „müssen“ zu sagen. Und zum Können und Wollen gelangen.

Ist das 21. Jahrhundert tatsächlich das der Frauen und warum?

Weil immer mehr Frauen auch „ganz oben“ mitmischen und das in der Tat das gesellschaftliche Klima verändert.

5. Kapitel

5

Werte definieren Sinn und Erfolg

„Qualities like integrity, honor and character never go out of style."

Twitter-Eintrag von Katie Couric, Global Anchor YahooNews

„Man braucht Werte, die Kreativität, Innovation und Wandel befürworten."

Prof. Ed Schein, Palo Alto, Kalifornien, Mitbegründer der Organisationsentwicklung

Wir alle wollen ein sinnvolles Leben führen und dabei in irgendeiner Weise Erfolg haben, jenseits der Befriedigung der menschlichen Grundbedürfnisse, die Maslow in den unteren Etagen seiner Bedürfnispyramide ansiedelte. Was ist der Sinn des Lebens und wie will ich es gestalten – eine elementare Frage, die sich bereits die Philosophen und Denker des Altertums stellten. Wir Normalsterblichen tun dies auch. Die Antwort zu finden, ist wahrscheinlich eine Lebensaufgabe, deren Ergebnis in den unterschiedlichen Phasen unseres Entwicklungs- und Reifeprozesses höchst unterschiedlich ausfallen kann.

Dieses Buch handelt von Karrierestrategien und ist infolgedessen keine philosophische Abhandlung. Ein kurzer Ausflug zu Sinn und Werten sei jedoch gestattet. Ich halte ihn für zwingend erforderlich, weil Sinn und Werte meines Erachtens die Grundlagen unseres Tuns sind oder zumindest den Rahmen vorgeben, in dem wir uns bevorzugt bewegen wollen.

> Die Löwen haben ein einziges großes Ziel, das zugleich den Sinn ihres Lebens ausmacht: das Auskommen und den Fortbestand der Rudels zu sichern. Dafür tun sie alles. Fokussiert. Effektiv.

I. Sehnsucht nach Sinn

Was ist Sinn für uns? Was treibt uns an? Was ist Erfolg? Wie sind wir aufgestellt? Sind wir für Veränderungen gewappnet? Haben wir genug Substanz? Oder haben wir sogar das Potenzial, einen „Fußabdruck" zu hinterlassen? Diese Fragen müssen wir in einem Gesamtkontext sehen und nicht nur bezogen auf einzelne Begebenheiten. Werfen wir zunächst einen Blick auf den Sinn.

Duden online bietet neben dem Bezug auf die Wahrnehmung über die Sinnesorgane weitere Definitionen für Sinn:

- Gefühl, Verständnis für etwas; innere Beziehung zu etwas; jemandes Gedanken,
- Denken, Sinnes- oder Denkungsart und
- gedanklicher Gehalt, Bedeutung; Sinngehalt,
- Ziel und Zweck, Wert, der einer Sache innewohnt

Meines Erachtens sind beide Aspekte wesentlich – sowohl die emotionale wie die analytische Komponente.

Manche Menschen haben den Sinn im Leben früh gefunden, andere sind noch oder wieder auf der Suche. Viele finden ihn nie, weil sie sich nicht ernsthaft genug bemühen. Meines Erachtens werden wir von mehreren Treibern zeitgleich angetrieben, die sich im Laufe des Lebens auch ändern können. Der persönlichen Entwicklung geschuldet oder auch durch äußere Einflüsse ausgelöst.

Der persönlich definierte Sinn des Lebens resultiert wahrscheinlich aus einem Grundimpuls heraus, den die international bekannte Schauspiellehrerin Susan Batson, die u. a. mit Stars wie Nicole Kidman, Juliette Binoche, Tom Cruise und Jamie Foxx arbeitet, als „Need" bezeichnet. Gemeint ist ein Grundbedürfnis, ein Verlangen, das immer da ist, unser Tun überlagert und gestillt werden muss.

Im Mai 2015 hatte ich die Freude und die Ehre, Susan Batson bei einem außergewöhnlichen Workshop in ihrem Studio „Black Nexxus" in New York kennenzulernen. Sie hielt ihn exklusiv für die Scherer Academy mit speziellem Fokus auf professionelle Redner ab. Susan ist eine zierliche, energiegeladene Afroamerikanerin, die von sich humorvoll behauptet, 200 Jahre alt zu sein. Sie beeindruckte mich und alle anderen mit ihrer ungeheuren Präsenz und Menschenkenntnis: Susan Batson sieht einen an und weiß Bescheid. In

Sekundenschnelle. So gelang es ihr, fast 100 Personen zu ungeahnt tiefer Auseinandersetzung mit sich selbst zu führen und an jeden Teilnehmer Verblüffendes persönlich zu adressieren: Einschätzungen von großer Treffsicherheit. Manche Menschen brachte sie mit der Frage nach dem persönlichen Need zum Weinen.

Es ist so wie Nicole Kidman es in der Einführung zu Susan Batsons Buch „TRUTH – Wahrhaftigkeit im Schauspiel“ beschreibt: „Wir alle haben unseren Schutzpanzer. Susan hat mich gelehrt, an meinem zu arbeiten.“

Die Frage nach ihrem Need beantworteten die meisten Workshopteilnehmer damit, sie würden nach Anerkennung streben. Ein besonders kluger Kopf dachte ganzheitlicher und fügte zur Anerkennung die Liebe hinzu. Richtig. Anerkennung ist wunderbar, aber sie wärmt nicht in einsamen oder schweren Stunden. Susan sprach nicht nur über unser Need mit uns. Sie stellte auch die Frage danach, was wir tun, wenn dieses Grundbedürfnis nicht befriedigt wird.

Fehlende Anerkennung oder der Wunsch nach mehr Anerkennung wird häufig mit noch mehr Arbeit kompensiert. Denken Sie an die unzähligen, sehr erfolgreichen Workaholics, Getriebene auf der Suche nach noch mehr Erfolg – oder ist es doch eher die Suche nach Glück? Es kommt jedoch auch zu anderen Exzessen: Manche stopfen Pralinen in sich hinein, andere greifen zum Alkohol, wieder andere gehen auf Shoppingtour, auch aggressives Verhalten ist eine denkbare Reaktion.

Susan forderte uns auf, an eine Situation zu denken, in denen das Need unerfüllt blieb. Wir sollten uns daran erinnern, wie sich das anfühlte, wie wir damit umgingen, ob es zu Übersprunghandlungen kam. Das sind spannende Fragen auch für Menschen, die weder Schauspieler noch Vortragsredner sind, denn wir alle betreten tagtäglich unzählige Bühnen.

Eine wichtige Erkenntnis war, dass wir zwar nach außen hin ein bestimmtes Bild von uns vermitteln, die sog. Public Persona, die öffentliche Person, erschaffen, dass es hinter den Kulissen jedoch meistens ganz anders aussieht. Laut Susan Batson gibt das Need die Public Persona vor, nicht umgekehrt. Das sollte jeder wissen. Es erklärt so manches am eigenen Verhalten und – ebenso wichtig – ist der Schlüssel dazu, andere, seien es Kunden, Dienstleister oder Mitarbeiter, besser zu verstehen. Wir können so den Knopf finden, den wir drücken müssen, um andere für uns zu gewinnen.

Mutterliebe und Fürsorglichkeit

Susan Batson bekannte, ihr Need sei selbst in ihren Alter – geschätzt 70+ – noch, eine Mutter zu haben. Sie wuchs nicht ohne Mutter auf. Jedoch war ihre Mutter eine Aktivistin, die für Gleichberechtigung kämpfte und wenig Zeit für ihr Kind hatte. Der 5-jährigen Susan erklärte sie, dass sie nun groß genug wäre, das Essen selbst zuzubereiten. Seitdem wünscht sich diese super selbstständige, couragierte Frau im übertragenen Sinn eine fürsorgliche Mutter.

Sie alle kennen wahrscheinlich die schöne und charmante Heldin des berühmtesten Hollywoodfilms aller Zeiten „Vom Winde verweht“, Scarlett O'Hara. Sie lügt, betrügt und intrigiert. Sie täuscht vor, die Freundin ihrer Cousine zu sein, liebt jedoch deren Mann. Ihr Kind liebt sie erst, nachdem es bei einem Unfall ums Leben kam. Den Mann, der sie liebt, Red Buttler, stößt sie immer wieder zurück.

Susan Batson (in ihrem Buch „TRUTH“) ist davon überzeugt, Scarletts Need sei, beschützt zu werden. Ein tiefer Mangel in ihrem Inneren würde sie vollständig hilflos machen, wenn sie nicht die Maske der berechnenden, koketten Frau trüge. Red Buttler durchschaut sie. Er weiß, sie kann sich nur in den Armen eines Mannes sicher fühlen, der von ihr so besessen ist wie sie selbst: „Du solltest oft und von jemandem geküsst werden, der weiß wie.“ Verkürzt trifft bei Scarlett zu: Raue Schale, weicher Kern.

Hinterfragen Sie künftig Menschen Ihres Umfeld, die besonders selbstbewusst oder dreist auftreten. Vielleicht verbirgt sich hinter deren rauer Schale ein weicher Kern. Das eröffnet einen besseren Zugang.

1. Ihr Sinn-Begriff im Fokus

Fun, chillen und shoppen – der Deutschen Lieblingsbeschäftigungen, wenn man manche Fernsehsendungen betrachtet oder Radio hört, sind bisweilen nett, aber letztlich kein Ersatz für Lebenssinn, Überzeugungen und Glaubensätze. Wie sieht Ihr Sinn-Begriff aus? Worauf kommt es Ihnen an?

2. Sinn-Katalysator: Selbstbestimmtes Handeln

Es gibt die unterschiedlichsten Arten von Menschen. Manche bevorzugen es, sich treiben zu lassen, es bequem zu haben, während andere Ziele haben oder sogar Visionen entwickeln. Da Sie dieses Buch gekauft haben, gehören Sie wie ich zu den zuletzt Genannten.

Für uns gibt es zwei zentrale Fragen: Was wollen wir erreichen und wie wollen wir das tun? Daran schließt sich an: Stellen wir ausschließlich uns selbst in den Fokus oder wollen wir darüber hinaus Nutzen in einem größeren Gesamtzusammenhang stiften? Haben wir dafür einen konkreten Plan oder überlassen wir das meiste dem Zufall?

Eine dritte Dimension ist die zeitliche: In welchem Zeitraum wollen wir das erreicht haben, was uns vorschwebt? Im Auge behalten sollten wir auch, was uns daran hindert oder hindern könnte.

3. Eine Strategie erleichtert das Leben

„Mit Strategie wird das Leben einfacher", sagte mir ein äußerst kluger Kopf, als ich ihn fragte, ob er eine Networking-Strategie für erforderlich halte. Der Satz saß. Und nicht nur in Sachen Networking. Wir sollen eine Strategie für unser Leben habe, keinen Detailplan, aber für eine grobe Richtung sollten wir uns schon entscheiden – mit der Freiheit oder sogar der Pflicht, davon abzuweichen.

Eine Strategie zu haben und sie zu verfolgen, entscheidet darüber, ob wir im Rahmen des Möglichen steuern oder gesteuert werden. Natürlich haben wir nicht immer die Freiheit oder die Ressourcen, das zu tun, woran uns liegt. Manches ist eine Frage des Timings – zur rechten Zeit am rechten Ort zu sein. Da wir selten genau wissen, wann und wo das ist, sollten wir vorbereitet sein – fachlich-sachlich, aber auch mental. Was auch immer geschieht, es ist gut, einem roten Faden zu folgen.

Natürlich kann man die Frage nach dem Sinn des Lebens nicht auf drei, vier Seiten erschöpfend abhandeln. Doch darum geht es mir auch nicht. Ich wollte den Impuls geben, wieder einmal ein paar Minuten darüber nachzudenken, bevor wir uns mit Erfolg beschäftigen.

II. Erfolg

Laut Duden online ist Erfolg das positive Ergebnis einer Bemühung oder auch das Eintreten einer beabsichtigten, erstrebten Wirkung. Richtig, aber was macht Erfolg aus?

Der eine will reich, der andere berühmt werden. Manche am liebsten beides. Wieder andere wollen einen sinnvollen Beitrag für die Menschheit leisten, sie werden Ärzte, Wissenschaftler, Forscher, Philosophen, Lehrer, Theologen, vielleicht Politiker. Andere wollen gut unterhalten mit ihrer Kunst: die bildenden Künstler, Sänger, Schauspieler, Comedians. Experten wollen ihr Fachwissen ständig ausbauen und in ihrem Bereich hohe Bekanntheit erlangen. Handwerker möchten gute, oft maßgeschneiderte Produkte bieten. Manche wollen ihren zahlungskräftigen Kunden den absoluten Luxus bieten, während andere auf das Massengeschäft zielen und mit der Devise „billig, billig" oder freundlicher formuliert: „günstig, aber gut" möglichst vielen den Zugang zu einem Produkt, einer Dienstleistung erschließen. Sie verdienen an diesem eher kleinteiligen Geschäft nicht schlecht.

Ein Speaker wie ich will von allem ein wenig: gut unterhalten – aber nicht mit Klamauk, obwohl dagegen grundsätzlich nichts einzuwenden ist. Ich agiere nur lieber mit interessant verpackten Inhalten, die Impulse geben, zum Nachdenken anregen, motivieren, Dinge zu hinterfragen und anders zu tun.

Als Autor möchte ich Menschen erreichen und diejenigen begeistern, die meine Bücher lesen oder mich nicht bei einem Vortrag oder Seminar erleben. Menschen, die neugierig sind auf meine Themen. Und ein bisschen Missionieren ist auch dabei: Natürlich möchte ich, dass sich alle bestmöglich vernetzen, um besser voranzukommen und dabei neben Erfolg auch noch mehr Freude und Spaß zu haben. Die, die Karriere machen wollen, ermutige ich. Natürlich mache ich das nicht nur aus Freude an der Arbeit und den spannenden Themen. Es geht auch um die stetige Erhöhung des Bekanntheitsgrades und gute Honorare. Wir werden immer von mehreren Treibern angetrieben, denn am Ende des Tages muss die Miete schließlich auch bezahlt werden.

Berufliche Ziele

Was wollen Sie für sich erreichen? Was treibt Sie derzeit um? Gibt es Baustellen bei Ihrem vordringlichen Ziel oder Anliegen? Welche

Erwartungen stellen Sie an sich? Wenn Sie mögen, notieren Sie Ihre drei wichtigsten beruflichen Ziele – nach Möglichkeit konkret: Das erhöht die Verbindlichkeit dranzubleiben. Verwenden Sie ein schönes Notizbuch und keine losen Blätter – die gehen zu schnell verloren oder auf dem Schreibtisch unter.

Einige Beispiele als Anregung:

- Leiterin der Abteilung Compliance werden, wenn der jetzige Leiter in zwei Jahren in Pension geht
- schnellstmöglich die Meisterprüfung machen
- das Studium in der Regelzeit durchziehen
- die Auslandserfahrung ausbauen und sich hierfür in eine ausländischen Niederlassung oder bei einem anderen Arbeitgeber bewerben
- das Gehalt beim nächsten Jobwechsel verdoppeln – lachen Sie nicht, das geht! Ich habe einer Kundin dazu verholfen.
- einen demotivierenden Vorgesetzten mit dem erfolgreichen, fristgerechten Projektabschluss von Ihrer infrage gestellten Kompetenz überzeugen

In einem zweiten Schritt könnten Sie je drei Argumente ergänzen, weshalb Ihnen das Ziel wichtig ist. Seien Sie ehrlich mit sich, es liest ja außer Ihnen keiner, und schreiben Sie auch solche Gründe auf, die sich rund ums Ego drehen: Das sind starke Motive, häufig die stärksten Antriebsfedern.

Mehr oder weniger edle Motive mischen sich bei fast allen Menschen mit monetären. Das war bei den Alt-68ern verpönt. Doch mittlerweile hat man beispielsweise erkannt, dass auch Unternehmer einen wichtigen Beitrag für die Gesellschaft leisten – durch die Schaffung von Arbeitsplätzen, Umweltbewusstsein, mit guten Produkten, Ausbildung von jungen Menschen, Einsatz für Vielfalt oder auch durch finanzielle Unterstützung von Projekten.

Doch mal ehrlich: Schon die alten Fugger, das berühmte Augsburger Geschlecht von Kaufleuten und Bankiers, taten im 16. Jahrhundert viel für das Gemeinwohl: Sie errichteten die Fuggerei, die älteste noch bestehende Sozialsiedlung der Welt – 67 Reihenhäuser mit je zwei Wohnungen.

III. Werte im Sinn

Es wird viel über Werte gesprochen. Sinn und Werte sind große Themen. Menschheitsthemen, die Normalsterbliche ebenso bewegen wie Denker, Philosophen oder Theologen. Sie sind so groß, dass man nicht weiß, wo der Anfang ist. Ein Ende gibt es ohnehin nicht, weil alles in Bewegung bleibt.

Doch setzen wir „Normalbürger" uns wirklich so intensiv mit ihnen auseinander, wie man das früher tat? Und ist nicht eine spürbare Lücke entstanden durch den Umstand, dass sich der Stellenwert der Religion in unseren Breiten verändert hat und auch der Glaube jenseits der kirchlichen Institutionen uns nicht mehr so sehr prägt wie die Generation unsere Großeltern und Urgroßeltern? Ich sage dies ohne Wertung. Womit füllen wir das Vakuum? Sicher nicht nur mit starken philosophischen Ansätzen. Wir haben es mit einem Einfalltor für Esoterik jeder Art, falsche Heilslehre oder Ersatzbefriedigungen wie Konsumwahn zu tun.

Ich bin davon überzeugt, dass Menschen Orientierung brauchen – ein Wertekonzept, das trägt. Das muss nicht aufgeschrieben werden. Wichtig ist, es zu leben. Ohne Wertebasis ist das, was wir tun, allzu häufig beliebig, austauschbar, Makulatur.

Dass Werte auch in der digitalisierten Welt und bei jungen Leuten eine wichtige Rolle spielen, belegt der Werte-Index (http://werteindex.de/publikation/). Seit 2009 ist er ein Kompass für Bedeutung und Relevanz von Werten der deutschen Web-User. Er zeigt sowohl qualitativ wie auch quantitativ relevante Entwicklungen und Trends auf.

1. Werte geben Orientierung

Wer genaue Vorstellungen von dem hat, was er erreichen will, der kommt seltener vom Weg ab.

- Seeleute haben einen Kompass und Leuchttürme.
- Bergsteiger wollen zum Gipfel(kreuz).
- Sportler wollen an die Spitze, Medaillen erhalten.
- Produktentwickler wollen Neues schaffen.
- Künstler streben nach Ruhm, Unsterblichkeit oder Provokation, was sich wechselseitig nicht ausschließt.

Werte machen uns Menschen aus. Sie bestimmen, wie wir ticken, wie wir arbeiten, wie wir als Mitarbeiter und Vorgesetzte agieren. Grund genug, näher hinzuschauen. Uns allen geht es letztlich um Selbstverwirklichung und ein glückliches Leben. Gerade in stürmischen Zeiten tut man sich leichter, wenn man Prinzipien hat, egal ob als Führungskraft oder Mitarbeiter. Was nicht heißt, dass Prinzipientreue nicht eine enorme Herausforderung sein kann. Sich treu zu bleiben bei Gegenwind, ist nicht leicht.

Stürmische Zeiten

Ich habe erlebt, wie ein großer, international agierender Konzern mit 14.000 Mitarbeitern bis ins Mark durch Krisen erschüttert und dann zerschlagen wurde. Was im Zuge von Umstrukturierungsmaßnahmen geschah, ist unsäglich. Insbesondere spricht Bände, wie mit einstmals hochgeschätzten Führungskräften, die man hoffierte, umgegangen wurde.

Es wurden alte Rechnungen beglichen, Sündenböcke gesucht, Neider konnten auftrumpfen, viele hängten ihr Fähnchen in den Wind. Bei all dem wurden wirtschaftlich Werte vernichtet, um der formalen Forderung zu genügen, den Konzern zu schrumpfen – weniger Tochtergesellschaften = weniger Mitarbeiter.

Kleine Geister aus der Kategorie der Kriecher, die in guten Zeiten mehr als servil auftraten, waren zu feige, ihre ehemaligen Chefs vor dem Gerichtssaal zu grüßen. Man hätte Studien betreiben und so manches Mal herzlich lachen können ob der menschlichen Schwäche, wäre das Ganze nicht so tragisch gewesen.

Wie sieht Ihr Wertegerüst aus? Vielleicht reicht Ihnen die goldene Regel: Behandle jeden so, wie du behandelt werden möchtest. Oder wie man gemeinhin formuliert: „Was du nicht willst, das man dir tu, das füg auch keinem andern zu.“

Gläubige Christen und Juden orientieren sich an den Zehn Geboten. Als Kind lernte ich sie im Religionsunterricht auswendig und mit ein wenig Nachdenken bekomme ich sie noch zusammen. Im Grunde ist es eine großartige Idee, das Leben inklusive der Beziehung zu Gott auf zehn Kernsätze – Gebote und Verbote – zu verdichten. In bestechender Klarheit und Einfachheit.

Ich bin Juristin und den Umgang mit Gesetzesvorschriften gewohnt. Der Gesetzgeber ist hochproduktiv, und weil er so schnell ist, reicht die Qualität der meisten Gesetze nicht mehr an die des alten Bürgerlichen Gesetzbuches heran, das damals ein Exportschlager in andere Länder war. Mehr Fokus auf Qualität wäre hilfreich.

2. Wertekanon

Dieser philosophische Exkurs erhebt keinen Anspruch auf Vollständigkeit. Ich beginne mit einer Auflistung von Werten, die mir besonders wichtig sind.

a) Freiheit, Gleichheit, Brüderlichkeit

Ich bewundere die französische Kultur und die großen französischen Denker sehr, daher sollte ein Blick über die Landesgrenzen nicht verwundern. Unsere französischen Nachbarn haben drei Werte zu den höchsten erhoben und damit ganz Europa, um nicht zu sagen, die Welt beeinflusst: Freiheit, Gleichheit, Brüderlichkeit. Was für ein großartiger Dreiklang, auch wenn bei der Brüderlichkeit die Schwestern hintanstanden – damals, zu Zeiten der französischen Revolution. Die Schriftstellerin und vielleicht erste Frauenrechtlerin Olympe de Gouges (1748–1793) wagte, dies in ihrer „Frauenrechtsdeklaration" zu beanstanden und büßte mit dem Gang aufs Schafott. Nur wenige wissen das. Gleichberechtigung von Mann und Frau gehört zu einer modernen Gesellschaft.

Hierzulande sind wir so sehr an Freiheit gewöhnt, dass wir sie für selbstverständlich nehmen und vergessen, dass Menschen dafür gekämpft haben und zum Teil dafür gestorben sind.

Den französischen Werte-Dreiklang möchte ich um sieben Werte ergänzen:

- **Toleranz:** Sie ist wichtig, darf jedoch nicht so weit gehen, dass Intolerante sie infrage stellen dürfen. Das ginge zulasten der Freiheit – ein zu hoher Preis.
- **Loyalität** ist einer der Eckpfeiler guter privater und beruflicher Beziehungen. Sie ist niemals eine Einbahnstraße.
- **Vertrauen** und Loyalität stehen in Wechselwirkung. Ohne Vertrauen keine guten Beziehungen.
- **Ehrlichkeit** und
- **Zuverlässigkeit** sind Grundfesten des Zusammenlebens.

- **Fleiß** und
- **Disziplin** – sie hoch zu schätzen, entspricht meiner Prägung als Baden-Württembergerin.

Diese Werte sind die Basis für gutes berufliches und privates Zusammenwirken und gute Arbeitsergebnisse. Da mir die Zusammenstellung jedoch zu wenig emotional ist, werde ich sie ergänzen:

- **Mut** darf bei der Löwen-Strategie nicht fehlen. Mut ist ein herausragender Wert, eine Eigenschaft, die nicht nur in Krisenzeiten eine große Hilfe ist. Sie bringt Dinge in Gang.
  Ein schönes Beispiel von Löwen-Mut stammt aus dem Filmklassiker „Jenseits von Afrika“: Als der Großwildjäger Denys Finch Hatton unerwartet mit einem Flugzeug auf der Farm seiner Geliebten Karen Blixen landet und sie ihn fragt: „Wann hast du fliegen gelernt?“, antwortet er: „Gestern.“
- **Leidenschaft** braucht es – für Menschen und Dinge, die uns wichtig sind, damit wir vorankommen. Leidenschaft ist ein Katalysator sondergleichen.
- **Durchhaltevermögen oder Stärke –** gerade nicht nachzulassen, wenn es schwierig ist.
- **Kreativität** bedeutet mir viel, nicht nur, weil ich aus dem Land der Tüftler stamme, sondern aufgrund meiner Begeisterung für Kunst.
- **Großzügigkeit** im Denken und Handeln ist mir sehr wichtig, denn großzügige Menschen denken größer als andere und sind selten kleinkariert.
- **Liebe** ist unverzichtbar – zu Menschen, zur Natur allgemein, zu Tieren und zum Beruf.

Für mich gibt es einen weiteren essenziellen Wert, der sich vielleicht nicht jedem sofort aufdrängt: die **Kunst**. Kunst steht für Fantasie, Kreativität, Experimentierfreude und die Freiheit, sich als Künstler ausdrücken zu dürfen und sie als interessierter Mensch bestaunen und diskutieren zu können. Von Alfred Hitchcock stammt das Zitat: „Kunst kommt für mich vor Demokratie.“ Aus seiner Sicht als Filmschaffender mag das richtig sein. Ich fürchte, ohne Demokratie gibt es für Kunst, jedenfalls die unangepasste, nicht genug Spielraum. Man denke nur an Emil Noldes wundervolle „ungemalte“ Bilder, die er heimlich malte, als er unter den Nationalsozialisten offiziell ein Malverbot hatte. Seine Werke zählten wie die von Marc Chagall, Max

Ernst und Franz Marc zur sog. entarteten Kunst. Missliebige Bücher fielen Bücherverbrennungen zum Opfer.

Mich begeistern Menschen, die sich für Kunst interessieren. Insofern verwundert es mich nicht, dass viele meiner Interviewpartner kunstaffin sind.

3. Werte im Berufsalltag

Das Leben – und das Berufsleben als wichtige Komponente, die uns täglich meistens acht Stunden und mehr beansprucht – ist häufig kein Honigschlecken. Es gleicht zu manchen Zeiten eher einer Achterbahn. Es wird mit harten Bandagen gekämpft. Eben noch werden wir gefördert, unsere Vorschläge sind willkommen, um im nächsten Augenblick vielleicht das krasse Gegenteil zu erfahren. Vorgesetzte und Kollegen versuchen uns auszutricksen, stecken sich unsere Erfolge selbst an den Hut. Damit muss man umgehen können.

Nicht nur die Gesellschaft, auch die Wirtschaft hat eigene Regeln und Werte. Sie geben den Rahmen vor, in dem wir uns beruflich bewegen und der idealerweise mit unseren Werten harmonieren sollte. Es gibt vorbildliche Unternehmen mit einer offenen Unternehmenskultur, die von Vertrauen geprägt ist. Manche Unternehmen und Abteilungen sind jedoch wahre Schlangengruben. Dies ist eine Anknüpfung an das Kapitel „Team und Leadership".

a) Karriere – ein selbstständiger Wert?

Ob Karriere ein Wert ist, ist fraglich. Man müsste zudem den Begriff der Karriere definieren. „Karriere" bedeutet zunächst nur „Laufbahn". Allgemein wird darunter jedoch beruflicher Aufstieg verstanden. In der betrieblichen Personalarbeit versteht man unter „Karriere" jede betriebliche Stellenfolge einer Person im betrieblichen Stellengefüge.

Drei Karriereformen

Man kann drei Formen von Karriere unterscheiden: Die Management-, Fachexperten- und Projektmanagementkarriere. Inwiefern man zwischen den Karrierewegen erfolgreich wechseln kann, hängt von der Ausgangsposition ab.

Ich halte es für schwierig, Menschen, die sehr lange in Führungsposition waren, mit reinen Fachexpertenaufgaben zu betrauen. Das liegt einerseits an dem Umstand, dass sich das Fachwissen so rasch verdoppelt und andererseits altes Wissen verfällt, so dass sie insoweit nicht mehr auf dem Laufenden sind und eine Vertiefung zu aufwendig wäre.

Anders verhält es sich, wenn Menschen sich für Führungsaufgaben ungeeignet erweisen und noch nicht allzu lange in dieser Führungsposition sind. Dann empfiehlt sich im Interesse des Unternehmens wie der Führungskraft, dem Fachwissen Rechnung zu tragen und dem Menschen eine glücklichere Zeit als geschätzter Fachexperte, denn als Niete auf dem Führungsposten zu ermöglichen. Die Mitarbeiter werden zudem davon profitieren.

Den Schritt vom Projektmanager zur Führungskraft halte ich für leichter als den vom Fachexperten zur Führungskraft, weil der Projektmanager bereits mit Führungsaufgaben betraut ist. Der Fachexperte braucht meines Erachtens Unterstützung zur Vorbereitung auf die neuen Aufgaben.

Von der Idee der Karriereleiter, die steil nach oben führt, sollte man sich gedanklich verabschieden. Karrieren gleichen seit jeher einem mäandrierenden Fluss angesichts gewollter und ungewollter Sidesteps.

Wie auch immer: Karriere kann für manche Menschen ein Ziel sein, während andere aus unterschiedlichsten Gründen daran nicht interessiert sind. Karriere ist jedoch stets die Folge vieler beruflicher Schritte und zumeist bewusster Entscheidungen. Karriere kann man machen, indem man ihr alles unterordnet und zudem über Leichen geht. Man kann jedoch auch andere Wege beschreiten, die einer anderen inneren Messlatte folgen. Egal wofür man sich entscheidet, man wird immer Opfer bringen müssen. Alles hat seinen Preis. Die Einsamkeit an der gut dotierten Hierarchiespitze mit viel Gestaltungsfreiraum und langweilige, schlecht bezahlte, vielleicht gefährliche, aber geistig wenig fordernde Arbeit bilden die Pole, zwischen denen alles möglich ist.

Es ist wichtig, bewusste Entscheidungen zu treffen und immer wieder die Frage nach dem Wohin und auch Warum zu stellen. Denn nicht nur das Umfeld verändert sich, wir verändern uns auch – häufig steht das in Zusammenhang mit bestimmten Lebensphasen. Mit 30 hat man andere Vorstellungen und Ziele als mit 40 oder 50. Hinzu kommt, dass einem das Leben oft dazwischengrätscht – oder, um es mit dem viel zitierten Bonmot von John Lennon zu sagen: „Leben ist das, was passiert, während wir Pläne machen."

b) Berufsethos

▪ Fachliches Können – menschliche Reife

Nicht selten erleben wir Menschen, bei denen fachliches Können und der Stand der Persönlichkeitsentwicklung nicht auf gleichem Niveau sind – bei Entscheidern ebenso wie bei Mitarbeitern. Die Chinesen sprechen von Ying und Yang, die ausgeglichen sein müssen.

Bin ich fachlich ein Überflieger, aber menschlich nicht mit dem fachlichen Können mitgewachsen, entstehen mit großer Wahrscheinlichkeit Probleme im zwischenmenschlichen Bereich. Empathie und emotionale Kompetenz ist nicht mehr neu auf der Themenagenda – sich damit zu beschäftigen, ist jedoch nach wie vor geboten.

Unausgewogenes ist bei Normalbetrieb – dem inneren wie äußeren – für andere wahrscheinlich kalkulierbar. Was passiert jedoch bei Stress oder gar in geschäftlichen Krisen, die manchmal im Doppelpack mit privaten Sorgen daherkommen?

Wir lachen über den sog. Bad Hair Day bei Frauen, die verflixten Tage, an denen die Frisur definitiv nicht sitzt. Meistens ist das kein gutes Omen für bevorstehende Herausforderungen, was weniger an den Haaren liegt als daran, wie wir uns fühlen. Es gibt Tage, an denen man besser im Bett geblieben wäre. Ein Freund von mir spricht dann davon, den Tag aus dem Kalender reißen zu wollen. Ein schönes Bild für nicht ganz so schöne Tage.

Jeder kennt das. Wir sind keine Maschinen. Nicht einmal durchtrainierte Sportler sind jeden Tag in Bestform, es wird immer Ausreißer nach oben und unten geben.

▪ Einstellung zur Arbeit

Falls es allzu viele miese Tage gibt, sollte man ergründen, woran das liegt. Sie haben den falschen Beruf, sind nicht in der für Sie richtigen Firma oder kommen auf der Karriereleiter nicht voran. Denkbar ist auch, dass Sie zwar den richtigen Job in einer tollen Organisation hatten, diese sich jedoch im Umbruch befindet und nicht wiederzuerkennen ist. Überforderung zeitlicher oder fachlicher Art führt häufig zu Frust. Das alles sind Alarmzeichen, die man ernst nehmen sollte. Es empfiehlt sich, Alternativen zu suchen. Manches liegt jedoch schlicht an der Einstellung wie Überempfindlichkeit oder überzogenes Anspruchsdenken. Gründe kann es viele geben.

Schauen wir unsere Arbeitseinstellung an. Wir sollten in der Lage sein, unsere Aufgaben professionell zu erledigen, auch bei einem Tagesformtief.

Mir hilft und mich prägte, was mir meine Eltern von klein auf mit auf den Weg gegeben haben: Dass man diszipliniert sein muss und nicht zu früh aufgeben darf, sondern an Themen dranbleiben muss, wenn es schwierig wird. Zuverlässigkeit ist ein Riesenthema und der zentrale Baustein für Vertrauen.

Dass Menschen Werte auch im Job wichtig sind, belegt eine neue Studie des Pharmaunternehmens Merck zur Neugier: Danach halten 37 % der befragten Mitarbeiter eine starke Arbeitsethik für absolut wichtig, um neue Ideen zu entwickeln.

Zusammenfassung

Behalten Sie bitte als Ergebnis dieses Kapitels ihre drei wesentlichen Ziele und die Werte, die Ihnen wichtig sind, im Auge. Richten Sie Ihren ganzen Fokus darauf, wie Sie zu der Person werden, die Sie sein wollen. Wenn Sie dies tun, werden Ihnen viele Umwege, die durch Verzetteln entstehen, erspart. Das wirkt unmittelbar auf Effektivität und steigert die Effizienz.

IV. Die Wertewelt der Unternehmen

Früher definierten die Zünfte den Berufsethos und die rechtlichen Standards der Handwerker. Die Gilde tat Vergleichbares für Kaufleute. Im 15. Jahrhundert entstand der Begriff des ehrbaren Kaufmanns. Auch heute noch sind Unternehmern die Prinzipien des ehrbaren Kaufmanns geläufig. Die IHKs beziehen sich auf ihn als Leitbild: „Die Industrie- und Handelskammern haben […] zu unterstützen und zu beraten sowie für Wahrung von Anstand und Sitte des ehrbaren Kaufmannes zu wirken." Der ehemalige Bundespräsident Richard von Weizsäcker wird gerne wie folgt zitiert: „Der ehrbare Kaufmann ist kein ethischer Sonderling, sondern einer, der seine Interessen vernünftig versteht." Mir gefallen seine Prinzipien gut.

1. Gesellschaftspolitisches Engagement von Unternehmen

Auch der Ehrenvorsitzende des Aufsichtsrats der Dürr AG, Heinz Dürr, Unternehmer, Stifter und ehemals Chef der Deutschen Bahn, schätzt den ehrbaren Kaufmann. Zu meiner großen Freude darf ich aus seinem „Plädoyer für den ehrbaren Kaufmann“ zitieren. Der Begriff ist auf den Franziskanermönch Luca Pacioli, den Erfinder der doppelten Buchführung, und dessen Werk „Summa de arithmetica, geometria, proportioni et proportionalita“ zurückführen. Der ehrbare Kaufmann widmet sich der „Erwerbung eines erlaubten und angemessenen Gewinns für seinen Unterhalt“ und zieht seine Bilanz ordentlich. Dies veranlasste Heinz Dürr zu der kritischen Frage, was denn angemessen sei: 15, 25 oder gar 40 % Rendite auf das Eigenkapital?

Interessant ist auch der Gedanke Paciolis zur Klarheit, da sie vielen fehlt: „Dem Kaufmann können Dinge niemals zu klar sein in Folge der unzähligen Fälle, die im Geschäft vorkommen können, wie jeder weiß, der Handel treibt. Deshalb ist das Sprichwort wahr, dass mehr Punkte nötig sind, um einen guten Kaufmann zu bilden, als einen Doktor des Rechts.“ Die Frage, ob es etwa Länder gebe, in denen es zu viele Doktoren und zu wenige Kaufleute gibt, brachte mich zum Schmunzeln, denn bei uns Juristen gilt das geflügelte Wort: „Judex non calculat.“ Wörtlich: „Ein Richter rechnet nicht“. Das wird jedoch oft interpretiert als „Ein Richter kann nicht rechnen“ – für viele Rechtsanwälte gilt das auch.

Die gesellschaftliche Verantwortung von Unternehmern definiert Heinz Dürr wie folgt: „Der ehrbare Kaufmann wird sein Unternehmen als gesellschaftliche Veranstaltung sehen,

- die die Gesellschaft mit den gewünschten Gütern und Dienstleistungen versorgt,
- die dafür sorgt, dass die Arbeitsplätze im eigenen Unternehmen möglichst sicher und langfristig angelegt sind,
- die auf eine angemessene Verzinsung des eingesetzten Kapitals achtet und
- den ökologischen Notwendigkeiten Rechnung trägt.“

Gesellschaftliches Engagement

Viele Unternehmen engagieren sich sozial oder kulturell oder auch beides. Heinz Dürr und seine Frau haben die Heinz und Heide Dürr Stiftung gegründet, auf deren Homepage sich Heinz Dürrs Zitat findet: „Wir haben einen relativ armen Staat und relativ wohlhabende Bürger. Da ist privates Engagement eine Frage der Verantwortung gegenüber der Gesellschaft."

Meine Interviewpartner nehmen in diesem Sinne ihre Verantwortung mit unterschiedlichen Ansätzen wahr: Michael Weiß, Chef von Meckatzer Löwenbräu, bezeichnet sich als Kulturbeauftragten, der auch Bier verkauft. Er engagiert sich seit jeher wie schon seine Vorfahren persönlich für Kunst, Künstler und soziale Zwecke. Dies geschieht bevorzugt in der Region in tiefer Verbundenheit mit den Menschen, an Traditionen anknüpfend und zugleich sehr modern.

Die Familienunternehmerin Prof. Ulrike Detmers verschafft ihren Themen Bühnen mit bundesweiter Strahlkraft und verbindet Gutes zu tun mit genialem Marketing: Als Mitgesellschafterin der Mestemacher Lifestyle Bakery entwickelte sie gesellschaftspolitische Projekte. Wann immer sie ein solches Leuchtturmprojekt startete, war es revolutionär, weil sie voranschreitet und nicht hinterherhinkt. Mestemacher setzt mit spannenden Preisen Zeichen. Gekürt werden die „Managerin des Jahres", die „Spitzenväter", „innovative Kitas" und Künstler beim Kunstprojekt „Panem et Artes".

Kaffeekönig Albert Darboven lobte 1997 den großzügig dotierten IDEE-Existenzgründerinnenpreis aus, der alle zwei Jahre verliehen wird. Damit will er nicht nur zur Selbstständigkeit aufrufen, sondern den Schritt in das unternehmerische Risiko handfest begleiten und den Weg junger Frauen als Unternehmensgründerinnen in die Selbstständigkeit ebnen. Prämiert werden die innovativsten Konzepte. Ich war bei zwei Preisverleihungen dabei und hatte zudem das große Vergnügen, diesen Vollblutunternehmer und Gentleman für mein erstes Buch „Was Männer tun und Frauen wissen müssen – Erfolg durch Networking" zu interviewen.

Prof. Ulrike Detmers und Michael Weiß treffen Sie übrigens in der Löwen-Lounge Nr. 4, Michael Weiß in der Löwen-Lounge Nr 5.

2. Ein neuer Maßstab: Enkelfähig

„Enkelfähig“ ist eine Wortschöpfung des Hauses Haniel. Es steht für einen alten Anspruch des Unternehmens und ist zugleich der Namen eines anspruchsvollen Magazins. Enkelfähig machen heißt, wirtschaftlichen Wert zu schaffen und gesellschaftliche Werte zu stärken. Dazu muss man das große Ganze verstehen: Wie verändern ökonomische Entscheidungen die Welt, in der wir leben – und die der Generationen, die nach uns kommen? Und welchen Beitrag kann jeder Einzelne durch sein individuelles Handeln leisten? Antworten sucht Haniel nicht nur in den eigenen Reihen, „denn wichtige Gedanken finden sich selten in nur einem Kopf oder nur einem Unternehmen.“

3. Leitlinien – die Verfassung der Unternehmen

Unternehmen verankern ihre Wertewelt in der Regel in Leitlinien. Leider haben diese bisweilen wenig mit der Realität zu tun und sind damit das teure Papier nicht wert, auf dem sie gedruckt wurden. Gemeinsame grundlegende Werte und Verhaltensweisen machen die organisations- und Unternehmenskultur aus. Ungeschriebene Regeln, tägliche Umgangsformen und Etikette leiten sich davon ab.

Ist die Vorgabe maximaler Gewinn für die Aktionäre, geht dies meist zulasten der Qualität. Dann heißt die ungeschriebene Regel: Es reicht, Dinge gut zu machen, Perfektion wird nicht angestrebt, Termintreue ist nicht oberstes Gebot. Will ein Unternehmen primär für die Kunden und den Markt da sein, sieht es anders aus: Mitarbeiter sollen sich perfekt verhalten. Die ungeschriebene Regel lautet hier: Mach es möglichst perfekt, damit sich die Kunden nicht beschweren. Die Unternehmenskultur muss sich an die Marktbedingungen anpassen.

Unternehmen sind nicht homogen, sondern vereinen viele unterschiedliche Berufsgruppen. Die Mitarbeiter in der Buchhaltung werden anders unterwegs sein als der Außendienst. Insofern gibt es auch unterschiedliche Berufskulturen, die Subkulturen bilden, die allerdings mit der Gesamtunternehmensphilosophie kompatibel sein müssen.

Zwei Welten: Forschung & Entwicklung – Vertrieb

Ein schönes Beispiel stammt von einem Kollegen: Er hatte zwei Abteilungen eines Unternehmens in einem Training: Forschung & Entwicklung und den Vertrieb. Es trafen mentalitätsmäßig Welten aufeinander. Die Stimmung war schlecht, sodass er entschied: Wir gehen erst einmal etwas trinken. Seine Erläuterung spricht Bände: „Das hat mich richtig Geld gekostet, aber nach dem zweiten Bier stellten die Teilnehmer fest, dass die aus der anderen Abteilung auch Menschen sind." Der nächste Tag lief super.

Das bestätigt, wie Recht Keith Ferrazzi hat. Er empfiehlt in „Geh niemals allein essen" in etwas anderem Kontext –, auch wenn man nicht viel Geld hat, eine Party zu geben, reichlich ordentlichen, aber günstigen Tafelwein zu kaufen und diesen am Laufen zu halten. Menschen sind gesellige Wesen, die Kommunikation bei Essen und Trinken fällt damit immer leichter.

Schauen wir uns Unternehmenskulturen an. Es gibt enorme Bandbreiten, die weniger mit der Größe der Unternehmen als mit der Führung zu tun haben. Es gilt noch immer der alte, etwas derbe Grundsatz, dass der Fisch vom Kopf her stinkt. Ist die Führung schwach, korrupt, arrogant oder saturiert, hat das Konsequenzen bis in die letzte Reihe der Mitarbeiterschaft.

Umgekehrt sind starke Unternehmerpersönlichkeiten wie der 2009 verstorbene Bertelsmann-Chef Reinhard Mohn über den Tod hinaus dazu geeignet, als Vorbild zu fungieren. Es ist interessant, wie er Mitarbeiter, die ihn erleben durften, noch immer prägt. Gerne weise ich auf das Interview mit Martin Spilker, Leiter des Kompetenzzentrums „Führung und Unternehmenskultur" der Bertelsmann Stiftung in der Löwen-Lounge Nr. 3 hin.

Die Führungsmannschaft bestimmt die Führungskultur. Ein Gründer drückt dem Unternehmen seinen Stempel auf. Ist das Unternehmen erfolgreich, werden die Mitarbeiter seine Werte übernehmen und sich damit identifizieren. Unternehmen, die in der zweiten oder dritten Generation von Managern geleitet werden, werden das Wertegerüst fortentwickeln. Ein vollständiger Bruch mit den alten Werten führt zu Konflikten und tiefer Verunsicherung bei den Mitarbeitern. Es bräuchte triftige Gründe für den Wandel. Das muss man sich gut überlegen. Es reicht nicht, die komplette Führungsmannschaft auszutauschen, um die Kultur zu ändern: Die verbleibende Belegschaft ist mit einer bestimmten Unternehmenskultur vertraut und von ihr geprägt. Das ist die Mannschaft, die das Tagesgeschäft betreibt. Demotivation ist tödlich.

Eine ähnliche Situation finden Söhne und Töchter vor, wenn sie dem Gründer nachfolgen und neue Ideen und Vorstellungen über die Betriebsführung haben. Ganz schwierig wird es, wenn sich der Patron nicht vollständig zurückzieht.

Wie prägend Unternehmenswerte und Unternehmenskulturen sind, zeigt sich bei Fusionen und Kooperationen immer dann, wenn sie nicht übereinstimmen. Das bringt die Vorhaben häufig um den theoretisch möglichen wirtschaftlichen Erfolg, denn letztlich müssen Menschen tagtäglich miteinander umgehen. Das geht schlecht, wenn sie aus konträren Strukturen stammen.

Hat ein kleines Unternehmen keine Leitlinien, heißt das nicht, dass es sich unethischer verhalten würde – im Gegenteil. In kleinen Unternehmen ist das Betriebsklima oft besser als in Konzernen, die Entscheidungswege sind kürzer und es besteht meistens mehr Raum für individuelle Lösungen, auch für Mitarbeiter.

Schaut man sich die Start-up-Szene an, findet man auch da wenig an Regularien, geschweige denn Leitlinien für Führung. Viel diskutiert ist die Selbstausbeutung der Gründer und die Dominanz von Männern in den technisch orientierten Start-ups.

Zusammenfassung

Werte definieren das Selbstverständnis von Menschen, Unternehmen und Organisationen. Sie geben Orientierung, sorgen für Transparenz und Klarheit. Werte müssen gelebt und vorgelebt werden, sie stehen nicht zur Diskussion. Mitarbeiter, die sich mit der Philosophie ihres Arbeitgebers identifizieren können, sind zufriedener als andere, die mit der Unternehmenskultur hadern.

Löwen-Lounge Nr. 4: Von Werten und Glück

Treten Sie ein! Zwei äußerst kluge Köpfe und eine ebenso kluge Frau sind schon hier. Gesellen Sie sich dazu, die beiden Herren kennen sich bereits seit Längerem. Willkommen bei Freunden!

Die multifunktionale Großbäckerin – Professorin, Unternehmerin und Mäzenin

Prof. Dr. Ulrike Detmers, Mitglied der Geschäftsführung und Gesellschafterin in der Mestemacher-Gruppe, Gütersloh, Mäzenin, Autorin

Prof. Dr. Ulrike Detmers leitet die Ressorts Zentrales Markenmanagement und Social Marketing der Mestemacher-Gruppe. Zudem ist sie Professorin für Betriebswirtschaftslehre an der Fachhochschule Bielefeld. Sie ist die erste Präsidentin des Verbandes Deutscher Großbäckereien e. V. Dabei belasse ich es und verweise auf das Interview sowie auf den Exkurs zu den Spitzenvätern und die Ausführungen zum gesellschaftspolitischen Engagement von Unternehmen. Dort treffen Sie Prof. Dr. Ulrike Detmers nämlich auch.

Mehr dazu unter www.mestemacher.de.

Persönliches

Frau Prof. Detmers lernte ich vor vielen Jahren bei einem Vortrag bei der EAF, der Europäischen Akademie für Frauen in Politik und Wirtschaft, kennen und war sehr von ihrem Engagement für Frauen beeindruckt. Wie weit ihr gesellschaftspolitischer Ansatz tatsächlich reicht, erfuhr ich später. Seitdem sind wir in Kontakt, tauschen uns aus und sehen uns regelmäßig bei ihren Preisverleihungen. Die sind wie große Familientreffen: Man trifft interessante Menschen aus ganz Deutschland, die man sonst nicht regelmäßig sieht. Ein tolles Netzwerk. Es freut mich zudem sehr, dass ich mit einer Laudatio einen Beitrag zu einem ihrer Spitzenväter-Events leisten konnte.

Was verbinden Sie mit Löwen?

Liebe, Vertrauen, Offenheit – denn mein Rubinhochzeitsbräutigam (40. Hochzeitstag 2015) ist im Tierkreiszeichen des Löwen geboren.

Welchen Werten fühlt sich Ihr Unternehmen verpflichtet?

Dazu zählt die Gleichstellung von Frau und Mann auf allen Ebenen der Betriebshierarchie, auch auf der obersten Ebene der Geschäftsführung. Wichtig sind Betriebsgewinne zur Finanzierung von Investitionen und zur Stabilisierung der unternehmerischen Existenz.

Was bedeutet Innovation?

Ununterbrochene Energiegewinnung und Vitalität für die Bewerkstelligung von Routineaufgaben und neuen, gegebenenfalls auch schwierigen Aufgaben – das ist mein Ziel vielschichtiger Erneuerung. Selbstverständlich soll Innovation den Eigentumswert der Unternehmensgruppe Mestemacher steigern. Bisher ist mir das in Zusammenarbeit mit meinem Mann, meinem Schwager und einem Team von Fremd-Geschäftsführern sehr gut gelungen. Wir haben Mestemacher auf Fitness getrimmt.

Ist Ihr Unternehmen innovativ?

Mestemacher ist von der Dorfbäckerei zum Weltmarktführer avanciert. Anfang des 20. Jahrhunderts wurde es technisch möglich, Weißblechdosen mit geschnittenem Brot zu befüllen, zu verschließen und zu pasteurisieren. Die technische Erneuerung hat die Ehefrau des Firmengründers Wilhelm Mestemacher, Sophie Mestemacher, finanziert und begleitet.

Mestemacher belieferte in den 1920er-Jahren die Handelsschiffe vor allem in Hamburg mit Vollkornbrot und Pumpernickeln in der Dose. Das frisch verpackte Brot war ungeöffnet durch Pasteurisation über zwölf Monate genussfrisch. Die Schiffsbesatzung bekam vitaminreiches und energieförderndes Vollkornbrot von Mestemacher zu essen. Ende der 1950er-Jahre backte Mestemacher im Rahmen der Aktion „Eichhörnchen“ Brot für das Bevorraten in politischen Krisen. Der Warschauer Pakt und die NATO standen kurz vor dem Dritten Weltkrieg und die Bevölkerung legte auf Verordnung der damaligen Bundesregierung Lebensmittelvorräte an.

Das Kunstprojekt „Panem et Artes" brachte ein Grundnahrungsmittel mit Kunst zusammen. War das nur ein smarter Marketinggag?

Mit der Brot-Kunst-Dose „Panem et Artes" fördern wir Malerinnen und Maler dadurch, dass wir im jährlichen Wechsel ausgewählte Malerei auf unseren Brotdosen abdrucken. Ich habe 1994 gemeinsam mit meinem Mann, dem von uns gesponserten Maler Ippazio-Fracasso und dessen Adoptivvater Prof. Baacke die Aktion aus der Taufe gehoben. Ich habe anschließend aus dem Einfall eine internationale Brot-und-Kunst-Dosen-Plattform entwickelt. 2000 wurde der Werbespruch „Mestemacher – the lifestyle bakery" erfunden. Unser gesundheitsorientiertes Brotportfolio wurde breiter und internationaler.

Die Förderung von Kunstinteresse bei der Bevölkerung sowie die finanzielle Unterstützung von Künstlerinnen und Künstlern steht im Vordergrund der Marketingaktion. Die Käuferinnen und Käufer bekommen Brot und Kunst zusammen geliefert und werden für die bildende Kunst sensibilisiert. Die geförderten Künstlerinnen und Künstler bekommen eine Lizenzgebühr und werden in der Bekanntheit vorangebracht.

Welche Innovation würden Sie sich wünschen?

Im Gleichstellungssektor erwarte ich die Steigerung des Frauenanteils in der Geschäftsführung, im Vorstand und im Aufsichtsrat von 30 bis 40 %. Ich gehe davon aus, dass emanzipierte Männer und Väter zur Selbstverständlichkeit werden.

Worin bestehen die größten Chancen?

Chancen, wie oben erwähnt, sind realistisch realisierbar.

Welches Motto treibt Sie an?

Ich wünsche uns Mut und Optimismus. Lasst uns Vielfalt wagen in Bildung,Wirtschaft und Familie! Ich bin überzeugt: Vertrauen und Partnerschaft können Berge versetzen.

Der Erfolgsmacher mit dem Rezept für Glück

Hermann Scherer, Speaker, Bestsellerautor, Unternehmer

Über 3.000 Vorträge vor rund einer halben Million Menschen, 36 Bücher in 18 Sprachen, erfolgreiche Firmengründungen, Vorlesungen und anhaltende Beratertätigkeit – das ist Hermann Scherer. Nach dem Studium der Betriebswirtschaft mit den Schwerpunkten Marketing und Verkaufsförderung in Koblenz, Berlin und St. Gallen etablierte er mehrere eigene Unternehmen, eroberte große Marktanteile und wurde vom Herausforderer der Branchengrößen zum Marktführer. Parallel dazu wurde er internationaler Unternehmensberater, Trainerausbilder und Manager of Instruction der weltweit größten Trainings- und Beratungsorganisation. Dort erhielt er den Platinum Award für höchste Qualität und höchsten Umsatz.

www.hermannscherer.com

Persönliches

Dass ich Hermann Scherer kennenlernte, verdanke ich dem Cover meines Erstlingswerks „Was Männer tun und Frauen wissen müssen – Erfolg durch Networking“. Anlass zur Kontaktaufnahme war eine Werbung, die Scherers „Unternehmen Erfolg“ für ein Event schaltete. Diese hatte mit dem Bild auf meinem Cover verblüffende Ähnlichkeit. Mein erster Gedanke: Abgekupfert. Ich schrieb also eine sehr freundliche E-Mail, in der ich mich darüber „freute“, dass mein Cover so gut gefallen habe, dass „Unternehmen Erfolg“ es verwendet hat, und bat um Unterlassung. Scherzhaft merkte ich an, auf eine Klage gegen einen Kollegen verzichten zu wollen. Man könne sich ja im Gegenzug etwas Nettes für mich überlegen. Hermann Scherer und ich telefonierten und heraus kam: Nichts war abgekupfert. Beide Seiten hatten dieselbe Grafik bei einer Bilddatenbank gekauft und verwendet. Alles in bester Ordnung. Beschenkt wurde ich von Hermann Scherer trotzdem großzügig. Das war der zunächst etwas ruppige Beginn einer Freundschaft.

Doch nun gehört diese Bühne ihm, Hermann Scherer:

Was verbindest du mit Löwen?

Ehrlich gesagt: spontan nichts. Ich habe einmal ein Löwenfell gesehen, das hat mich beeindruckt. Wenn ich kurz darüber nachdenke, fällt mir zu Löwen ein, dass sie viel schlafen, weil sie viel verdauen müssen. Daraus ließe sich ableiten, dass die Ausgeruhtheit zu Spitzenleistungen führt.

Welchen Werten fühlst du dich verpflichtet?

Ich habe es in meinem langen Leben bisher nicht geschafft, ein Wertegerüst aufzubauen, obwohl es dazu sogar Seminare gibt. Die übliche Vorgehensweise wäre danach, 50 Werte zu identifizieren, die zehn wichtigsten davon herauszufiltern, diese zehn Werte auf drei zu verdichten, um dann zu dem einen Lieblingswert zu kommen. Es geht nie um nur einen Wert. Selbst Werte wie Gerechtigkeit, Freiheit, Toleranz und Liebe darf man nicht isoliert betrachten. Ein Wert macht erst in der Verbindung mit anderen Werten einen Wert aus.

Was verstehst du unter Innovation?

Wenn Teile unseres Lebens zu etwas Besserem werden. Das Neue im Leben, in Produkten. Es gibt 30 Innovationsprinzipien, zum Beispiel etwas größer, kleiner, stärker zu machen. Das 31. Prinzip stammt von mir. Es ist die Antwort auf die Frage: Kann man etwas weglassen? Nicht etwas besser zu machen, sondern überflüssig.

Die Rasierer von Gilette sind seit Jahren großartig. Mittlerweile haben sie sechs Klingen, vielleicht sind es demnächst acht. Rasieren muss ich mich trotzdem. Das 31. Prinzip wäre die Antwort auf die Frage: Wie wäre es, wenn kein Bart mehr wächst oder auf eine Länge, die mir gefällt?

Die Gründer von fritz-kola wollten den Cola-Markt erobern. Die Hersteller gingen bei der Entwicklung von fritz-kola nach den 30 Innovationsprinzipien vor. Sie machten ein koffeinhaltiges Getränk stärker. In Lebensmitteln ist Koffein nur in bestimmtem Umfang zulässig. Genau an diese Grenze gingen sie. Der Schokoladenhersteller Lindt war schon immer erfolgreich. Einen großen Sprung nach vorne schaffte er, als er Pralinen kleiner machte. Wer eine große Praline sieht, hat doch gleich schon ein schlechtes Gewissen. Bei den Mini-Pralinen gönnt man sich schon einmal vier oder fünf.

Was macht dich so innovativ?

Wenn ich diese freundliche Unterstellung unterschreiben würde, würde ich sagen: Ich finde immer die Lücke oder das Problem. Der heutige Zustand – so gut er auch sein mag – ist immer der schlechteste.

Ich bin ein Gegner des positiven Denkens. Selbstverständlich soll man freundlich sein, Umgangsformen haben. Das ist nicht gemeint, wenn ich sage, dass miesmufflige Menschen mehr Erfolg haben. Ich bin in hohem Maße miesmufflig. Nie schaue ich mit dem Auge des Lobs, bin stattdessen auf Fehlersuche. Wenn Mitarbeiter mir mit strahlenden Augen etwas vorlegen, enttäusche ich sie meistens schnell, weil ich etwas finde, das man besser machen könnte.

Ich bin hochunzufrieden – mit allen Vor- und Nachteilen, die das mit sich bringt. Die Miesmuffligkeit kann bei mir bis zu der Grenze gehen, an der sich der positive Effekt ins Negative verkehrt. Das Positive ist, dass ich schneller als andere und deutlicher Potenziale erkenne.

Einer meiner Lieblingsätze ist, dass jedes Problem ein noch nicht gegründetes Unternehmen ist. Ein Unternehmer, der Probleme erkennt, ist ein besserer Unternehmer. Ich hätte 30 Ideen für neue Unternehmen. Würde ich das alles machen, würde ich mich verzetteln. Ich bezeichne mich gerne als „Problemtrüffelschwein".

Worin liegen die größten Chancen?

Mit offenen Augen durch die Welt zu rennen in der Kombination, sie mit offenen Augen zu sehen und zudem aus einem anderen Blickwinkel, einer anderen Betrachtungsweise. Chancen liegen in der Art und Weise unserer Weltbetrachtung.

Worin bestehen die größten Risiken?

Die Augen nicht offen zu halten. Zudem beruhen 80 % aller Fehler auf dem Festhalten, in den „Sunk Costs". Wir werfen schlechtem Geld gutes hinterher. Wir wollen den neuen Job, aber den alten nicht aufgeben. Wir wollen einen neuen Partner haben, aber den alten nicht verlassen. Durch das Festhalten gehen die Offenheit und der Mut verloren, neue Dinge anzufangen.

Worin bestehen die Vor- und Nachteile von Fokussierung?

Durch Fokussierung erreicht man sein Ziel. Ich bin der Meinung, Menschen können in ihrem z. T. doch recht langen Leben nur ein bis zwei Aufgaben bewältigen. Das hört sich nach wenig an. Doch die meisten Menschen sind sich dieser Aufgaben nicht bewusst.

Intelligenz ist unser größter Feind. Wir haben die große Fähigkeit, Chancen zu entdecken und zu nutzen. Doch je mehr Chancen man nutzt, desto mehr verheddert sich das Leben, weil man zu viel macht. Wir verzetteln uns. Der Vorteil, sich einer Sache zu verschreiben, ist der, seiner Göttlichkeit näherzukommen.

Wie definiert der Autor der „Glückskinder" Glück?

Glück ist meiner Ansicht nach eine Überwindungsprämie. Glück ist nie auf Dauer, sondern nur sehr kurz. Es gibt einen Begriff, der nicht von mir stammt. Das passive Glück, das aus Achtsamkeit entsteht gegenüber all den kleinen und großen Glücksmomenten. Meine Definition von Glück ist, dass es sich immer dann einstellt, wenn wir etwas geschafft oder geschaffen haben, einen Berg bestiegen, eine Aufgabe gelöst oder ein Buch geschrieben.

Dein Motto?

Im Grunde habe ich keine Zeit, mir darüber Gedanken zu machen. Oder anders: Sobald ich ein Motto habe, schreibe ich darüber ein Buch.

Der Weltreisende: Deutschlands bekanntester Mönch

Dr. Notker Wolf, Abtprimas emeritus der Benediktiner, Autor, Musiker

Abtprimas Dr. phil. Notker Wolf OSB trat 1961 in die Benediktinerabtei St. Ottilien ein. Nach der klösterlichen Ausbildung studierte er Philosophie an der Päpstlichen Benediktiner-Hochschule Sant'Anselmo in Rom, danach Theologie und Philosophie in München, zudem Zoologie, anorganische Chemie und Astronomiegeschichte. Er wurde 1977 zum Erzabt gewählt. Von 2000 bis September 2016 war er als Abtprimas des Benediktinerordens mit Sitz in Rom der höchste Repräsentant von mehr als 800 Klöstern und Abteien weltweit und damit von rund 27.000 Mönchen und Nonnen. Der hohe Herr ist dafür bekannt, dass er die Beziehungen zu den Klöstern und Abteien durch permanentes Reisen pflegt. Ich nenne das „Networking by Traveling".

Persönliches

2008 interviewte ich den Abtprimas in Rom im Kloster Sant'Anselmo – ein wunderbares Gespräch, an das ich sehr gerne zurückdenke. Die schöne Geschichte dazu finden Sie im „Crashkurs Networking – In 7 Schritten zu starken Netzwerken". Ich danke für seine Freundschaft und sein Wohlwollen gegenüber einer Zweiflerin in Sachen Glauben in katholischem Sinne, die jedoch die universalen christlichen Werte für wesentlich für die Zukunft der Menschheit erachtet, die von der französischen Revolution fortgeschrieben wurden – Freiheit, Gleichheit, Brüderlichkeit – heutzutage bitte unter ausdrücklichem Einschluss der Schwestern.

Doch lassen wir den nach St. Ottilien im Allgäu zurückgekehrten Weltreisenden zu Wort kommen.

Lieber Herr Abtprimas, was verbinden Sie mit Löwen?

Das männliche Tier zeichnet sich aus durch Kraft, Stärke und majestätisches Auftreten und, wenn nötig, durch gezieltes Angreifen und Zupacken. Die Löweneltern sorgen sich aber auch liebevoll um die Kleinen und fordern sie heraus, wenn sie ein bisschen herangewachsen sind. Wir sind einmal mit dem Auto auf der Straße nach Daressalam ins Landesinnere gefahren, als wir auf der Straße Löwen liegen sahen. Wir sind auf sie zugefahren, sehr langsam. Sie schauten uns an, erhoben sich und schritten langsam von dannen, geschmeidig und majestätisch.

Wie definieren Sie Glück?

Zufriedenheit, die sich einstellt, wenn man anspruchslos lebt.

Welchen Werten fühlen Sie sich verpflichtet?

Jeder Mensch hat eine unveräußerbare Würde, die ihm von Gott her gegeben ist. Keiner hat das Recht, die Würde eines anderen zu beeinträchtigen. Darin gründet die unantastbare Freiheit jedes Einzelnen: Eigenverantwortung, Freiheit der Rede, der Meinung, der Kreativität ...

Ein Zweites ist die Solidarität: Der Mensch ist nicht als Robinson Crusoe geschaffen, sondern als Mensch unter Menschen. Solidarität bedeutet: Mitverantwortung, Gerechtigkeit, Gleichheit, Großherzigkeit, Barmherzigkeit …

Worin bestehen die größten Chancen?

Immer nach vorne zu blicken und neu anzufangen.

Welche Innovation würden Sie sich wünschen?

Mehr Menschlichkeit und die Freiheit zur Eigeninitiative in unserer Gesellschaft.

Wann wurde Ihnen bewusst, wie wichtig ein Beziehungsnetzwerk ist? Gab es einen Auslöser?

Das war mit von jeher ganz klar: Ich muss Leute fragen. Der heilige Benedikt sagt so schön: Tue nichts ohne Rat, dann brauchst du hinterher nichts zu bereuen.

Hatten Sie einen Mentor/eine Mentorin?

Nein. Der Mentor ist für mich die Regel Benedikts und natürlich das eine oder andere Vorbild. Ich glaube, wir übersehen die Bedeutung der Vorbilder. Es geht nicht darum, dass ich besonders Vorbild sein will, ich bin es automatisch, vom verhaltenspsychologischen Gesichtspunkt aus, denn andere Leute suchen Orientierung. Für junge Menschen, für Heranwachsende ist es sehr wichtig, dass sie z. B. in Lehrern u. a. das Vorbild eines menschlichen Umgangs erleben und auch der Werte. Dahinter steckt eine Einheit von Person und Theorie.

Welches Motto treibt Sie an?

Mein Abtsmotto „Jubilate Deo“: mit Gott bei den Menschen zu sein.

6. Kapitel

6

Wie kommt das Neue in die Welt? – Vom Nutzen der Innovationskompetenz

„Fossiles Denken schadet noch mehr als fossile Brennstoffe."

Spruch auf einer Themenpostkarte des Schweizer Bankhauses Sarasin in Sachen Nachhaltigkeit

„Der vernünftige Mensch passt sich der Welt an; der unvernünftige versucht beharrlich, die Welt sich anzupassen. Deshalb hängt aller Fortschritt vom Unvernünftigen ab."

George Bernhard Shaw, irischer Dramatiker und Literaturnobelpreisträger

„Der einzige Aktivposten einer Gesellschaft ist die menschliche Imagination."

Bill Gates

Ich zögere keine Sekunde, Tieren Kreativität zu attestieren. Manche benutzen Werkzeuge, um an Nahrung heranzukommen: Affen fischen mit Stöckchen Termiten aus Bäumen. Vögel werfen Nüsse aus großer Höhe auf harte Böden, um sie zu öffnen. Hunde und Katzen sind findig beim Ergattern oder Stibitzen von Leckerchen. Löwen können noch mehr: Sie beherrschen ausgefeilte Jagdtechniken, die ein abgestimmtes und flexibles Vorgehen des Rudels verlangen. Sie passen sie den Herausforderungen entsprechend immer wieder an.

Doch sind Löwen auch innovativ? Ich bin das Thema mit einem Perspektivwechsel angegangen – Innovation aus Evolutionssicht.

Wie erwähnt vermögen Löwen in unwirtlichen Gegenden zu leben und Hunger, große Hitze und Durst lange auszuhalten. Sie haben sich über Jahrtausende perfekt an ihre Umwelt angepasst. Erst durch den Menschen erleben sie mit der Zerstörung ihres Lebensraums, hinterhältiger Wilderei und Aufzucht, um als Jagdtrophäe zu enden, Gefährdungen, denen sie chancenlos ausgeliefert sind. Lässt man diesen Aspekt außen vor, kommt man nicht umhin, der Evolution zu attestieren, dass ihr mit den Löwen eine großartige Innovation gelungen ist. Die Löwen leben als einzige Großkatzen im Rudel. Diese Gesellschaftsstruktur des Löwenrudels ist mithin eine perfekte und einmalige Lebensform. Kurz: Der Löwe selbst ist eine Innovation.

Für den Schriftsteller C. S. Lewis ist der Löwe noch viel mehr: Ein wahrer Schöpfer. Gemeint ist der göttliche Aslan, der Held der Chroniken von Narnia, ein verfilmter Weltbestseller. Aslan erschafft das Land Narnia mit seinem wundervollen Gesang. Mit ihm zaubert er die Sterne und die Sonne zuerst in die Dunkelheit. Fast biblisch: Es werde Licht. Und mit jedem Lied entsteht etwas anderes – das Wunder von Narnia. Doch Löwen und singen … Brüllen, knurren, fauchen, okay – aber singen? Es ist ein Fantasyroman oder ein modernes Märchen. Doch auch an Märchen ist immer etwas wahr: Löwen singen auch in der Natur. Ich wüsste es nicht, hätte ich nicht die Bücher vom Löwen-Mann Gareth Patterson gelesen. Am schönsten ist jedoch, dass er im Interview auf die Frage nach seinem beeindruckendsten Erlebnis mit Löwen den Gesang seines Löwenziehsohns Batian ansprach. Nachzulesen in der ersten Löwen-Lounge.

I. Innovationsbegriff

„Innovation" ist ein junger Begriff. 1915 stand er erstmals im Rechtschreibduden. Seit 1940 taucht er immer häufiger auf und ist zu einem der prägnantesten Schlagwörter der Gegenwart verkommen. Heute gilt Innovation als Allheilmittel, mit dem kaum ein Problem unlösbar erscheint. Innovation ist tatsächlich nicht „nice to have". Innovation ist unverzichtbar für das Wachstum und das Wohl von Gesellschaften.

Duden online versteht unter „Innovation" in der Wirtschaft die Realisierung einer neuartigen, fortschrittlichen Lösung für ein bestimmtes

Problem, besonders die Einführung eines neuen Produkts oder die Anwendung eines neuen Verfahrens.

Das Thema Innovation beschäftigt mich persönlich seit mehr als 20 Jahren. Die renommierte Freiburger Anwaltskanzlei, bei der ich nach dem Referendariat mein Berufsleben startete, befasste sich mit den innovativen Ansätzen der Betriebsaufspaltung und anderer legaler Formen der Steuergestaltung. Ein spannendes Thema. Allerdings ist Steueroptimierung eine Sache – kreative Wertschöpfung im Entstehungsprozess von Gütern und Dienstleistungen eine andere.

Beides muss sich jedoch nicht ausschließen. Allerdings sollte der Schuster bei seinen Leisten bleiben und sich steuerliches und anderes Fachwissen zukaufen, wenn er es braucht – selbst wenn es einen hohen Preis hat. „Innovation" kommt auch von „Investition". Man sollte Dinge und Prozesse schon vom Ende her denken und möglichst früh mit dieser Art des Denkens anfangen, nicht nur als Unternehmer bzw. Selbstständiger, sondern auch als Führungskraft und Mitarbeiter – jeder an seinem Platz.

2015 gründete ich gemeinsam mit meinem damaligen Lebens- und Geschäftspartner zur Abrundung des Serviceangebots unserer im Wirtschaftsrecht verankerten Rechtsanwaltskanzlei ein Beratungsunternehmen. Wir suchten nach einem griffigen Firmennamen, der die Idee, die dahintersteckte, umschreibt. Heraus kam „Konzept & Innovation Consulting Coaching". „Konzept" drängte sich förmlich auf, da wir beide immer wieder feststellten, dass auch kluge Menschen häufig ohne genaue Vorstellungen und damit ohne Konzept unterwegs sind.

Ohne gut durchdachte Konzepte ist die Gefahr des Scheiterns groß. „Innovation" war als zweiter Schlüsselbegriff eine perfekte Ergänzung: Ohne Konzept entsteht keine Innovation oder nur eine, die dem Zufall zu verdanken ist. Dem Zufall sollte man sich allerdings weder geschäftlich noch privat ausliefern. Manchmal erreichen einen zufällige Benefits zu spät oder gar nicht. Das heißt nicht, dass man sich nicht an Zufallsfunden erfreuen dürfte. Amerikaner bezeichnen sie als Ausfluss von Serendipity oder Serendipität. Man sollte wissen: Diese Zufallsfunde macht nur der, der generell auf der Suche ist. Das ist so wie bei den Musenküssen: Die Musen küssen nur den, den sie beim Arbeiten antreffen.

II. Innovationsformen

Innovation ist Ziel, im Idealfall auch Ergebnis von Veränderungsprozessen. Was neu ist, ist jedoch relativ. Streng genommen könnte eine Weltneuheit gefordert werden. Etwas weniger absolut gedacht, ist bereits dann von einer Innovation zu sprechen, wenn das Individuum Neuland betritt, sich von Althergebrachtem löst und so zu einer individuellen Novität kommt. Verhaltensänderungen auch nur zu beginnen und neue Vorgehensweisen dann auch noch zu verstetigen, ist mit das Schwierigste, das wir uns vornehmen. Denken Sie nur an das jährliche Massensterben der Neujahrsvorsätze am 2. Januar.

1. Weiterentwicklung

Was wir gemeinhin als Innovation bezeichnen, ist häufig nur eine Weiterentwicklung eines Produkts, einer Dienstleistung. Ich liebe mein iPad, aber letztlich ist die dortige Möglichkeit, sich Notizen zu machen, nichts anderes als ein Ersatz für ein Heft – nur eben mit digitalem Hintergrund. Okay, eines das auch fotografieren und E-Mails versenden kann. Vollständig neue Kreationen wie die Glühbirne oder der Dieselmotor sind selten. Doch sie revolutionieren die Märkte. Und mehr noch: Sie verändern die Gesellschaft.

2. Disruption – der neue Hype

„Disruption" war laut FAZ das Wirtschaftswort des Jahres 2015. Duden online bietet als Synonym für „disruptiv" die Adjektive „zerrüttend, zerreißend, durchschlagend". Im militärischen Kontext bedeutet „disruptiv" auch „brisant" oder „hochexplosiv". So verwenden es viele Manager: Disruption ist Revolution. Innovation wirkt demgegenüber fast klein und bieder. Gemeint sind Ideen, die eine Branche, eine Industrie, den Markt schlagartig verändern.

Am Beispiel Beleuchtung lässt sich Disruption gut verdeutlichen: Gaslampen verdrängten Öllampen und wurden ihrerseits durch die Glühbirne ersetzt. Darauf folgten Leuchtstofflampen und nun sind wir bei LED. Eine ganz besondere Glühbirne stelle ich gleich vor. Disruption bedeutet: Alte Unternehmen gehen unter, die neu aufgetauchten nehmen sich alles. Viele dieser Eroberer kommen aus Kalifornien: Apple, Google und Facebook und auch die nächste Generation wie Airbnb, Netflix und Uber ist dort beheimatet oder hat dort Niederlassungen.

Silicon Valley ist für die meisten der Inbegriff von Innovation, der Ort, an dem die Zukunft gestaltet wird. Visionen, Preise, Unternehmenswerte wachsen dort ins Unermessliche. Immer höher, immer schneller, immer weiter. Kann es ewig so weitergehen? Der Literaturwissenschaftler Prof. Adrian Daub, Stanford University, stellt die Frage, wie fest der Boden ist, auf dem dieses Wachstum gründet. Damit meint er nicht nur den Umstand, dass San Francisco durch die San-Andreas-Spalte extrem erdenbebengefährdet ist.

III. Persönliche Innovationskompetenz

Für mich ist Innovation mehr als nur technisch oder technikgetrieben. Sie nimmt ihren Ursprung im Inneren des Menschen respektive des kreativen Menschen. Unter Innovationskompetenz verstehe ich daher die Fähigkeit, in allen Bereichen bisherige Ansätze zu hinterfragen, Neues zu wagen, Risiken einzugehen und kreative Lösungen zu suchen und ggf. umzusetzen. Ebenso wichtig ist die Lust am Lernen, genauer: am lebenslangen Lernen.

Es bedarf besonderer Eigenschaften, um Innovation zu schaffen. Doch nicht nur besonders Privilegierte, Genies gar wie Albert Einstein sind damit ausgestattet. Jeder kann innovativ sein. Man muss die Innovationskompetenz allerdings zur Entfaltung bringen. Und wie bei allem gilt: Dem einen gelingt es mehr, dem anderen weniger. Doch eines ist sicher: Man kann die Innovationskompetenz trainieren und Arbeitgeber können sie durch geeignete Maßnahmen zusätzlich befördern. Es geht nicht nur um bahnbrechende Erfindungen. Es geht auch um kleine Innovationen im Job, die uns den Alltag enorm erleichtern – Vereinfachungen von Prozessen, die Entwicklung von Modulen, die Redundanzen vermeiden, innovative Präsentationsformen oder neue Formen der Begegnung zum kreativen Austausch.

1. Problemerkennungskompetenz

Der erste Schritt zur Innovation ist, ein Problem zu erkennen und sich auf die Suche nach der Lösung zu begeben. Der Gedanke von Hermann Scherer, dass jedes Problem ein noch nicht gegründetes Unternehmen ist, gefällt mir. Das ist ein kreativer Ansatz.

2. Innovationsfördernde Eigenschaften

Innovatoren und Kreative allgemein – egal ob selbstständig oder angestellt – zeichnen sich durch eine besondere Kombination von Eigenschaften aus, nämlich

- Neugier,
- optimistische Grundhaltung,
- Freude am Entdecken,
- staunen können,
- Leidenschaft,
- Begeisterungsfähigkeit,
- Fantasie,
- Selbstvertrauen und
- Mut, mit Regeln und Mustern zu brechen.

Innovative Menschen beobachten interessiert, lassen Gedanken fließen und sich inspirieren. Sie nutzen ihre Intuition und probieren aus. Überzogene Absicherungsmentalität ist ihnen fremd.

Mein nie entthronter Lieblingsinnovator ist MacGyver, der smarte Held einer Fernsehserie. Er war in der Mischung aus Geheimagent, Abenteurer und Nothelfer in den 1990er-Jahren Kult und ein Wunder an Findigkeit. Mit einer Büroklammer, einem Bindfaden und einem Kaugummi rettete er schon mal die Welt. Das Schweizer Taschenmesser nicht zu vergessen.

Stars wie Madonna und Lady Gaga erfinden sich ständig neu. David Bowie war der männliche Großmeister der steten Veränderung. Und wir sprechen bei allen drei Personen nicht von einem neuen Haarschnitt, den sich auch der Ottonormalverbraucher bisweilen gönnt. Wir sprechen über grundlegende Veränderungen – optisch, inhaltlich, stilistisch. Natürlich sind das schillernde Superstars des Showbusiness, die wenig gemein haben mit Büroangestellten, dem Handwerksmeister, der Chefärztin.

Dass jedoch auch der Mann von der Straße und Lieschen Müller sich verändern sollten, wissen wir nicht erst seit dem Song „Paris" der Band Glasperlenspiel: „Früher waren wir neu, heute sind wir Standard." Hier kommt ein Auszug, den man bis zum Ende lesen sollte:

Paris
Früher waren wir neu – jetzt sind wir Standard.
Oft fängt man richtig an und dann kommt man nicht voran.
Vor dem Fenster fliegen Funken und was wollen wir noch hier unten?
Mach es auf und komm, wir bleiben, bleiben, bleiben – nur nicht hier.
Lass uns raus aus unseren Mustern!
Komm wir fangen mit 'nem Schluss an.

Mit alten Mustern brechen – eine echte Herausforderung, wo wir doch alle zu einem gewissen Grad Gewohnheitstiere sind.

3. Innovationsturbo: Flexibilität und Kreativität

Innovation hat viel mit Kreativität zu tun. Diese basiert ihrerseits auf unendlicher Neugier, breit gefächerten Interessen und jeder Menge Durchhaltevermögen, eine Idee zu verfolgen, und zwar gegen Widerstände und Rückschläge. Deshalb ist die Löwen-Strategie so wichtig, denn sie ermöglicht dies mit ihrem Fokus auf Effektivität und Effizienz.

a) Kreativität als Innovationstreiber

Es gibt unterschiedliche Formen von Kreativität. Wir kennen die Neuausrichtung von Bestehendem. Vieles entsteht durch Analogien. So resultiert die Erfindung des Mähdreschers aus der Überlegung, wenn Haare geschnitten werden könnten, müsse das auch mit Getreidehalmen möglich sein. Als „Evolution" lässt sich Weiterentwicklung von existierenden Produkten bezeichnen. Auch die Variation ist eine Form von Kreativität. Die höchste Form von Kreativität ist meines Erachtens jedoch die, die aus einer Vision heraus entsteht.

b) Neugier

Kinder sind unglaublich neugierig. Für die Jüngsten besteht der Tag ausschließlich aus Neuem und Unbekanntem. Erwachsene wären damit wahrscheinlich überfordert, Kinder gehen damit meistens entspannt um, weshalb man die brennende Kerze, die so schön leuchtet, doch außer Reichweite halten sollte. Fangen Kinder erst einmal zu sprechen an, geht es auch schon los mit den Fragen. Mein

Patenkind brachte mich mit den endlosen, bohrenden Warums nach jeder Antwort auf seine Fragen fast auf die Palme. Dennoch: Neugier ist äußert positiv und nicht zu verwechseln mit dem heimlichen, hinterhältigen Beobachten, Aushorchen und Auspionieren von Leuten.

Es braucht die Gier nach Neuem, damit Innovationen entstehen. Neugierige Menschen sind erfolgreicher und zufriedener. Das Pharmaunternehmen Merck bestätigt mich vollumfänglich durch die im Oktober 2016 veröffentlichte Neugier-Studie, die den Status quo der beruflichen Neugier untersuchte. Ich halte folgende Ergebnisse für sehr aufschlussreich:

- Acht von zehn Mitarbeitern sagen, dass neugierige Kollegen eher Ideen hervorbringen.
- 95 % der Befragten attestieren neugierigen Mitarbeitern und Führungskräften äußerste Zufriedenheit am Arbeitsplatz.
- 63 % der Befragten denken, dass neugierige Mitarbeiter vom Arbeitgeber mehr gefördert werden.

Das belegt den Nutzen der Neugier. Erschreckend ist, dass sich nur 20 % der Befragten für neugierig halten. Das wird verschärft durch den Umstand, dass sich Mitarbeiter zudem beeinträchtigt sahen: 67 % stoßen auf mindestens eine Hürde, wenn sie am Arbeitsplatz Neugier zu erkennen geben. 73 % sehen sich mindestens einer Einschränkung ausgesetzt, wenn sie mehr Fragen stellen.

Um es auf den Punkt zu bringen: Schlappe 20 % der Menschen sind neugierig und diese wenigen werden auch noch entmutigt und behindert. Was bleibt da noch übrig an schöpferischer Kraft? Der Fokus muss auf der Förderung der Neugier liegen. Merck beschreitet diesen Weg mit einer Neugier-Initiative. Ich finde das großartig.

Merck wurde übrigens 2016 vom Science Magazine erneut zum „Top Employer" gekürt und schnitt bei den Kriterien „respektvoller Umgang mit den Arbeitnehmern", „Arbeitskultur im Einklang mit den Unternehmenswerten" und „Loyalität der Mitarbeiter" besonders gut ab.

c) Flexibilität

Wir alle sollten versuchen, unsere Flexibilität zu erhöhen, um Raum für unsere Kreativität zu schaffen. Ein hilfreiches Tool ist der Perspektivwechsel, ebenso der tägliche Kampf mit der Schere in unserem Kopf, die kreative Ansätze früh killt, indem sie sie abschneidet.

4. Innovationsturbo: Einstellung

Unsere Einstellung entscheidet mit über unsere Innovationskraft.

a) Stolzer Teil des Ganzen

Manche Menschen halten sich für ein kleines Rad im Getriebe, ohne zu überlegen, dass jeder einzelne Mitarbeiter, der einen guten Job macht, zum Gelingen des Ganzen beiträgt. Das gilt auch für Tätigkeiten, die oft nicht die Anerkennung erfahren, die ihnen zusteht. Unterschätzen Sie nie die Bedeutung eines Hausmeisters! Er sorgt dafür, dass Strom da ist, das Bürogebäude abgeschlossen wird und in gepflegtem Zustand ist. Die Raumpflegerin beseitigt Ihren Büroabfall und sorgt dafür, dass der Besprechungstisch, den Sie für eine kleine interne Feier zweckentfremdet haben, am nächsten Morgen ohne Glasabdrücke für das erste Meeting des Tages blitzblank zur Verfügung steht.

J. F. K. und der Hausmeister

Es wird von einer schönen Begegnung von John F. Kennedy mit einem Hausmeister in einem Gebäude der NASA berichtet. Auf die Frage des Präsidenten, was er hier tue, antwortete der Hausmeister: „Ich helfe, Menschen auf den Mond zu bringen." Großartig: Er ist stolz auf seine Arbeit und weiß um ihren Anteil am Gesamtvorhaben. Nicht vorenthalten will ich Ihnen die Antwort, die John F. Kennedy dem Hausmeister gab, als der ihn fragte, was er hier mache: Zu seinem Schreck befand sich der Präsident versehentlich in der Damentoilette, wofür er sich denn auch rasch entschuldigte und wahrscheinlich – ganz charming Boy – dazu lachte.

Ich weiß nicht mehr, welcher Unternehmer mir berichtete, dass sein Hausmeister ihn bei der geplanten Anschaffung einer Maschine durch den Hinweis vor finanziellem Schaden bewahrt hatte, dass die erforderliche Stromart im Gebäude nicht verfügbar sei. Man sollte keinen Mitarbeiter gering schätzen.

b) Relativität von Wichtigkeit im Fokus

Man sollte sowohl die eigene Wichtigkeit als auch die Wichtigkeit der Erledigung von Aufgaben in der richtigen Relation sehen. Der Song von Tim Bendzko „Nur noch kurz die Welt retten" erzählt, wie sehr wir uns stressen und auch wie sehr wir unsere Wichtigkeit überschätzen.

Nur noch kurz die Welt retten

Ich wär' so gern dabeigewesen,
Doch ich hab viel zu viel zu tun.
Lass uns später weiterreden.
Da draußen brauchen sie mich jetzt.
Die Situation wird unterschätzt,
Und vielleicht hängt unser Leben davon ab.
Ich weiß, es ist dir ernst, du kannst mich hier grad nicht entbehren.
Nur keine Angst, ich bleib nicht all zu lange fern.
Muss nur noch kurz die Welt retten,
Danach flieg ich zu dir.
Noch 148 Mails checken,
Wer weiß, was mir dann noch passiert, denn es passiert so viel.

Die Frage „Was würde passieren, wenn das erst morgen fertig wird?" relativiert vieles und nimmt unnötige Hektik aus einem Projekt, wobei es nicht darum geht, Dinge vor sich herzuschieben.

IV. Innovationsturbo: Regeneration und Abstand

1. Pause machen

Die Löwen wissen das: Pausen sind erforderlich, um unseren Akku aufzuladen. Wer sich nur im Hamsterrad bewegt, arbeitet wahrscheinlich sehr viel, es fragt sich jedoch, ob der Output den Aufwand wert ist. Ausgeruht und mit etwas Abstand sieht man das Werkstück, an dem man arbeitet, noch einmal ganz anders, bemerkt, was falsch ist oder noch besser hinzubekommen wäre.

Der Bildschirmschoner „Mache zwei Minuten nichts" (http://www.donothingfor2minutes.com) verschafft kurze Pausen. Und doch werden Sie staunen, wie lang zwei Minuten sein können. Der Griff zur Maus oder Tastatur wird zudem mit einem Zurückspringen der Zeituhr bestraft: Es geht von vorne los mit dem Entspannen.

2. Abstand einbauen und Dinge überschlafen

Mein Rat bei allen heiklen oder extrem wichtigen Dingen – Schreiben, Berichten, Auswertungen – oder wenn man sich geärgert hat:

Einfach mal eine Nacht liegen lassen, bevor es an den Feinschliff geht. Einen Tag später sieht vieles anders aus.

V. Innovationsfähigkeit von Unternehmen

Innovationsfähigkeit basiert auf der Kombination von Wissen und Wissensverknüpfung. Das Institut für Innovation und Technik der VDI/VDE Innovation und Technik GmbH hat vier Säulen der Innovationsfähigkeit ausgemacht:

- **Humankapital** resultiert aus dem Qualifikationsniveau, dem Fachwissen und den Erfahrungen der Mitarbeiter.
- **Komplexitätskapital** meint Vielfalt an nützlichem Wissen. Innovation entsteht durch das Zusammenwirken verschiedener Akteure mit unterschiedlichen Kenntnissen und Wissensständen.
- **Strukturkapital** basiert auf den inneren Strukturen und Prozessen. Diese bestimmen die Fähigkeit, vorhandenes Wissen intern zu verknüpfen.
- **Beziehungskapital** resultiert aus den Beziehungen zu externen Partnern. Der Nutzen liegt darin, Wissen über die Organisationsgrenzen hinaus zusammenzubringen.

Sehen Sie es mir nach: Als Networking-Expertin gefällt mir die letzte Säule besonders gut.

Ich greife im Folgenden einzelne Elemente heraus, die plastisch zeigen, wie Unternehmen und Organisationen Innovation beflügeln können. Dies geschieht einerseits durch innovationsfördernde Strukturen, andererseits ist der Umgang mit Mitarbeiter einer der wesentlichen Schlüssel zu Innovation.

VI. Wege zur Innovation in Unternehmen und Organisationen

Unglaubliches wäre möglich, wenn wir es nur zulassen würden. Die Schere im Kopf hält uns jedoch davon ab, Dinge auszuprobieren oder überhaupt in andere Richtungen zu denken. Damit limitieren wir uns. Betriebsblindheit tut ein Übriges.

Zwei Wege führen aus dieser Sackgasse: Zum einen könnten wir an die Stelle des vorschnellen Neins die Frage nach dem Wie setzen.

Zum anderen hilft der unverstellte Blick von außen. Mit der Hilfe Dritter und Strategie wird das Leben bekanntlich leichter.

1. Innovation ist Chefsache

Stillstand ist zwar nicht der Tod, aber in der Regel ein Rückschritt. Das war schon immer so. Doch unsere Welt verändert sich immer schneller und wer sich diesem Tempo nicht annähert oder sich mit ihm arrangiert, wird überrollt. Dies gerät häufig aus dem Blickfeld, wenn alles rundläuft. Leicht schleicht sich eine gewisse Bequemlichkeit ein, gepaart mit einer gewissen Betriebsblindheit, womöglich Saturiertheit. Das ist gefährlich, denn auf dem Markt tummeln sich viele, die noch hungrig sind und mit neuen Ideen, Produkten und Dienstleistungen aufwarten.

Wir können angesichts des hohen Veränderungsbedarfs den Veränderungswillen nicht wegdelegieren und anderen die Verantwortung dafür zuweisen. Eine vollständige Delegation an Mitarbeiter ist nicht einmal dann ausreichend, wenn es sich um die Forschungs- und Entwicklungsabteilung handelt.

Innovation wird eher selten aus dem Controlling oder der Buchhaltung kommen. Innovation ist Chefsache – Selbsttests inklusive, wie bei Forschern üblich. Frank Becker, der Chef von Collonil, dem Marktführer für Schuh- und Lederpflege, putzt an Wochenenden die Schuhe der Familie mit den neu entwickelten Produkten des Hauses höchstpersönlich. Freuen Sie sich auf das Interview mit ihm in der Löwen-Lounge Nr. 5.

2. Innovationsturbo: Kluge Auswahl von Mitarbeitern

Die OECD hat in einer Studie ermittelt, dass in Deutschland jede vierte Stelle falsch besetzt ist. Die Hay Group geht gar von jeder dritten Stelle als fehlbesetzt aus. Das kostet die Wirtschaft Milliarden. Verwaltungen macht es schwerfällig.

3. Kreativitätsförderndes Umfeld und Umgang

Innovation kann nicht erzwungen werden. Man kann jedoch gute Rahmenbedingungen dafür schaffen, die sie begünstigen und gedeihen lässt. Um das Beste in Mitarbeitern zu mobilisieren, bedarf es einer Grundhaltung, die auf Respekt, Loyalität, Behutsamkeit und Fairness beruht. Sie findet ihren Ausdruck in

- einer vertrauensvollen Unternehmenskultur,
- einer angemessenen Fehlerkultur,
- in Spiel- und Freiräumen,
- in der gewollten Durchlässigkeit des Systems für Ideen „von unten" und nicht zuletzt
- in der Belohnung von Eigeninitiative.

a) Flexible Arbeitszeiten und attraktives Arbeitsumfeld

Auch flexible Arbeitszeiten und die Möglichkeit eines zeitbegrenzten Homeoffices gehören zu innovationsfördernden Maßnahmen. Letzteres ist nicht immer möglich, wie Frau Gaede-Butzlaff, die ehemalige Chefin der Berliner Straßenreinigung, bei einem meiner „Suiten-Talks" anmerkte: Straßenreinigung und Müllabfuhr geht eben nicht von zu Hause aus. Bei den meisten Jobs allerdings kann man das hinbekommen.

Die Gestaltung des Arbeitsplatzes und des Arbeitsumfelds hat einen enormen Einfluss auf das Wohlbefinden und kann somit Innovation beflügeln oder töten. Unternehmen gehen das Thema unterschiedlich an. Das ist auch eine Frage der Unternehmenskultur. Großraumbüros sind meines Erachtens wegen ihres großen Ablenkungspotenzials schwierig, wenn sie nicht gut konzipiert sind. Es muss zumindest Zonen geben, in denen konzentriertes, ungestörtes Arbeiten möglich ist. Facebook hat Separees, die Dürr GmbH hat sie auch. Twitter-Gründer Dorsey bevorzugt offene Räume mit Stehtischen, die für alle zugänglich sind, um Serendipity zu befördern. Jeder kann ihn jederzeit ansprechen.

Amazon schreitet in Sachen Workplace höchst innovativ voran: Bis 2018 ist in Seattle die Fertigstellung von derzeit drei kugelförmigen, mit 20.000 Pflanzen gefüllten „Treehouses" – Baumhäusern für die Mitarbeiter geplant. Die Besprechungsräume haben Wände aus Weinreben. Es gibt einen Bach und einen Wasserfall. Dagegen muten Tischtennistische, Spielzeug am Arbeitsplatz und selbst Rutschbahnen bei anderen Unternehmen fast antiquiert an. Ziel ist, die Produktivität und die Zufriedenheit der Mitarbeiter zu erhöhen in einer Stadt, deren City kaum Grünflächen hat.

b) Ideen fördern, nicht killen

Beim Strategieworkshop eines Kunden lernte ich einen erschreckenden Begriff kennen: die sog. Initiativbestrafung. Ich ließ sie mir von Mitarbeitern erklären. Macht einer einen Vorschlag, gibt es zwei Varianten, wie damit umgegangen wird:

In einem Fall wird die Idee sofort kaputt gemacht mit den gängigen Argumenten „Geht nicht", „Haben wir noch nie so gemacht" etc. Im anderen Fall wird der Ball zurückgespielt an den Mitarbeiter: Er soll die Umsetzung übernehmen, was an sich positiv klingt, jedoch als recht höhnisch empfunden wird von Menschen, deren Arbeitsbelastung ohnehin schon bis zum Anschlag reicht. Es gibt noch eine weitere Variante der Initiativbestrafung: Man schiebt lästige Vorschläge von Mitarbeitern und nachrangigen Führungskräften in die „Projekt-Endloswarteschleife."

Wie wäre es, wenn wir, anstatt Ideen zu bestrafen, Vorschläge von Mitarbeitern, aber auch von Vorgesetzten nach dem Motto „Versuche es doch einmal anders" erst einmal unvoreingenommen betrachten und willkommen heißen würden, um dann gemeinsam zu überlegen, was daran gut ist und was nicht. Sind sie gut, sollten wir sie so stark machen, dass sie eine Chance auf Umsetzung haben. Sind sie nicht tragfähig, sind sie vielleicht die Brücke zu einem neuen, ganz anderen Ansatz. Nicht immer nur das Haar in der Suppe zu suchen, wäre doch einen Versuch wert.

Zu den sieben Todsünden gehört es, Mitarbeiter mit der Floskeln „Das hatten wir schon, das hat noch nie funktioniert" abzuspeisen. Mag ja sein, dass etwas irgendwann einmal nicht funktioniert hat. Das heißt noch lange nicht, dass es jetzt nicht doch möglich ist. Es könnten sich frühere technische oder finanzielle Hemmnisse in Luft aufgelöst haben oder Bedenkenträger nicht mehr in Amt und Würden sein. Die Überalterung der Führungscrews ist in vielen Unternehmen/Organisationen ein Problem. Dies und verkrustete Führungskulturen behindern Innovation.

Betriebliches Vorschlagswesen

Ich halte viel vom betrieblichen Vorschlagswesen, wenn es professionell gehandhabt wird. Dazu muss es Vorschläge zügig bewerten und die Bewertungskriterien transparent machen. Die Motivation der Mitarbeiter, Vorschläge einzureichen, steigt mit dem Vorhandensein und der Attraktivität von Prämien. Ich konnte nicht nachvollziehen, weshalb ein Geschäftsführer den Vorschlag, ein betriebliches Vorschlagswesen einzuführen, vehement ablehnte, geht es doch um kostenlose Betriebsberatung aus eigenen Reihen, von Menschen, die ganz nah an Problemstellungen dran sind. Wie schade das unter ökonomischen Gesichtspunkten war, wissen Unternehmen, die über ihr betriebliches Vorschlagswesen jährlich große Summen einsparen, weil Prozesse optimiert wurden oder neue Produkte und Dienstleistungen entstanden.

c) Innovationsturbo: Kraft des Lobens

Lob motiviert, spornt die Fantasie an und macht manchmal sogar glücklich. Es sorgt in jedem Fall für eine gute Arbeitsatmosphäre. Diese ist wiederum ein Ansporn dafür, sich auch künftig reinzuhängen und die Extrameile zu gehen, die es bisweilen braucht. Lob muss allerdings ernst gemeint sein. „Das haben Sie gut gemacht" ist schön zu hören, aber mit einem konkreten Aufhänger hat das Lob noch mehr Nachhaltigkeit: „Diese knifflige Vorstandsvorlage ist Ihnen gut gelungen. Besonders gefällt mir, wie Sie die Verbindung von X zu Y hinbekommen haben."

d) Innovationskiller Erfolgsdruck

Mal schnell, am liebsten gestern schon – wer kennt das nicht? Bauen Sie keinen zu hohen Zeitdruck auf. Ein unrealistischer Zeitrahmen tötet Kreativität und damit Innovation. Erfolgsdruck kann zu Blockaden führen, er kann jedoch auch beflügeln. Wenn das Ruder – aus welchen Gründen auch immer – herumgerissen werden muss, kann Druck (letzte) Kräfte mobilisieren. Jeder Beteiligte weiß, er ist mit in der Verantwortung, damit das Schiff nicht gegen die Wand segelt.

Machen Sie zudem nicht zu viele Vorgaben. Die Mitarbeiter sollen die Gedanken in alle Richtungen schweifen lassen, und sei es auch ins Abseits. Auch das ist okay. Dann hat man auch das gecheckt.

e) Innovationskiller Neid und Missgunst

Der ehemalige Präsident des Bundesverbandes der Deutschen Industrie Dr. Michael Rogowski sagte mir im Interview, wenn er Projekte aufsetzt, achtet er auch darauf, wer dem Projekt schaden könnte. Vorsicht ist die Mutter der Porzellankiste. Manche Leute werden erst dann aktiv und kreativ, wenn sie etwas Innovatives verhindern wollen.

f) Innovationskiller Missachtung des Propheten im eigenen Land

Häufig gilt der Prophet im eigenen Land nichts. Das verhindert Innovation. Bisweilen liegt es daran, dass gute Ideen nicht zu den Entscheidern durchdringen, weil sich Mitarbeiter nicht trauen, sie zu formulieren, oder weil Vorgesetzte im mittleren Management die Idee kassieren.

4. Methoden der Innovationsgenerierung

Es ist möglich, Innovationen systematisch zu generieren und sie nicht dem Zufall und der Kreativität der Mitarbeiter zu überlassen.

a) Innovationschance Brainstorming

Der Begriff „Brainstorming" ist ein wenig in Verruf geraten, bleiben die erzielten Ergebnisse doch häufig hinter den Erwartungen zurück. Das liegt weniger an der Methode als an deren unzureichender Ausführung, z. B. bei schlecht aufgesetzten Meetings. Ich halte Brainstorming für ein gutes und im Grunde einfach zu handhabendes Tool.

Brainstorming vom Feinsten

Wie gut, das zeigt der Mann für die schwierigsten Fälle: Dr. House. Er bringt sein Ärztemitarbeiterteam und sich selbst mit gnadenloser Fragetechnik kombiniert mit überragendem Fachwissen und scharfem Verstand zu Höchstleistungen in Sachen Krankheitsursachenanalyse. Er denkt blitzschnell um. Umsetzungsstark ist der TV-Held auch. Ein wenig brachial, Regeln brechend, um Leben zu retten. Er geht Risiken ein. Der einzige Fehler: Er behandelt seine Leute schlecht und zu Patienten ist er selten freundlich. Feingefühl ist nicht gerade seins, doch die Erfolge sprechen für sich. Er ist besessen vom Kampf um lebensrettende Lösungen für seine Patienten. Mir gefällt er ausgesprochen gut mit seiner Lösungsorientiertheit. Die Jungs sollten mal ein paar neue Folgen drehen.

Manchmal führt die bloße Anwesenheit von Vorgesetzten schon dazu, dass sich Mitarbeiter verschließen wie Austern. Zumindest trauen sie sich kaum, etwas Dummes oder Banales zu sagen, obwohl es häufig gerade die ganz einfachen oder auf der Hand liegenden Dinge sind, die Innovationen befördern. Um das zu vermeiden, sollten kreative Fragestellungen zunächst zwischen Mitarbeitern diskutiert werden, ggf. nach einem ergebnisoffenen Briefing vom Vorgesetzten. Es muss zunächst alles zugelassen sein, bevorzugt das Verrückte.

Sehr hilfreich ist auch die Frage: An welchem Punkt kann uns die Konkurrenz am leichtesten angreifen und daraus Gegenstrategien entwickeln?

b) Walt-Disney-Methode

Walter Elias Disney, der Vater des Zeichentrickfilms, hat schon früh die Basis für eine Kreativitätstechnik gelegt, mit deren Hilfe er seine Ideen und Kreativität – wie auch die seiner Mitarbeiter – förderte. Nacheinander schlüpfen die Beteiligten in drei verschiedene Rollen: in die des Träumers im Sinne von Visionär und Ideenlieferant, des Realisten und Machers sowie des Kritikers, vergleichbar einem Qualitätsmanager oder Controller. Hilfreich kann das Hinzuziehen einer vierten Rolle sein: die des neutralen Beobachters, der einen Gesamteindruck erhält. Die Walt-Disney-Methode ermöglicht es, festgefahrene Denkstrukturen zu lösen und die Dinge aus einem ganz anderen Blickwinkel zu sehen.

c) Innovationsturbo Design Thinking

Design Thinking ist eine Geisteshaltung und eine Methode, zu Lösungen zu kommen. Inspiriert ist sie von der Methodik im Ingenieurswesen und von der Arbeitsweise von Designern. Letztere wird als eine Kombination aus Verstehen, Beobachtung, Ideenfindung, Verfeinerung, Ausführung und Lernen verstanden. Wichtig ist, dass interdisziplinäre Teams gebildet werden und dass zunächst nicht die Lösung im Vordergrund steht, sondern der Ursache des Problems auf den Grund zu gehen. Das wird in Unternehmen häufig vernachlässigt, weil man schnelle Lösungen sucht oder mit vorgefertigten Meinungen und der Schere im Kopf an Dinge herangeht.

d) Innovationsturbo Digitalisierung – digitaler Notstand in den Chefetagen

Digitalisierung ist einer der wichtigsten Innovationstreiber. Sie stellt jedoch zugleich den einzelnen und die Gesellschaft vor große Herausforderungen. Da sie nicht mehr wegzudenken ist, werden wir Formen klugen Umgangs mit ihr finden müssen. Wir haben ein großes Problem: Vorbehalte und Wissenslücken in den Chefetagen. Vor allem eigentümergeführte, mittelständische Unternehmen unterschätzen Tempo und Intensität des digitalen Wandels. Je älter die Vorstände und Geschäftsführer, desto größer ist die digitale Kompetenzlücke. Deshalb fordert der ehemalige Chef des Hamburgischen WeltWirtschaftsInstituts, Thomas Straubhaar, „Nerds und Freaks auf Chefposten".

VII. Bemerkenswerte Innovationen und ihr Entstehen

Innovationen sind Problemlösungen. Doch selten klappt es mit der Innovation sofort. Ihre Geschichte ist häufig die von Zurückweisung, Ausgelacht- und Ausgegrenztwerden. Das sind klassische Begleiterscheinungen fast aller erfolgreichen Erfindungen. Viele erblickten nur deshalb das Licht der Welt, weil die Innovatoren nicht nur fleißig waren, sondern über enormes Durchsetzungs- und Durchhaltevermögen verfügten. Louis Pasteur soll gesagt haben: „Ich will euch mein Erfolgsrezept verraten: Meine ganze Kraft ist nichts als Ausdauer."

Lassen Sie uns einen Blick auf einen königlichen Innovator, Prinz Charles von England, werfen, dessen Ideenreichtum und Humor ich außerordentlich schätze. Prinz Charles wurde Anfang September 2016 zu seinem Erstaunen mit einer Auszeichnung geehrt: „Londoner of the Decade" – Londoner des Jahrzehnts. Seine Dankesrede ist in jeder Hinsicht bemerkenswert:

„Wie ich annehme, habe ich die meiste Zeit meines Lebens mit dem Versuch verbracht, Dinge vorzuschlagen und zu initiieren, bei denen sehr wenige Leute den springenden Punkt sahen oder, offen gesagt, zu der Zeit dachten, das sei blanker Unsinn. Vielleicht beginnen nun manche von ihnen in all dieser offenkundigen Verrücktheit etwas Pionierhaftes zu erkennen.

Jede Form der Pionierarbeit hat Momente, die dich veranlassen, deinen Atem anzuhalten und deine Daumen zu drücken. Es ist gut möglich, dass alles schrecklich schiefläuft. Da ist eine feine Linie zwischen dem Erfolg einer guten, ursprünglichen Idee und einem vollständigen Desaster. Wenn etwas scheitert, scheitert es, aber wenigstens hast du es versucht – und ich könnte immer sagen, dass eine meiner Pflanzen mir gesagt hätte, dies zu tun! Als ich mein „Duchy

Originals"-Lebensmittelunternehmen vor 25 Jahren gründete, war genau das der Fall. Als wir unsere ersten Bio-Haferkekse auf den Markt brachten, gab es Klatschspaltenüberschriften wie ‚Ein angestaubtes Mitglied des Königshauses'."

Auch der Rest der Rede ist ebenso humorvoll wie mit Wahrheiten gespickt. Die Beschreibung, dass Erfolg und Misserfolg dicht beieinanderliegen, ist allzu richtig. Wahr ist aber auch, dass viele Menschen zu früh aufgeben, nur wenige Meter vom Durchbruch entfernt.

Manche Erfindungen sind „Abfälle" der ursprünglichen Idee. Wieder andere Erfindungen bauen auf Ideen anderer Innovatoren auf, die einen Teilaspekt zulieferten oder deren Arbeit fortsetzten. Manche erlebten den Erfolg ihrer Erfindungen nicht mehr. Wie auch Künstler zu Lebzeiten häufig der Erfolg versagt bleibt. Man denke nur an Amedeo Modigliani, van Gogh und viele mehr.

Folgende Beispiele zeigen, was möglich ist, und auch, wie schwer der Weg zum Ziel sein kann. Einige weltverändernde Innovationen sind auch dabei.

1888: Erfindung der Kodak-Fotokamera

Wie erwähnt, wäre Kodak als Unternehmen beinahe an disruptiven Entwicklungen gescheitert. Hier kommt die vorangegangene Erfolgsgeschichte: Der Hobbyfotograf und Schulabbrecher George Eastman erfand die erste einfach zu bedienende Kamera für den Kunden. Er wollte Fotografie so bequem machen wie einen Bleistift. Der Slogan war legendär: „Sie drücken den Knopf, wir machen den Rest." Ein komplizierter Prozess wurde so einfach und erschwinglich, dass er es fast jedem ermöglichte zu fotografieren. Die Kamera konnte leicht getragen und während des Fotografierens gut gehandhabt werden. Sie kostete 25 Dollar. Nach den Aufnahmen wurde die gesamte Kamera eingeschickt, der Film entwickelt, die Abzüge gemacht und ein neuer Film eingelegt – für 10 Dollar. Eastman stützte sein Geschäft auf vier Grundprinzipien: Der Fokus lag auf dem Kunden, der Massenproduktion zu niedrigen Kosten, weltweitem Vertrieb und extensiver Werbung.

1900: Erfindung des Zeppelins

Ferdinand Graf von Zeppelin war einer der wichtigsten Luftfahrtpioniere, der an seiner Idee von 1874, den Luftraum mit starren Luftschiffen zu erobern, trotz Rückschlägen festhielt. Der erste Zeppelin stieg schließlich 1900 auf. Das vorläufige Aus für seine

Luftschiffe aufgrund der Versailler Verträge erlebte der Graf ebenso wenig wie deren zweite Blüte unter seinem Nachfolger und das zweite Aus durch den Untergang der Hindenburg in Lakehurst 1937 und den Zweiten Weltkrieg. Heute sieht man wieder Zeppeline über dem Bodensee. Sie dienen Tourismus- und Forschungszwecken. Im Zeppelin Museum in Friedrichshafen kann man einen Zeppelin betreten. Sehr beeindruckend.

1913: Erfindung des Fließbandes

1902 kam Ransom Eli Olds auf die Idee, Autos, seine Oldsmobile, auf Rollgestellen zu produzieren. Das war ein enormer technischer Fortschritt, jedoch nichts im Vergleich zur Erfindung des Fließbandes durch Henry Ford, einem Farmerjungen aus ärmlichen Verhältnissen. Ford ersetzte die rollenden Holzgestelle durch ein einzelnes Fließband. Die Produktionssteigerung war so groß, dass Ford die Preise senken und gleichzeitig die Löhne erhöhen konnte. Sein Model T war nahezu ein Wunder an einfacher Bedienung und Reparaturfreundlichkeit. Es war bis 1972 mit 15 Millionen Pkw das meistverkaufte Auto der Welt, bis es von einer anderen Legende, dem VW Käfer, abgelöst wurde.

1949: Erfindung der Kreditkarte

Die Kreditkarte wurde erfunden, weil der amerikanische Unternehmer Frank McNamara bei einem Dinner sein Essen wegen seiner vergessenen Geldbörse nicht bezahlen konnte. Danach gründete er einen Club, dessen Mitglieder in 14 Restaurants in New York bargeldlos bezahlen durften. Der Diners Club war geboren und mit ihm eine vollständig neue Art des Bezahlens.

1960: Antibabypille

Dank sei dem Erfinder der Pille, dem bulgarischen Chemiker Carl Djerassi, denn sie verschafft(e) Frauen sexuelle und auch wirtschaftliche Freiheit. Unverheiratete Frauen hatten bis dahin das wirtschaftliche und sonstige Risiko einer ungewollten Schwangerschaft oft allein zu tragen. Häufig war ihr Leben ruiniert. Die Gesellschaft grenzte sie aus, während der Kindsvater sein Leben unbehelligt weiterleben konnte.

1982: Erfindung der Emoticons

Ein offener Kreis von Forschern diskutierte tagelang, wie man im Intranet der Carnegie Mellon Universität ironische Aussagen als solche markieren könnte. Der Informatiker Scott Fahlman schlug die Zeichenkombination :-) vor. Minimalkommunikation nenne ich das. Der Siegeszug der Emojis begann.

2015: Erfindung der Alarmanlagenglühbirne

Im Frühjahr 2017 kommt sie auf den Markt: die Alarmanlage von Comfylight. Dass sie als optimierte Glühbirne geplant war, erfuhren die Gäste bei der Präsentation des SZ Magazins „Plan W. Frauen verändern Wirtschaft" von Miterfinderin Stefanie Turber. Die „Glühbirne" ist super intelligent: Sie erkennt Bewegungsmuster der Bewohner und meldet Fremdbewegungen. Und mehr noch: Ist der Bewohner nicht zu Hause, schaltet sie sich nach seinem Verhaltensmuster selbst an. Genial. Das wird den Alarmanlagenmarkt aufmischen: kostengünstige, einfach handhabbare Sicherheit für jeden Haushalt mit ein bis drei Glühbirnen zu jeweils ca. 130 Euro als Grundausstattung, die untereinander kommunizieren.

2016: Erfindung von Nap-Lounges in Hongkong

In Hongkong gibt es eine neue Form von „Stundenhotels". Doch die Gäste bleiben kaum mehr als 30 Minuten und schon gar nicht aus romantischen Gründen. Es geht um Power-Nickerchen gestresster Angestellter in der Mittagspause und um etwas Privatsphäre in einer übervollen Stadt. Arianna Huffington propagiert seit Jahren Powernapping und auch ansonsten viel Schlaf, um ausgeruht zu sein. Das wussten die Löwen ohnehin. Sie erinnern sich: Sie dösen oder schlafen 20 Stunden pro Tag.

Oktober 2016: Selbstfahrender Truck

Im Juli 2016 kaufte Uber Technologies Inc. das Start-up Otto, einen Entwickler autonomer Fahrzeuge, und entwickelte gemeinsam den ersten selbstfahrenden Truck. Schon Ende Oktober 2016 lieferten Uber und das Transportunternehmen Anheuser-Busch InBev NV damit die erste kommerzielle Fracht in den USA aus: 50.000 Flaschen Budweiser. Man mag fast an ein Grundnahrungsmittel denken. Der Lkw legte mit Polizeischutz eine Strecke von rund 193 Kilometern zurück. Der Fahrer überwachte die Fahrt lediglich von der Schlafkabine aus. Anheuser-Busch InBev NV würde in den USA durch autonome Trucks jährlich 50 Millionen US-Dollar sparen.

VIII. Innovationstreiber Kunde

1. Kundenanforderungen

In unserer schnelllebigen Zeit erwarten Kunden Innovationen. Es gibt neben der Attraktion des günstigen Preises nach dem Motto „Geiz ist geil“ ein Lechzen nach Innovationen, die richtig Geld kosten dürfen. Man denke nur an die in langen Schlangen vor den Apple Stores campierenden Apple-Fans, wenn ein neues Produkt herauskommt. Trends zu kreieren, gelingt nicht jedem Unternehmen. Dem Kunden aufs Maul zu schauen, wie es Martin Luther ausdrücken würde, ist jedoch nicht nur möglich, sondern unerlässlich, um zu wissen, wie er tickt. Das macht Marktforschung und das Einholen von Feedback so wichtig.

2. Einbeziehung und Analyse von Kunden

Da Unternehmen mit Kunden gemeinsam zu Produkt- und Dienstleistungsinnovationen kommen können, kann es sinnvoll sein, Kunden früh in Denkprozesse miteinzubeziehen, und dies nicht nur wegen ihrer Anwenderkompetenz. Manche Unternehmen machen Workshops mit Kunden, andere nutzen das Internet, um ihre Softwareprodukte zu konzipieren, zu gestalten und zu testen. Ziel ist, Kunden- und Nutzerbedürfnisse möglichst früh zu erkennen und zu berücksichtigen. Ebenso soll vermieden werden, Angebote am Markt vorbei zu entwickeln. Der TÜV Süd, E.ON und die Postbank beteiligen Nutzer an der Entstehung neuer Angebote: Das reicht von der Trendbeobachtung bis zur Ideengenerierung und exklusiven Prototypentests.

Der Satz „Kunden sind wie Rückspiegel, sie orientieren sich an dem, was sie kennen“ beinhaltet viel Wahres. Daher sollten sich Unternehmen vor allem Gedanken dazu machen, was es an noch unbekanntem Bedarf bei Kunden gibt, und dafür Lösungen kreieren. Vorausdenken, nicht zurückschauen. Reines Verbessern ist auf Dauer zu wenig.

3. Kundenorientierung

Der Kunde ist das Wertvollste, das wir neben unserer schöpferischen Arbeitskraft haben. Doch noch immer kann man den Begriff der „Servicewüste Deutschland“ nicht ad acta legen. Zudem haben viele Unternehmen keine wirkliche Beziehung zu ihren Kunden: Sie verkaufen Produkte und Dienstleistungen. Das war's. Dabei lohnt es, langfristige Beziehungen aufzubauen und zufriedene Kunden als Multiplikatoren und potenzielle Ideengeber zu betrachten.

a) Entertainment

Selbst guter Service reicht nicht mehr aus. Wir brauchen einerseits mehr Entertainment in einem Meer vergleichbar guter Produkt- und Dienstleistungsangebote und andererseits viel individuelleres Eingehen auf Kunden.

Die „Autostadt“ in Wolfsburg hat als Erlebniswelt von VW ein geniales Konzept – sie bietet seit 2000 Spaß und Information für die ganze Familie, und Autos kann man auch noch abholen. An dieser Einschätzung ändert auch der Abgasskandal bei VW nichts. Die etwas jüngere, 2007 eröffnete „BMW Welt“ in München ist nicht weniger beeindruckend – architektonisch und konzeptionell. Daimler punktet mit der „Mercedes-Benz Welt“ in Stuttgart und der „Mercedes Welt“ in Berlin.

Das Stichwort „Kunden begeistern“ steht auf vielen Tagesordnungen von Unternehmen und Verwaltungen. Leider wird es nur selten gelebt. Die AOK PLUS Sachsen/Thüringen schafft es tatsächlich, ihre Kunden zu begeistern. Sie tut es mit einem Doppelpack aus attraktiven Produkten und exzellentem Service. Sie liegt nun in den Rankings vor dem langjährigen Branchenprimus, der Techniker Krankenkasse. Begeisterung ist Chefsache und zugleich Thema jedes einzelnen Mitarbeiters, des Kundenberaters ebenso wie des Spezialisten. Kunden werden befragt, Mitarbeiter geschult, es wird evaluiert und ggf. feinjustiert. Ein stimmiges Konzept.

b) Beschwerden – die kostenlose Betriebsberatung

Wir sollten Beschwerden – jedenfalls die konstruktiven – lieben: Sie sind im Grunde kostenlose Betriebsberatung und können dabei helfen, bislang nicht gekannte Schwachstellen aufzudecken, Prozesse zu überdenken, Mitarbeiter besser zu schulen oder als Ultima Ratio mit anderen Aufgaben zu betrauen, wenn es mit der Kundenorientierung nicht zum Besten steht.

Von meiner Großmutter väterlicherseits hörte ich von Kindesbeinen an: „Der Kunde ist Kunde.“ Das gilt auch dann, wenn er nicht recht hat und womöglich zänkisch daherkommt. Wir alle sind Dienstleister und haben auch dann professionell und zuvorkommend zu agieren, wenn es nicht rundläuft. Ein paar Goodies sind zudem meistens drin und eine gute Investition. Jede Beschwerde ist eine Chance: Wer sich beschwert, kann noch zu einem zufriedenen Kunden werden. Viel schlimmer ist, wenn Kunden dem Unternehmen ohne Rückmeldung den Rücken kehren, dann aber jedem, der es hören oder auch nicht hören will, ihr Leid klagen. Das führt unter Umständen zu großem Flurschaden.

IX. Innovationsturbo Ausbildung und Wissen

Dem Instrument der Ausbildung – der schulischen wie betrieblichen – kann nicht genug Aufmerksamkeit gewidmet werden. Ausbildung und Bildung sind die Aktivposten einer Gesellschaft, die langfristig der Wertschöpfung dienen. Und mehr: Qualifizierte Menschen haben ganz andere Möglichkeiten, ihr berufliches, aber auch privates Leben zu gestalten. Wir sollten mehr in Bildung investieren. Wir brauchen mehr vernetztes Denken und Menschen, die interdisziplinär arbeiten können, um den immer komplexer werdenden Themen und Aufgaben der globalisierten Welt gerecht zu werden.

1. Wunderwaffe Generalisten?

Lange wurde das Spezialistentum über alle Maßen gepriesen. Gewiss: Es hat seine Berechtigung. Allerdings sind Generalisten bisweilen besser geeignet, mit Komplexität umzugehen. Die Lösung sind gemischte Teams, bestehend aus unterschiedlichsten Disziplinen.

2. Interdisziplinäre Teams

Einen interessanten Ansatz verfolgt die private Zeppelin Universität (ZU) in Friedrichshafen. Ihr Gründungs-Slogan lautete: „Zwischen Wirtschaft, Kultur und Politik problem- und lösungsorientiert zu denken und nicht in spezifischen gesellschaftlichen Denkmustern und wissenschaftlichen Disziplinen verhaftet zu sein, macht den Blick frei für gesellschaftlich relevante Lösungen." Auf ihrer Website schreibt die ZU: „Wir feiern Fragen. Die Frage ist Ursprung und Ausgangspunkt von Wissenschaft." Ich meine, Fragen sind auch der Ursprung von Innovation.

Wir brauchen tatsächlich eine neue Generation von Managern, die in der globalisierten Wissensgesellschaft mit allen Schwierigkeiten des Transformationsprozesses umgehen können, und zwar verantwortlich, nachhaltig und der nächsten Generation verpflichtet. Um gesamtgesellschaftliche Verantwortung zu entwickeln, bedarf es der Offenheit und des Verständnisses für Kulturen, aber auch für das Vernetzte und Unverständliche im eigenen Arbeitsumfeld.

Mir gefällt, dass sich die ZU als „Anregungsarena“ versteht. Ein großartiger Ansatz auch für Unternehmen und Institutionen: Wir brauchen Arenen, in denen der Virus des Denkens erwünscht ist und dessen Ansteckungsgefahr in jeder Hinsicht gefördert wird.

3. Think Tanks

Think Tanks finde ich großartig. Einen Think Tank und dessen Gründer Dr. Stephan Sigrist kenne ich seit vielen Jahren gut und bin nach wie vor davon begeistert, welche Themen wie angegangen werden: W.I.R.E., eine Ausgründung der ETH Zürich. 2009 hatte mich eine Seminarteilnehmerin zu einer hochkarätigen Kick-off-Veranstaltung in der Schweizer Botschaft in Berlin eingeladen, eine „Warp Conference – Speed Dating the Future“. Sie stand unter dem Motto „Nachhaltigkeit ist tot – Lang lebe Nachhaltigkeit“. Der Event brach mit üblichen Formaten und Eventgewohnheiten. Die bunt gemischten Teilnehmer hatten keine Namensschilder, sie sollten sich selbst bekannt machen und zudem keine „Inhaltskonsumenten“ sein, sondern sich aktiv beteiligen. Es fanden mehrere Speeddatings statt – damals ein Novum. Das Besondere war, dass jeweils zwei Gesprächspartner Karten zu Zukunftsthemen auswählen konnten und gefordert waren, hierzu Gedanken und Lösungsansätze in acht Minuten zu entwickeln. Eine spannende Geschichte. Ein unvergesslicher Abend mit viel Anregung. Weitere folgten.

4. Implementierung von Start-up-Kultur in Konzernen

Schwierig finde ich, wenn Konzerne sich auf die Fahne schreiben, intern eine Start-up-Kultur implementieren zu wollen. Der Ozeandampfer und das Schnellboot – völlig verschiedene Arbeitskulturen, vor allem konträre Entscheidungsfindungsformen. Konsequenter erscheint mir, sich an Start-ups zu beteiligen oder einen eigenen Think Tank zu initiieren.

5. Innovationsturbo: Vernetzung von Unternehmen und Forschungseinrichtungen

Die Vernetzung von Wirtschaft und Wissenschaft sollte viel häufiger und systematischer angegangen werden. In Berlin geschieht dies sehr erfolgreich im Technologiezentrum Adlershof.

6. Exkurs: Moderner Analphabetismus

Es gibt noch immer Analphabeten. Auch in Deutschland. Das war lange ein Tabuthema. Noch trauriger ist, dass wahrscheinlich 95 % der Weltbevölkerung auf besondere Weise Analphabeten sind: Sie können nicht codieren. Dabei ist Codieren eine universelle Weltsprache. Die Chefredakteurin der Wirtschaftswoche, die Kommunikationswissenschaftlerin Miriam Meckel, schrieb in der Wirtschaftswoche vom 7. Oktober 2016, dass mit Codierung über die Zukunft unserer Wirtschaft verhandelt werde. Sie lenke als Zahlenreihe aus Nullen und Einsen unsichtbar die digitale Maschinerie der Gegenwart und schreibe gleichzeitig die Gesetze der Zukunft. Und auch Facebooks Chief Operating Officer Sheryl Sandberg, die Chefin für das Tagesgeschäft im Reich von Mark Zuckerberg, hält das Programmieren für die Weltsprache der Zukunft. Sie selbst kann nicht programmieren. Mir und den meisten von Ihnen geht es wohl nicht anders.

Es ist überfällig, Grundwissen der Codierung an den Schulen zu lehren. Das gilt im Übrigen auch für die Grundlagen der Medien(nutzungs)kompetenz, damit all die wunderbaren Dinge, die die Digitalisierung uns ermöglicht, nicht zu einem Bumerang werden, der uns zur Strafe mit vertrödelter Zeit erschlägt, weil wir die Möglichkeiten nicht sinnvoll nutzen.

X. Umsetzung von Innovation und ihre Folgen

Vieles wird durch zu hohe bürokratische Anforderungen verhindert: Die gerne zitierten Garagengründungen von Steve Jobs und Steve Woszniak, aber auch von Bill Gates wären bei uns nicht möglich gewesen. Zahlreiche gute Ideen scheitern an der Umsetzung, weil nicht genügend Geld da ist für die serienreife Produktion oder weil die Mittel für breit angelegte Studien fehlen. Noch mehr scheitert an nicht mitgedachten Vertriebswegen und nicht miteingeplanten Marketingbudgets.

Insbesondere wenn Innovation mit Technologie verbunden ist, kann der bewirkte Fortschritt von Gefahren begleitet sein – realen und eingebildeten. Innovationen lösen häufig Ängste aus. So wird behauptet, dass Ärzte annahmen, die hohe Geschwindigkeit der ersten Eisenbahnen von 30 Stundenkilometern würde die Reisenden krank machen.

Die Österreichische Soziologin und Wirtschaftsforscherin Helga Nowotny vertritt die interessante Theorie, dass die Verbreitung einer neuen Technologie neue soziale Organisationsformen nach sich zieht, um die technischen Neuerungen in einer für die Gesellschaft akzeptablen Weise auffangen zu können. Mich hat sie mit folgenden Beispielen überzeugt:

Erfindung der Dampfmaschine

Das durch die industrielle Revolution im 19. Jahrhundert völlig veränderte Arbeitsleben hatte letztlich die Einführung des Versicherungswesens zur Folge, um die Risiken von Arbeitsunfällen, Berufsunfähigkeit und Rentenalter zu bewältigen und den Sozialstaat aufzubauen.

Erfindung des Automobils

Das Auto hätte angesichts des enormen Gefährdungspotenzials keine Erfolgsgeschichte werden können, hätte man nicht für alle geltende Verkehrsregeln entwickelt, um die Sicherheit zu gewährleisten.

Zusammenfassung

Nur der Fokus auf das Neue und Außergewöhnliche und die Freude am Experimentieren führt zu Innovationen. Nur das bringt uns voran. Verlassen Sie ausgetretene Pfade, tun Sie bisweilen etwas Verrücktes. Sorgen Sie für möglichst viel Inspiration. Fahren Sie einmal mit einem Fesselballon oder fliegen Sie mit einem Tandemgleitschirm. Wer es harmloser mag, kann nach langer Zeit mal wieder in ein Museum gehen, ein Konzert besuchen, irgendetwas, was den normalen Alltag sprengt, um zu schauen, was passiert. Mal nicht den Urlaub in den Bergen buchen, sondern nach New York fliegen oder ans Meer. Echter Tapetenwechsel. Oder wie Opel in seiner Werbung formuliert: Umparken im Kopf.

7. Kapitel

7

Von Chancen und Risiken, Glück und Zufall

„Die größte Option steckt in der persönlichen Veränderung."

US-Moderatorin und Milliardärin Oprah Winfrey

„Keiner erwartete, dass es einfach sein würde – Veränderung ist niemals einfach –, es braucht Zeit, Mühe und Hingabe.

Barack Obama zur Einführung von ObamaCare

„Denken ist die schwerste Arbeit, die es gibt. Das ist wahrscheinlich auch der Grund dafür, dass sich so wenige Leute damit beschäftigen."

Henry Ford

Wir wären erfolgreicher, wenn wir die Chancen, die sich uns bieten, so konsequent nutzen würden wie Löwen. Entsprechend fokussiert zu sein, würde Freiraum schaffen. Der Preis: Abschied von Routinen, die Umsetzung der Entscheidung, konzentrierter, mutiger und entschlussfreudiger zu sein.

Obwohl Löwen versierte Jäger sind, gehen acht von neun Beutezügen daneben. Das kann in Jahren mit geringerem Nahrungsangebot wegen Trockenheit und Dürre dramatische Folgen haben, denn es geht um Nahrungsbeschaffung für ein ganzen Rudel mit bis zu zwölf Löwen, zu der ohnehin nur ein Teil der Tiere beitragen kann: Die Löwenbabys bleiben außen vor und für die Heranwachsenden gilt bisweilen: Nicht stören ist auch helfen. Sie sind Azubis und auf den Jagderfolg der Mütter angewiesen. Auch herumstreifende Junggesellenteams müssen mehrere Bäuche füllen.

Da Löwen nie wissen, wie lange es dauern mag, bis sich eine neue Gelegenheit ergibt, Beute zu machen, ist die Wahrnehmung jeder kleinen Chance ein Muss. Also greifen sie zu – in ihrem Fall: greifen sie an. Zunächst lauernd, geschickt dem Gelände angepasst, jede Deckung nutzend und mit verteilten Aufgaben. Die einen treiben den anderen das Wild entgegen. Die Jungspunde lassen keine Gelegenheit zum Üben aus und werden mit jedem Versuch bessere Jäger. Aus drei tollpatschigen Welpen wurden in einer arte-Reportage die drei „Killercousins". Was sie nicht lernen mussten, war, wo der tödlichen Biss zu platzieren ist – in die Kehle. Das verriet ihnen ihr angeborener Instinkt.

Löwen haben nicht nur Geduld und Intuition für den richtigen Augenblick des Zuschlagens. Sie haben eine weitere herausragende Eigenschaft: Sie sind frustrationsresistent. Sie müssen es auch sein, bei den vielen Fehlschlägen bei Beutezügen, die sie trotz enormen Körpereinsatzes, gefährlichen Verletzungen und Stunden des Wartens, Heranpirschens und Jagens hinnehmen müssen.

I. Erfolgsfaktor Chancenkompetenz

Menschen möchten Erfolg haben, vorankommen, glücklich sein. Chancen dafür gibt es viele. Täglich. Vielleicht wartet die größte Chance Ihres Lebens sprichwörtlich hinter der nächsten Ecke. Doch es gibt sie nicht zum Nulltarif. Wir müssen schon etwas dafür tun. Zumindest nachsehen, was hinter der nächste Ecke oder Biegung ist. Das ist häufig nicht einmal ein großer Aufwand, und selbst wenn: Den müssen wir auf uns nehmen, um überhaupt Gelegenheit zu haben, die Chance zu erkennen und zu bewerten. Was wir damit machen, steht auf einem anderen Blatt.

Wer nichts verändert, bekommt das, was er immer bekommt oder was andere ihm zuteilen, schlimmstenfalls übrig lassen vom gedeckten Tisch. Das hat wenig mit einem selbstbestimmten Leben zu tun. Würden wir uns nicht beschweren, wäre das nicht schön, aber okay.

Doch Unzufriedenheit ist nicht nur weit verbreitet, sondern auch leicht erkennbar. Das fängt schon damit an, mit welch missmutigen Mienen Menschen herumlaufen, „Fressen ziehen", wie der Berliner zu sagen pflegt. Das macht nicht sympathisch, sondern stößt andere ab und zerstört in einem sehr frühen Stadium Möglichkeiten netter Gespräche und interessanter Zufallsbekanntschaften.

Häufig kommt Unzufriedenheit im Verbund mit Neid daher: Selbst nichts tun, aber den anderen, den Rührigen den Erfolg, den tollen Job, die Beliebtheit, den attraktiven Lebenspartner, die schicken Urlaube, die Zufriedenheit und so weiter nicht gönnen. Das tut den Neidern nicht gut und verbessert die Lage nicht. Im Gegenteil: Die Laune geht in den Keller. Ich nenne das verschwendete Zeit und Energie. Jeder sollte sich auf seine Chance konzentrieren und fokussiert versuchen, die Schätze zu heben, die es zu heben gibt.

1. Chancenbegriff

Duden online bietet zwei Definitionen für Chance:

- günstige Gelegenheit, Möglichkeit, etwas Bestimmtes zu erreichen
- Aussicht auf Erfolg

Wo Ihre persönlichen Chancen liegen, richtet sich bekanntlich vor allem danach, was Sie erreichen wollen, wie Sie persönlichen Erfolg definieren. Für den einen bedeutet Erfolg ein hohes Gehalt, schneller beruflicher Aufstieg, große Budgets, Auftragsvolumina und Mitarbeiterzahlen und die Internationalität des Wirkungskreises. Andere messen Erfolg an der Sinnhaftigkeit ihrer Aufgaben/Projekte und der Nachhaltigkeit ihres Tuns. Der Erfolgsbegriff kann in unterschiedlichen Lebensphasen variieren, weil sich die Prioritäten oder Lebensumstände ändern. Die Generation Y legt zudem mehr als jede Generation zuvor Wert darauf, Berufliches und Privates verbinden zu können, das Stichwort ist „Work-Life-Balance“. Laut der erwähnten „Generation What?“-Studie ist für die Jüngeren Erfolg gleich Glück.

Doch nicht nur Menschen haben Ziele und Erwartungen, sondern auch Unternehmen, Organisationen und die öffentliche Hand. Daraus resultieren Vorgaben oder Gewinnerwartungen. Egal wie verschieden Erfolg im Hinblick auf den Geschäftszweck oder die Aufgaben definiert wird – alle stehen unter Erfolgsdruck und müssen Ergebnisse abliefern.

Es bedarf vielfältiger Kompetenzen, um zu reüssieren. Viel zu selten sind die Erfolgsfaktoren Chancen- und Risikokompetenz im Fokus – vom Leistungssport einmal abgesehen.

2. Chancenkompetenz

Chancen zu erkennen und Risiken richtig einzuschätzen, manchmal in der Kürze eines Augenblicks, ist ein enormer Wettbewerbsvorteil für den, der das kann. Gerne spreche ich von der Chancen-Trias

- Chancen erkennen,
- Chancen nutzen und
- Chancen selbst kreieren.

Dabei ist es mit den Chancen wie mit Eisbergen: nur ein Bruchteil ist sichtbar. Ein Siebtel des Eisberges befindet sich über dem Meeresspiegel, sechs Siebtel sind im Wasser und damit unseren Blicken fürs Erste verborgen. Wir könnten förmlich im Meer der Chancen fischen.

a) Chancengespür

Die Fähigkeit, Chancen zu erkennen, ist nicht gottgegeben. Das Chancengespür oder auch der Chancenblick lässt sich trainieren. Allerdings haben Menschen, die per se wissbegieriger und neugieriger sind als andere, einen Startvorteil.

Das Gespür für Chancen gedeiht ebenso wie die Innovationskompetenz in einem anregend-kreativen, durch Vielfalt geprägten Umfeld besser als dort, wo strikte Vorgaben und Homogenität dominieren. Man sollte daher dafür sorgen, sich mit möglichst unterschiedlichen Menschen unterschiedlichen Alters und unterschiedlicher Branchen/Berufe etc. zu umgeben.

Da wir alle vor ähnlichen Herausforderungen wie knappen Ressourcen, Zeitdruck, dürftiger Informationsbasis etc. stehen, ist es überaus hilfreich zu sehen, wie andere damit umgehen. Zudem führt ein Gespräch unter Experten nicht immer zu Ergebnissen, während die Frage eines Laien plötzlich einen Stein ins Rollen bringen kann.

Unsere Sozialisierung, aber auch im Job antrainierte Verhaltensweisen erschweren die Option, überhaupt ein Gespür für Chancen zuzulassen. Emotion und Intuition hatten lange nichts im Berufsleben verloren: Wir sind es gewohnt zu analysieren, Strategien, aber auch Worst-Case-Szenarien zu entwickeln. Wir halten vorsorglich B- oder gar C- und D-Pläne vor.

Was dabei verloren geht, ist die unvoreingenommene und ergebnisoffene Art, mit der Kinder sich Themen erschließen: Für sie ist keine

Frage zu dumm, keine Vorgehensweise von vornherein ausgeschlossen – es wird eben ausprobiert, bis etwas klappt. Je berufserfahrener jemand ist, desto stärker wirkt zudem der Faktor der „déformation professionnelle“, d. h. beruflich bedingte Prägung, schlimmstenfalls Verblendung – man steckt in Denkmustern fest und ist häufig auch betriebsblind. Dies alles trägt dazu bei, dass wir viele Chancen nicht erkennen.

Mark Twain merkte so trefflich an: „Gegen Zielsetzungen ist nichts einzuwenden, sofern man sich dadurch nicht von interessanten Umwegen abhalten lässt.“ Der offene und interessierte Blick über den Tellerrand führt häufig zu erstaunlichen Resultaten. Das Schöne ist: Das kann theoretisch jeder, man muss es nur wollen.

b) Ergreifen von Chancen

Wie viel potenzielles Geschäft, wie viel Innovation – und privat: wie viel Glück – entgeht uns, weil wir Chancen entweder nicht bemerken oder nicht nutzen? Von den wenigen Chancen, die wir erkennen, nehmen wir nur einen Bruchteil wahr. Die häufigsten Gründe sind:

- andere Prioritäten, was gerne mit der Ausrede bemäntelt wird, keine Zeit zu haben
- falsche Einschätzung der Bedeutung
- fehlender Mut
- schlichte Bequemlichkeit

Letzteres ist meines Erachtens unverzeihlich, da unprofessionell. Neben dem fehlenden Mut existiert die Variante des zu langen Zauderns. Auch dies schadet dem Chancenerkenner. Den Chancen macht es hingegen nichts aus, wenn wir nicht wissen, was wir wollen. Chancen gehen nicht unter. Es findet sich stets jemand, der sie kurz entschlossen nutzt. Wenn das passiert, ärgern wir uns. Das Wichtigste ist daher, jederzeit zuzugreifen, wenn sich eine Chance bietet. Selten wird sie einem hinterhergetragen.

Die besten Ideen, die spannendste Inspiration nützt nichts, wenn man sie nicht umsetzt. Ideen umzusetzen, ist natürlich eine Herausforderung. Der Beginn ist es, der uns zu schaffen macht. Sollen wir, sollen wir nicht? Wie könnte es funktionieren? Egal wie Sie starten: Starten Sie überhaupt. Überwinden Sie das sprichwörtlich leere weiße Blatt vor sich oder das jungfräuliche Worddokument. Gestatten

Sie sich etwas Unvollkommenes als ersten Schuss. Verbessern können Sie dieses Etwas im zweiten und dritten Schritt. Wird der erste Kuchen nichts, muss man eben einen neuen backen.

Ein Buch schreibt sich nicht einfach so dahin an einem Stück. Man schreibt, ist begeistert, verwirft, stellt Passagen um, findet alles ganz furchtbar, macht weiter und irgendwann werden die holprigen Stellen weniger. Die Absätze finden wie von selbst den bestmöglichen Platz im Gefüge. Work in progress – ja, die Arbeit schreitet fort.

Es klingt banal, doch es geht daher immer „nur" darum, sich aufzuraffen, seinen Job zu machen. Sobald man aktiv wird, verändert sich alles: Um uns herum konzentriert sich Energie. Ideen und Erkenntnisse stellen sich ein. Es geht um die Selbstdisziplin, sich vor Chancen nicht zu drücken, sondern ihnen mit viel Durchhaltevermögen systematisch nachzugehen.

Nachgefragt

Wo liegen Ihre Chancen? Falls Sie es nicht wissen, suchen Sie aktiv danach und greifen Sie beherzt zu, denn die Konkurrenz schläft nicht.

c) Chancenhighlight: Chancenkreation

Chancen selbst zu schaffen – dies ist die Kür nach der Pflicht. Dazu bedarf es der Fantasie und Weitsicht sowie einer ordentlichen Portion Experimentierfreude. Chancen zu schaffen, gelingt nur nach Erweiterung des Horizonts. Es hilft, die Perspektive zu wechseln, Dinge und Verhaltensweisen infrage zu stellen und gegen den Strom zu schwimmen

Allerdings ist es nicht erforderlich, das Rad stets neu zu erfinden. Chancenintelligent sind auch Menschen mit der Fähigkeit, funktionierende Ideen, Prozesse und Systeme fortzuentwickeln oder aus anderen Kontexten zu adaptieren und für den eigenen Bereich anzupassen.

Der Wille, Chancen zu ergreifen oder zu schaffen, entsteht häufig aus Schwierigkeiten oder Unzufriedenheit. Bisweilen entstehen Chancen auch aus dem Scheitern anderer. Viele Chancen liegen im Unpopulären, so z. B. Aufgaben zu übernehmen, die kein anderer übernehmen möchte. Ein Beispiel hierfür ist Bundeskanzlerin Merkel. Nachdem Helmut Kohl entthront war, wollte keiner den Parteivorsitz übernehmen. Zumindest traute sich keiner, Anspruch zu erheben. Angela Merkel tat es und wurde letztlich Bundeskanzlerin. Das Wirtschaftsmagazin Forbes kürte sie 2016 zum sechsten Mal in Folge zur mächtigsten Frau der Welt.

Wenn wir schon bei mächtigen Menschen und gewählten Staatsoberhäuptern sind, darf ein im Sternzeichen Löwe Geborener nicht unerwähnt bleiben, denn er ist für mich ein Beispiel herausragender Chancenkompetenz:

„Yes We Can – Chance For Change" – „Yes We Did"

Bei Erscheinen dieses Buches ist seine Präsidentschaft bereits Geschichte: Barack Obama. Für die Medien irrelevant. „A lame duck", wie das die Amerikaner nennen – eine lahme Ente war er spätestens ab dem Zeitpunkt, als das Wahlergebnis im November 2016 feststand. Danach war er noch wochenlang im Amt, ohne irgendetwas bewegen zu können. Aus den Augen, aus dem Sinn – ein gängiges Prinzip, jedoch nicht immer ein schlaues. Von diesem Präsidentenpaar kann man viel lernen und sicherlich werden wir von den beiden noch einiges hören. Ich traue Michelle Obama zu, die nächste US-Präsidentin zu werden, auch wenn Barack Obama bestreitet, dass sie jemals kandidieren würde.

Wie auch immer man zu Barack Obama stehen mag: Er hat Geschichte geschrieben. Deshalb sei dieser in vielerlei Hinsicht aufschlussreiche Rückblick gestattet.

Ich beschäftige mich seit Jahren mit Barack Obama. Einer meiner Kunden war von seiner politischen Arbeit so fasziniert, dass er ihn in sein künstlerisches Werk einbezog. Mit viel Aufwand gelang es mir, dem Präsidenten über Umwege eine mit viel Energie und Herzblut kreierte Grafik anlässlich des zehnten Gedenktags von 9/11 zukommen zu lassen. Bedankt hat sich Obama sowohl beim Künstler als auch bei mir mit einem Foto und sehr freundlichen Zeilen. Diese hat sicherlich sein Stab vorbereitet, jedoch gibt der Chef stets den Ton für die Kommunikation seines Hauses vor.

Seit Jahren hatte ich die Newsletter von Obama abonniert. Sie waren genial konzipiert und erzeugten schon durch die spannende Betreffzeile Interesse und das Gefühl, persönlich angesprochen zu werden. Obama kommuniziert sehr persönlich, emotional und konsequent. Er blieb immer am Ball und überließ nichts dem Zufall. Im Wahlkampf nutzte er geschickt alle Kommunikationskanäle.

Der Focus vom 1. Oktober 2016 titelte „Wir hatten einen Traum" – eine Anspielung auf den viel zitierten Satz „Ich habe einen Traum" von Martin Luther King jr. Das Cover zeigte den noch amtierenden US-Präsidenten Barack Obama mit seiner Frau Michelle, beide strahlend. Der Artikel beginnt: „Kaum ein anderer Politiker weckte größere Hoffnungen. Nach zwei Amtszeiten verlässt der erste schwarze US-Präsident das Weiße Haus. Was bleibt von dem Mann, der antrat, die Welt zu verändern?" „Er trat an als charismatischer Heilsbringer. Er geht als verhinderter Held", geht es weiter.

Wir sollten fair sein: Obamas Zustimmungsrate lag laut Focus im Oktober 2016 bei 51 %. Das ist weniger als die fast 70 % bei Amtsantritt. Aber es ist einer der höchsten Werte für einen scheidenden Präsidenten. Einige Journalisten schrieben bereits vor der Wahl von Donald Trump zum nächsten US-Präsidenten, dass wir Obama vermissen werden.

Ja, die Bilanz von Barack Obama ist gemischt. Er hat mehr gewollt als erreicht. Aber gilt nicht der Satz: Wer all seine Ziele erreicht, hat sie nicht hoch genug gewählt? Wir sollten die Machtverhältnisse im Kongress in Relation zur Macht des Präsidenten und seinen Visionen bedenken: Vieles konnte nicht gelingen, weil die erforderliche Mehrheit fehlte. Als Beispiel sei ein Thema genannt, das Obama sehr am Herzen lag: Eine wirkliche Verschärfung der Waffengesetze. Ebenso wenig konnte er das Gefängnis Guantanamo schließen.

Der Vielbejubelte wurde zum Vielgescholtenen. Kein Wunder – wer kann derartigen Vorschusslorbeeren schon gerecht werden. Zu hohe Erwartungen führen stets zu Enttäuschungen. Auch Präsidenten mit guten Absichten und Idealismus sind keine Götter, ja nicht einmal Zauberer. Die politische Realität, sprich: die Machtverhältnisse im Kongress geben den Rahmen des Möglichen vor. Präsidenten, die als besonders stark gelten, wie Franklin Roosevelt, hatten stets beide Häuser des Kongresses unter ihrer Kontrolle.

Es stellt sich die Frage, ob Obama ein schlechter Netzwerker war, der jenseits zementierter Mehrheitsverhältnisse keine oder nicht genügend Allianzen zu schmieden verstand. Doch das ist nach allem, was ich über seinen Werdegang und sein Talent zum Ausgleich – insbesondere in der von David Remnick verfaßten Obama-

Biografie – gelesen habe, wenig wahrscheinlich. Möglicherweise wollte der politische Gegner gar keine Bündnisse, ging es doch um Macht. Die drückt sich bisweilen im Verhindernkönnen aus.

Vielleicht spielte auch der Neid alter Herren eine gewisse Rolle: Obama war als charismatischer Newcomer, der nicht aus dem politischen Establishment stammte, und als Schwarzer per se eine Provokation und wahrscheinlich 20 und mehr Jahre jünger als die meisten Kongressmitglieder. Das Durchschnittsalter im Senat beträgt 62,2 Jahre, im Repräsentantenhaus 56,7 Jahre. Obama sieht zudem auch noch gut aus und hat diese unvergleichlich kluge und attraktive Frau an seiner Seite: Michelle Obama.

John F. Kennedy und Jackie waren das einzige Präsidentenpaar mit vergleichbaren Popstar-Qualitäten. Bei beiden Paaren stimmten neben der Optik auch die Inhalte. Die Herren hatten Visionen, die Damen waren unbestritten hoch intelligent und mehr als nur international bewunderte Stilikonen. Ob die Journalistin Jackie Kennedy Onassis das Potenzial gehabt hätte, US-Präsidentin zu werden, kann ich nicht beurteilen. Allein die Zeit wäre dafür nicht reif gewesen. Die Zeit sollte jedoch 2020 reif sein für die erste Präsidentin. Michelle Obama hätte das Zeug dazu: Sie ist Juristin, eloquent, wahlkampferprobt, hat eigene politische Vorstellungen und ist im Gegensatz zu Hillary Clinton, die 2016 Donald Trump unterlag, sehr beliebt.

Wird Michelle Obama ihre Chance nutzen? Barack Obama jedenfalls verfügt über eine ausgeprägte Chancenkompetenz. Gepaart mit seinem Kommunikationstalent und feinem medialem Gespür konnte er eine persönliche Erfolgsgeschichte schreiben.

Schauen wir uns den Einzug Obamas in das Weiße Haus im Zeitraffer an.

- Er war der erste farbige US-Präsidentschaftskandidat.
- Er trat gegen das parteiinterne Politestablishment – Hillary Clinton – an. Der wesentlich erfahreneren Politikerin half selbst der Startvorteil nicht, als Ehefrau eines ehemaligen Präsidenten einen hohen Bekanntheitsgrad zu haben und von vielen Millionärsfreunden mit hohen Spenden unterstützt zu werden.
- Barack Obama reüssierte auch gegenüber dem politischen Gegner. Wer die US-Mentalität und die Affinität zum Militär kennt,

weiß, wie schwierig es war, 2008 als Farbiger gegen den weißen Kriegshelden John McCain anzutreten.

Neben außerordentlichem Charisma war ein wesentlicher Schlüssel zum Wahlerfolg bei beiden Präsidentschaftswahlen der Mut, sich neuester Kommunikationsmittel zu bedienen und auf den „kleinen Mann“, die Basis zu setzen: Obamas Wahlkampagne war eine „Grass Root“-Kampagne – d. h. Wähler wurden aktiviert, ihren Abgeordneten zu kontaktieren und zu spenden. Obama sammelte Rekordsummen an Wahlkampfmitteln ein, überwiegend bestehend aus kleinen und Kleinstspenden, während republikanisch gesinnte Millionäre und Milliardäre John McCain und später Mitt Romney mit Millionenbeträgen unterstützten.

Doch cleveres Marketing und Charisma hätten nicht gereicht, es ging um Werte und weitreichende politische Ziele wie Bildung, Chancengleichheit. „Yes We Can“ war kein platter Slogan, keine Verlegenheitslösung. „Yes We Can“ war ein politisches Programm, hatte Strahlkraft. Es war eine Aufforderung an jedermann, getragen von Visionen und Hoffnung.

Eine der wichtigsten Visionen, die allgemeine Gesundheitsversorgung ObamaCare, konnte er gegen größten Widerstand im Kongress realisieren. Und noch immer sind (Stand November 2016) 27 Millionen Amerikaner nicht krankenversichert. Mit ObamaCare geht Barack Obama in die Geschichte ein. Nur zum Vergleich: In Deutschland hatte Bismarck die Krankenversicherung bereits 1863 – also rund 150 Jahre früher – eingeführt.

Das Thema Krankenversicherung zählt nach wie vor zu den brennendsten innenpolitischen Themen der USA. Das Scheitern seiner Gesundheitsreform am Widerstand im Kongress und von Lobbyistenverbänden war seinerzeit die größte Niederlage der Präsidentschaft von Bill Clinton. Er hatte Hillary Clinton 1993 als Vorsitzende einer Kommission eingesetzt, die allen US-Bürgern Zugang zur Krankenversicherung verschaffen sollte.

3. Erfolg folgt Aktivität

Keiner wird zufällig erfolgreich. Steve Jobs sagte zu Recht: „Du kannst nicht gewinnen, wenn du nicht spielst.“ Selbst im Lotto gewinnt nur derjenige, der zumindest einen Lottoschein ausfüllt. Ohne Aktivität kein Erfolg. Wie sehr uns das Nichtstun auf der Seele liegt, belegen Studien. Man weiß, dass wir am Lebensende nicht unsere Fehler am meisten bereuen, sondern die verpassten Gelegenheiten.

a) Jeder kann etwas bewegen

Manchmal fühlen wir uns zu klein, zu schwach oder sind zu feige, etwas zu tun. Wie viel Einzelne jedoch bewegen können, zeigten nicht nur Mahatma Gandhi und Martin Luther King, sondern auch die Kinderrechtsaktivistin Malala Yousafzai. Malala ist die jüngste Nobelpreisträgerin aller Zeiten. Sie erhielt ihn mit 17 Jahren. Sie riskierte es, von den Taliban umgebracht zu werden, weil sie sich für das Recht auf Bildung für Mädchen einsetzte. Einen Mordanschlag überlebte sie wie durch ein Wunder. Ihre Stiftung setzt sich dafür ein, dass alle Mädchen Zugang zu Bildung erhalten. Man muss sich vor Augen halten: Derzeit besuchen mehr als 130 Millionen Mädchen weltweit keine Schule. Dabei ist Bildung bekanntermaßen der Schlüssel zu Wohlstand. Das bekannteste Zitat von Malala ist: „Ein Kind, ein Lehrer, ein Buch und ein Stift können die Welt verändern." Sie hat es bewiesen.

b) Chancen schaffen im Alltag

Für dieses Buch habe ich viele interessante Menschen interviewt. Auf einige Interviewzusagen konnte ich vertrauen, da es sich um Freunde, sehr gute Bekannte und geschätzte Weggefährten handelte. Einige Menschen kannte ich jedoch nicht oder nur flüchtig. Da hieß es, kreativ zu werden und eine überzeugende Anfrage zu schreiben, damit die Wunschpartner Zeit in mein Buchprojekt investieren würden.

Dankbar für schlaflose Nächte

US-Managementguru Tom Peters und ich hatten vor einiger Zeit Kontakt, als ich ihm für die Inspiration durch seine Bücher dankte. Damit die E-Mail nicht sang- und klanglos unterging, lautete der Betreff: „Thank you for sleepless nights …". Na ja, für seine Bücher legte ich schon mal eine Nachtschicht ein, weil ich von ihnen nicht loskam. Tom Peters teilte denn auch mit, dass er solche E-Mails liebt.

Leider habe ich kein Interview bekommen. Doch damit stehe ich nicht allein da. Tom Peters gibt – fokussiert auf seine Arbeit – fast keine Interviews. Das wusste ich nicht. Hätte ich ihn nicht gefragt, hätte ich mich ewig darüber geärgert, es nicht versucht zu haben. Es hätte ja klappen können. Fragen kostet nichts, außer Hirnschmalz und Herzblut beim Anschreiben.

Was ich jedoch tun darf: Ich darf Tom Peters mit seiner ausdrücklicher Erlaubnis zitieren. Ich liebe seine Zitate.

d) Chancenturbo: Vorbereitung

Auf dem Weg zum Erfolg spielen zwar manchmal ein Musenkuss oder das sprichwörtliche Glück eine Rolle, zur rechten Zeit am rechten Ort zu sein. Allerdings halte ich es mit Angelina Jolie, die klug bemerkte: „Glück ist, wenn Zufall auf Vorbereitung trifft." Und auch die Musen küssen, wie erwähnt, nur Menschen, die sie bei der Arbeit antreffen. Bereiten Sie sich auf Veranstaltungen vor. Schauen Sie sich die Teilnehmerlisten an, häufig werden sie schon im Vorfeld des Events verschickt. Wer wäre ein interessanter Gesprächspartner? Wollen Sie sich dort mit Geschäftspartnern verabreden? Hat man ein konkretes Anliegen, dann sollte man bereits eine prägnante Minipräsentation im Kopf oder auf dem iPad haben – kurz: gewappnet sein.

e) Chancenturbo: Fleiß

Talent allein reicht nicht. Auch für Talentierte gilt: Ohne Fleiß kein Preis! Wie wahr, und doch ist es mit Fleiß allein auch noch nicht getan. Es braucht viel Fleiß. Malcolm Gladwells Theorie, dass man sich mindestens 10.000 Stunden mit einer Sache beschäftigen muss, um Weltrang zu erreichen, klingt überzeugend. Das sind über lange Jahre viele Stunden täglich. Wer nicht die Weltspitze anstrebt, kann trotzdem nicht aufatmen. Für jeden gilt: Nur Übung macht den Meister.

Wer ein Grand-Slam-Turnier gewinnen möchte, sollte zudem früh anfangen, sehr viel zu üben. Die Grand-Slam-Siegerin 2016, Angelique Kerber, spielt seit dem dritten Lebensjahr Tennis. Steffi Graf und Roger Federer hatten ebenso in diesem zarten Alter erstmals zum Tennisschläger gegriffen.

Harry Belafonte wird das Bonmot zugeschrieben: „Ich war schon jahrelang Schauspieler, bevor ich über Nacht berühmt wurde." Der Sänger George Michael wartete mehr als ein halbes Künstlerleben, genauer: 38 Jahre lang darauf, in der Pariser Garnier-Oper, dem für ihn und mich schönsten Gebäude der Welt, auf der Bühne stehen zu dürfen. 2014 erhielt George Michael als erster zeitgenössischer Künstler diese Erlaubnis. Er beschenkte die Pariser High Society und die Aidshilfe Sidaction mit einem sensationellen Konzert (zu sehen auf YouTube).

f) Chancen trotz Nichtstun

Aktivität gepaart mit Ausdauer erhöht unzweifelhaft die Erfolgswahrscheinlichkeit. Eine Ausnahme von dieser Regel ist das sog. Aussitzen. Bundeskanzlerin Angela Merkel und ihrem Mentor Helmut Kohl wird darin Meisterschaft zugeschrieben: aussitzen, totschweigen, weitermachen und auf den Faktor Zeit setzen.

Aussitzen

Der Spiegel schrieb über Helmut Kohl: „Kohl konnte warten. Er war geduldig, zäh, resignierte nicht vorschnell, saß schwierige Zeiten mit langem Atem aus, steckte Rückschläge weg, ohne in Depressionen zu verfallen.“ Aussitzen ist auf Dauer keine Lösung. Den Löwen entspräche dies ohnehin nicht. Was allerdings gut dosiert und im überschaubaren Zeitrahmen funktioniert, ist auf die „Erledigung durch Zeitablauf“ zu setzen.

Eine weitere Möglichkeit, vermeintlich beiläufig zum Erfolg zu kommen, hatte ich bereits erwähnt: Serendipity – die Fälle, in denen Menschen etwas zufällt, wonach sie nicht gezielt gesucht hatten. Doch das funktioniert nur, wenn man sich ohnehin auf die Suche nach Lösungen, interessanten Menschen, neuen Herausforderungen etc. begibt. Chancen entdecken kann nur der, der mit offenen Augen und sehr viel Neugier unterwegs ist.

4. Chancen- und Risikokompetenz von Unternehmen, Organisationen und Verwaltungen

Seit Langem steigen die Anforderungen an Unternehmen, Freiberufler und Selbstständige in sich rasch wandelnden Märkten. Die fortschreitende Globalisierung und zunehmende Digitalisierung von Prozessen tun ein Übriges. Immer schneller immer billiger zu produzieren, ist keine Lösung, oft nicht einmal mehr eine Option: Kosten für Produkte und Dienstleistungen weiter zu senken, ist häufig an deutschen, europäischen und selbst an außereuropäischen Standorten nicht mehr möglich.

Innovationskraft und Kreativität von Unternehmen wird über deren Wettbewerbsfähigkeit und damit über den Fortbestand entscheiden. Es geht um den Erhalt von bestehenden und die Schaffung von neuen Arbeitsplätzen. Innovationsfähigkeit hängt jedoch zu einem wesentlichen Teil vom klugen Umgang mit Chancen und Risiken ab. Auch der öffentlich-rechtliche Sektor steht unter Reformdruck. Die Digitalisierung stellt die Verwaltungen von Bund, Ländern und Kommunen vor große Herausforderungen. Das Stichwort ist „E-Government". 2014 hat die Bundesregierung das Programm „Digitale Verwaltung 2020" aufgelegt.

a) Chancenturbo Mitarbeiterpotenzial

Arbeitgeber und Mitarbeiter müssen neu denken und zudem anders mit Ressourcen umgehen. Das ist eine Chance, denn in Unternehmen, Organisationen wie Behörden gilt es, Schätze zu heben. Diese liegen unter anderem im Potenzial der Mitarbeiter.

In Zeiten des Fachkräftemangels und der Auswirkungen des demografischen Wandels ist es zwingend notwendig, mit der Ressource Mitarbeiter sorgsam umzugehen. Wie wichtig dabei das Betriebsklima und der Umgang mit Fehlern sind, wurde bereits angesprochen. Die Implementierung bzw. kontinuierliche Fortentwicklung einer innovationsfördernden Unternehmens- und Führungskultur ist unverzichtbar. Vertrauen ist der beste Nährboden für Chancen- und Risikokompetenz und damit für Kreativität und Innovation.

b) Erfolgsfaktor Fortbildung

Berufliche Qualifizierung ist ein wichtiges Thema, in das Unternehmen, Verwaltungen, aber auch Mitarbeiter selbst investieren. Dabei sprechen wir nicht nur über Fachkompetenzen, sondern auch über Soft Skills. Dass sie trainiert und verbessert werden, ist gut so, aber das reicht nicht aus, um Unternehmen auf den Erfolgspfad zu bringen und dort zu halten. Wichtig ist, wie bereits ausgeführt, zudem, den Fokus auf die Aspekte Chancen- und Risikokompetenz zu richten, denn darin steckt das größte Potenzial für Innovationen.

c) Erfolgsfaktor Gleichstellung und Vielfalt

Tom Peters bringt es mit seinem Wochenzitat vom 28. März 2016, das ich mit seiner freundlichen Erlaubnis unter Hinweis auf seine Homepage http://www.tompeters.com/ zitieren darf, auf den Punkt:

„Diversity (ON ANY DIMENSION YOU CAN NAME) is an imperative in confusing times."

In freier Übersetzung heißt das: „Vielfalt – in jedweder Dimension, die Sie benennen können – ist eine Notwendigkeit in verwirrenden Zeiten."

Vielfalt in der Belegschaft führt zu Innovation und zu nachweisbaren wirtschaftlichen Vorteilen. Insofern ist Diversity-Management nicht mehr schmückendes Beiwerk oder „nice to have", sondern ein Muss. 45 % der deutschen Unternehmen haben sich in den letzten zwei oder drei Jahren mit Diversity beschäftigt. Weitere 20 % wollen das Thema auf die Tagesordnung setzen. Es geht um klare ökonomische Wettbewerbsvorteile im Kampf um Mitarbeiter und Kunden. Immer mehr Unternehmen schließen sich der „Charta der Vielfalt" an.

d) Chancen durch den Einsatz Älterer

Unternehmen verlieren Wissen, wenn Mitarbeiter ausscheiden. Das ist bei Kündigungen nicht zu ändern. Ganz anders verhält es sich, wenn Menschen in Pension gehen. Viel zu selten wird die Chance systematisch genutzt, sie noch einige Zeit an das Unternehmen zu binden. Dabei stünden vielfältige Möglichkeiten zur Verfügung: Die gängigsten sind Beraterverträge für Topführungskräfte. Ich denke jedoch vor allem an den Einsatz „normaler" Mitarbeiter und Spezialisten. Wie wäre es damit, Urlaubsvertretungen mithilfe von Pensionären zu organisieren, oder Patenschaften für neue Mitarbeiter im Konzern? Auch Projektleitungen und verschiedene Teilzeitmodelle sind denkbar. Es muss nur zum Geschäftszweck des Unternehmens, der Organisation passen.

Die „Silver Surfer", d. h. Arbeitnehmer über 60 Jahren, sind ein wenig beachteter Talent Pool. Sie stehen in alternden Gesellschaften in großer Zahl zur Verfügung – in den USA und Großbritannien machen sie ein Drittel der Arbeitnehmer aus und in Japan bereits mehr als 40 %. Doch leider sind Ältere großen Vorurteilen ausgesetzt – sie seien weniger leistungsstark, zu eingefahren in Denkmodellen, weniger lernfähig, krankheitsanfälliger, zu unflexibel. Das mag in Einzelfällen stimmen. Allerdings sind die heute 50-, 60- wie auch die 70-Jährigen körperlich fitter als die Generationen vor ihnen. 50 ist das neue 40.

Meiner Meinung nach ist der entscheidende Grund, Ältere nicht einzustellen oder mit ihnen Aufhebungsverträge abzuschließen, der

Faktor Geld. Es wird häufig argumentiert, für das Geld bekomme man zwei jüngere Mitarbeiter. Das ist eine Milchmädchenrechnung in zweierlei Hinsicht: Aufgrund des demografischen Wandels bekommt man die zwei Jüngeren gerade nicht, da nicht am Markt verfügbar. Zudem hieße es, Äpfel mit Birnen zu vergleichen.

Ein Blick in die Schweiz

2012 wurde laut der Neuen Zürcher Zeitung (NZZ) in der Schweiz erstmals beobachtet, dass über 50-Jährige überproportional häufig entlassen werden. Dass sie es schwer hatten, neue Jobs zu finden, war ohnehin bekannt. Ein Irrsinn angesichts des Fachkräftemangels. 2016 berichtet die NZZ, dass in den nächsten zehn Jahren in der Schweiz rund eine Million Werktätige altershalber den Arbeitsmarkt verlassen, während nur 500.000, selbst unter Annahme einer jährlichen Nettozuwanderung von 50.000 Personen, nachrücken.

Ein erfolgreiches Industrieunternehmen aus dem Raum Zürich hatte allein in der Schweiz 150 offene Stellen. Der Chef des Familienunternehmens setzt auf unkonventionelle Maßnahmen. Er stellt auch Ingenieure und andere Fachkräfte ein, die anderswo längst zum alten Eisen zählen. Die 50- bis rund 60-Jährigen müssen sich jedoch damit abfinden, dass sie statt 130.000 oder 140.000 Franken Jahreslohn wie an ihrem vorherigen Arbeitgeber nur noch etwa 100.000 Franken verdienen.

Ähnlich verfuhr ein baden-württembergisches Unternehmen schon vor gut zehn Jahren: Es warb gezielt um Ingenieure 50+ und war mit diesen Mitarbeitern sehr zufrieden. Manche nahmen lange Anfahrten auf sich, um wieder Arbeit zu haben, und waren über diese sehr glücklich.

e) Chancenturbo: Offene Unternehmenskultur

Von wesentlicher Bedeutung ist der Kommunikationsstil des Hauses. Weder der Organisation noch den Mitarbeitern nützt das sog. Herrschaftswissen, von dem der Großteil der Mitarbeiter, aber manchmal auch der Führungskräfte ausgeschlossen sind. Genauso schädlich ist der sog. Informationsoverload verbunden mit Überregulierung, der dazu führt, dass Wichtiges in der Fülle an Informationen untergeht.

II. Erfolgsfaktor Risikokompetenz

„Es gibt eine Art Analphabetismus im Umgang mit Wahrscheinlichkeiten und Risiken."

Prof. Gerd Gigerenzer

Löwen gehen bei der Jagd und bei der Verteidigung ihres Reviers hohe Risiken ein. Manche Beutetiere verstehen sich zu wehren. Die Tritte ausschlagender Zebras sind gefährlich, die Hörner von Gnus sind es auch. Zudem entwickeln aufgebrachte Tiermütter in Sorge um ihre Jungen ungeahnte Kräfte und enormen Mut. Leitlöwe zu sein, hat einen hohen Preis. Die Löwenmännchen tragen häufig sehr schwere Verletzungen bei Revierkämpfen davon. Sie überleben selten das achte Lebensjahr.

1. Risikobegriff

Duden online bietet folgende Definitionen:

- möglicher negativer Ausgang bei einer Unternehmung, mit dem Nachteile, Verlust, Schäden verbunden sind, oder
- mit einem Vorhaben, Unternehmen o. Ä. verbundenes Wagnis

Für mich bedeutet Risiko: Mit einer gewissen Wahrscheinlichkeit kann ein Schaden eintreten oder ein erwarteter Vorteil ausbleiben.

2. Risikokompetenz

Risikokompetenz meiner Definition ist die Fähigkeit, beherrschbare Risiken klug zu handhaben. Dazu gehört vor allem die realistische Risikoeinschätzung, das Abwägen von Vor- und Nachteilen und für Notfälle eine Exit-Strategie. Es geht gerade nicht um das blinde Losstürmen eines Hasardeurs um einer Idee oder purer Abenteuerlust willen. Auch Gier ist ein schlechter Berater: Gier frisst Hirn, sagte ein kluger Kopf. Wie wahr.

Es reicht nicht aus, Chancen zu erkennen, man muss sie auch bewerten und in Relation zu etwaigen Risiken stellen. Das Leben als solches ist bereits riskant und Zyniker sagen nicht zu Unrecht: Es endet in jedem Fall tödlich. Dazwischen gibt es viel Formen und Intensitäten von Risiken. Zum Trost sei erneut Mark Twain zitiert, der auf dem Sterbebett gesagt haben soll: „Ich hatte mein ganzes

Leben viele Probleme und Sorgen. Die meisten von ihnen sind aber niemals eingetreten."

Chancenkompetente Menschen jedenfalls sind bereit, Risiken einzugehen, denn sie wissen: Viele Chancen sind mit Risiken verbunden – zwei Seiten einer Medaille. So wundert es nicht, dass das chinesische Wort für Krise sich aus den Schriftzeichen für Gefahr und Gelegenheit zusammensetzt. Das größte Risiko im Leben ist wahrscheinlich, jedem Risiko aus dem Weg zu gehen. Meines Erachtens ist dies zumindest eine Garantie für Langeweile

Krisen als Chancen begreifen

Max Frisch sagte: „Krise kann ein produktiver Zustand sein. Man muss ihr nur den Beigeschmack der Katastrophe nehmen." Krisen gab es viele beim Unternehmen Haniel. Zum Teil kamen sie von außen, zum Teil waren sie hausgemacht. Der Gründer Franz Haniel stützte sein Unternehmen im wesentlichen auf zwei Säulen: Handel mit Kolonialwaren und Handel mit Kohlen. Als 1815 der Absatz für preußische Kohle nach der Gründung des Vereinigten Niederländischen Königreichs dort einbrach, brauchte er ein neues Geschäftsfeld. Franz Haniel konnte die Krise überbrücken, indem er Pflanzenöl und Holz nicht nur verkaufte, sondern auch produzierte. Ab 1830 lief das Geschäft in den Niederlanden wieder hervorragend.

Franz Haniel investierte in den Bergbau und wollte die erste senkrechte Schachtanlage des Ruhrgebiets bauen. Der Schacht sollte die für undurchdringlich gehaltene Mergelschicht durchdringen, unter der die Fettkohleflöze lagen. Bohrung für Bohrung scheiterte. Das Vorhaben wurde zur Existenzbedrohung für das Unternehmen. Zum Glück war die Mergelschicht nicht dicht, sonst hätte es das Aus bedeutet. Alles Weitere ist Industriegeschichte: die Industrialisierung des Ruhrgebiets. Die Erfolgsfaktoren waren: Flexibilität, Findigkeit, Durchhaltevermögen und Mut.

Und es ging weiter auf und ab: Beim Börsenkrach von 1873 verloren die Haniels viel Geld, was zu Lohnkürzungen und Massenentlassung führte. Es entstand ein Machtkampf, bei dem der zögerliche Aufsichtsratsvorsitzende Hugo Haniel aus dem Amt gedrängt wurde. Sein Neffe Eduard James Haniel sah seine Chance gekommen. Selbstbewusst und wagemutig übernahm er das Ruder.

Risikokompetenz wird in kaum einem Stadium der Ausbildung systematisch trainiert, sollte es nicht um konkrete Risikoaufgaben gehen wie z. B. bei der Katastrophenabwehr durch Feuerwehr, Technisches Hilfswerk etc. Ganz anders sieht es im Profisport, aber auch bei Freizeitsportbetätigungen aus: Beim Sporttraining werden Risiken und persönliche Grenzen ausgelotet, der Gegner gewissenhaft analysiert.

Das fehlende Risikokompetenztraining wirkt sich im Berufsalltag durch erhöhtes Learning by Doing aus. Es wird dafür u. U. teures Lehrgeld bezahlt, von den Menschen wie den Unternehmen. Wer Entscheidungen zu treffen hat, hat es häufig mit Risikoabwägungen zu tun. Es geht darum, Wahrscheinlichkeiten zu schätzen und potenzielle Verluste und Gewinne zu kalkulieren.

a) Normalfall Unsicherheit

Gerade in unserer komplexen Welt müssen wir lernen, mit Unsicherheiten zu leben. Wir haben selten alle Informationen, die wir brauchen. Manchmal wissen wir das nicht einmal. Wir bekommen Unsicherheit in den Griff, indem wir sie Schritt für Schritt reduzieren. Das bedarf nicht nur großer Sorgfalt, eines sicheren Gespürs, sondern auch einer gewissen Erfahrung. Zudem ist mitentscheidend, wie mit Fehleinschätzungen/Fehlern und auch dem Scheitern von Arbeitgeberseite umgegangen wird.

b) Umgang mit Zahlen und Statistik

Wir sind nicht nur in Sachen Codierung, sondern auch im Sachen Umgang mit Statistik und Prozentangaben Analphabeten. Prof. Gerd Gigerenzer, Direktor der Max-Planck-Instituts für Bildungsforschung und Chef des Harding-Zentrums für Risikokompetenz, belegt mit seinen Studien, wie wir uns von statistischen Angaben blenden lassen und wie mit Prozentangaben Fehleinschätzungen verursacht werden. Anders gesagt: Wir können nicht rechnen und bewerten deshalb Situationen völlig falsch. Man kann es aber auch so sehen, dass Zahlenmaterial bewusst manipulativ kommuniziert wird.

Wie hanebüchen das zum Teil ist, belegen die unglaublichen Beispiele der „Unstatistik des Monats". Mit anderen Wissenschaftlern hat Prof. Gigerenzer 2012 die Aktion „Unstatistik des Monats" ins Leben gerufen. Monatlich hinterfragen die Wissenschaftler sowohl jüngst publizierte Zahlen als auch deren Interpretationen. Die Aktion will so dazu beitragen, mit statistischen Daten vernünftig umzugehen, in Zahlen gefasste Abbilder der Wirklichkeit korrekt zu deuten und eine immer komplexere Welt und Umwelt sinnvoll und allgemein verständlich zu beschreiben. Auf der Homepage des Max-Planck-Instituts für Bildungsforschung werden die aktuellen Bericht veröffentlicht. Die alten Berichte sind dort archiviert: https://www.mpib-berlin.mpg.de/de/presse/dossiers/unstatistik-des-monats.

Die Unstatistik des Monats Oktober 2016 beschäftigt sich mit dem von der Deutschen Post herausgegebenen und vielfach in der Presse zitierten Glücksatlas, wonach die Deutschen glücklicher werden. Ich lasse das Fazit für sich sprechen und empfehle an oben angegebenem Ort nachzulesen: „Fazit aus der Pressemitteilung in Sachen Glücksatlas: Alles wenig dramatisch – wahrscheinlich hat sich am Endorphin-Niveau der Deutschen nichts verändert. Nur die Post hat kräftig ins Horn geblasen."

c) Prozentangaben – noch mehr Irrtümer

Viele Seiten nähren den Glauben, dass Vorsorgeuntersuchungen eine gute Sache seien. Das sind sie nur bedingt. Es liegt ein grundlegender Konstruktionsfehler in unserem Gesundheitssystem vor. Es zielt primär auf das Beheben von Schäden. Wir reparieren, anstatt vorzusorgen. Der Fokus müsste auf der Vorsorge und nicht auf der Vorsorgeuntersuchung liegen. Durch Vorsorge ließe sich viel mehr erreichen, indem man Menschen animiert, Sport zu treiben und sich gesünder zu ernähren. Krankheit würde verhindert. Zudem interpretieren wir die uns offerierte Zahlen und damit Risiken nicht richtig.

Die Darstellung macht's

Früherkennung mit Mammografie senkt die Sterblichkeit an Brustkrebs um 30 %. Das klingt gut, doch Prof. Gigerenzer erläutert, was das rechnerisch tatsächlich bedeutet: Von je 1.000 40- bis 70-jährigen Frauen, die zehn Jahre lang zum Screening gehen, stirbt eine weniger an Brustkrebs. Die Frage, wie eine von 1.000 das Gleiche wie 30 % sein kann, beantwortet Prof. Gigerenzer wie folgt:

Der Trick ist, dass man dieselbe Information verschieden darstellen kann. Untersuchungen mit 280.000 Frauen in vier Studien zeigten: Von je 1.000 Frauen, die am Screening teilnahmen, starben etwa drei innerhalb der folgenden zehn Jahre an Brustkrebs. Und von je 1.000 Frauen, die nicht teilnahmen, starben vier. Von vier nach drei, das sind 25 % oder in manchen Studien auch 30 %. Das ist aber im Klartext eine von 1.000, das heißt 0,1 %.

Und selbst ein solch minimaler Nutzen ist nicht gesichert; renommierte Wissenschaftler vertreten heute die Auffassung, dass das Screening die Brustkrebssterblichkeit nicht reduzieren kann. Zudem kommt es häufig zu falschen Resultaten, was die betroffenen Frauen in Angst und Schrecken versetzt. Die Öffentlichkeit sollte ehrlich und verständlich darüber informiert werden, wie hoch der Nutzen der Mammografie tatsächlich einzuschätzen ist. Interviews mit Herrn Prof. Gigerenzer zum Thema finden Sie bei YouTube, einen Buchhinweis im Literaturverzeichnis.

d) Entscheidungsfindung via Heuristik

Ich hätte es nicht geglaubt, doch er hat mir das selbst erzählt: Risikoforscher Prof. Gerd Gigerenzer wirft bisweilen in Zweifelsfällen eine Münze. Man nennt das Heuristik, d. h. die Kunst, mit begrenztem Wissen oder unvollständigen Informationen und wenig Zeit dennoch zu wahrscheinlichen Aussagen oder praktikablen Lösungen zu kommen. Das ist nicht rational, aber sehr hilfreich, weil damit überhaupt Entscheidungen getroffen werden. Zudem fand die notwendige Analyse ja bereits im Vorfeld des Münzenwurfs statt. Ganz wichtig: Erst denken, dann werfen.

Es ist besser, nach angemessener Überlegungszeit zügig eine Entscheidung zu fällen, anstatt sie ewig hinauszuzögern. Man weiß ohnehin erst danach, ob das richtig war. Einer meiner Interviewpartner aus der Löwen-Lounge Nr. 5, Axel Kaiser, hat ein verfeinertes Münzwerfsystem: Er wirft die Münze. Wenn ihm das Ergebnis nicht gefällt, wird noch einmal geworfen. Wenn das Ergebnis dasselbe ist und er damit weiterhin nicht glücklich ist, entscheidet er beherzt anders. Das nenne ich pragmatisch.

3. Äußere Rahmenbedingungen

Fortschrittliche Unternehmen äußern sich bereits in ihren Leitlinien oder Kompetenzkatalogen für Führungskräfte dezidiert zum Umgang mit Fehlern. So gehört z. B. zum Leitbild des IT-Dienstleistungszentrums Berlin, seines Zeichens zentraler IT-Dienstleister der Berliner Verwaltung, eine Kultur der Fehlertoleranz. Nicht vermeidbare Fehler werden als Chance zu Verbesserung betrachtet. Lernen soll sowohl der Einzelne als auch die Organisation. Mir gefällt der Ansatz, man verzeihe alle Fehler mit Ausnahme derer, die auf grober Nachlässigkeit oder schlechter Vorbereitung beruhen, gut.

4. Innere Einstellung

Wie wir mit Chancen und Risiken umgehen, hängt maßgeblich von der inneren Haltung ab. Es wird behauptet, es gebe keine Wahrheit, sondern viele unterschiedliche Wahrnehmungen. Wer einmal Zeugenaussagen zu Unfällen oder anderen Sachverhalten analysiert hat, wird dem beipflichten. Doch so kompliziert muss man gar nicht denken: Wir alle kennen den Unterschied zwischen einem halb leeren und einem halb vollen Glas. Die Sichtweise macht den Unterschied und der kann in der Auswirkung gewaltig sein: Ein Wasserglas, das 50 % des höchstmöglichen Wasservolumens beinhaltet, kann Bedauern oder Freude auslösen. Ähnlich verhält es sich mit Chancen und Risiken. Es handelt sich um zwei Seiten derselben Medaille. Wie ich damit umgehe, entscheidet über Erfolg oder Misserfolg, vielleicht sogar endgültiges Scheitern.

Schon die Altvorderen wussten, dass der Glaube Berge versetzen kann. Allzu gerne wird unter Beratern der Witz gehandelt, physikalisch/anatomisch sei es nicht möglich, dass eine Hummel fliegen könne. Zum Glück wisse sie davon nichts und fliege trotzdem.

Ich gebe zu: Es braucht Mut zum Risiko. Doch Risiken einzugehen, hat nichts mit russischem Roulette zu tun. Es geht um kalkulierbares Vorgehen, ggf. mit B-Plänen abgesichert. Laut Prof. Gigerenzer, dem Papst der Risikokompetenz, kann man diese trainieren. Man sollte damit früh anfangen, nämlich bei Kindern.

Hilfreich wären eine Kultur des Scheiterns und ein Umgang mit Fehlern, die die Chancen- und Risikokompetenz fördern. Wichtig ist die Rückendeckung des Vorgesetzten, wenn etwas schiefläuft. Fällt sie aus, wird es sich ein Mitarbeiter gut überlegen, ob er oder sie jemals wieder ein Risiko eingeht.

In einem Klima der Angst können Kreativität, Mut und Risikofreude nicht gedeihen. Interessant ist, um wie viel unverkrampfter andere Nationen mit dem Scheitern umgehen. In den USA ist ein Konkurs kein dauerhafter Makel. Im Gegenteil, man geht davon aus, dass derjenige viel dazugelernt hat.

Zusammenfassung

Meines Erachtens muss bei Unternehmen und Organisationen in den Fokus rücken, sowohl bei Mitarbeitern als auch Führungskräften die Chancen-, Risiko- und Problemlösungskompetenz zu fördern und zu trainieren. Hinzukommen muss die systematische Entwicklung ausgeprägter Service- bzw. Kundenorientierung. Für eine optimale Wirkung bedarf es einer kreativitätsfördernden Organisations- und auch Kommunikationskultur.

Es gibt viele Chancen, die es zu nutzen gilt. Bei gleichzeitig konstruktivem Umgang mit Risiken lockt ein dreifach lohnender Schatz: Neben ökonomischem Gewinn bei Unternehmen bzw. höherer Effektivität in Verwaltungen steht der nicht immer sofort bezifferbare Gewinn durch höhere Kundenzufriedenheit. Chancen- und Risikokompetenz zu fördern und die Mitarbeiter so verstärkt an Entwicklungen zu beteiligen, führt zu erhöhter Motivation der Mitarbeiter, wodurch Arbeit als interessanter erlebt wird und zu besseren Ergebnissen führt. Das macht zufrieden.

Löwen-Lounge Nr. 5: Innovation und Chancen im Blick

Erneut: Herzlich willkommen in der Löwen-Lounge! Die Lounge müsste wegen Überfüllung schließen, hätte ich alle Interviews hier platziert, die ich mit innovativen Menschen führte. Jeder meiner Befragten ist auf seine Weise innovativ. Ich habe mich für drei außergewöhnliche Unternehmer entscheiden, deren Produkte unterschiedlicher nicht sein könnten. Ich verwende diese Produkte, bin begeistert und verrate schon einmal: Die Reise geht von den Füßen über den Bauch zu den Zähnen. Lassen Sie sich überraschen.

Der innovativste Schuhpflegeexperte

Frank Becker, Diplom-Kaufmann, geschäftsführender Gesellschafter der Collonil Salzenbrodt GmbH & Co. KG, Vorstand der Berliner Wirtschaftsgespräche e. V.

Frank Becker studierte in Mannheim und begann sein Berufsleben bei BASF in Ludwigshafen. Er war einige Zeit in den USA und sanierte später eine große Gerberei in Portugal. 1998 übernahm Becker die Geschäftsführung des seinerzeit angeschlagenen Berliner Familienunternehmen Collonil und brachte es wieder auf Kurs. 2010 wurde er „Berliner Unternehmer des Jahres". Becker bezeichnet sich selbst als Schuhliebhaber und besitzt 50 Paar Schuhe.

Collonil ist eine weltweit bekannte und führende Marke für anspruchsvolle Schuh-, Leder- und Textilpflege. Produziert wird seit mehr als 100 Jahren von der Salzenbrodt GmbH & Co. KG in Berlin. Exportiert wird in über 100 Länder. Dank einer konsequenten Qualitäts- und Innovationsstrategie steht die Marke Collonil für höchste Kompetenz in der Pflege und Imprägnierung von Schuhen und Bekleidung. Sie hat sich außerdem mit Hightech-Pflegeprodukten für Bekleidung, Aviation, und Car Care einen Namen gemacht. Mehr erfahren Sie unter www.collonil.com.

Persönliches

Frank Becker ist Vorsitzender des Vorstands der Berliner Wirtschaftsgespräche e. V. Wir kennen uns über unseren gemeinsamen Verein. Ich bin dort Mitglied und gehöre dem Lenkungsausschuss für Kultur, Tourismus und Kommerz an. Wir planen erste gemeinsame Veranstaltungen zu spannenden Themen. Frank Becker bin ich mitsamt meiner Familie zum Dank verpflichtet: Seit jeher verwende ich Collonil Schuhputz- und Imprägniermittel – aus alter Tradition, denn meine Mutter und die Großmutter machten das auch schon so. Und es hat immer funktioniert. Nun aber hat er ein echtes „Seidenschuh-Problem" gelöst, denn die Verkäuferin wusste nicht, wie ich den Schuh imprägnieren könnte: Nach dem Interview mit Frank Becker gab es nicht nur ein Spezialimprägniermittel, sondern auch eine Anleitung, wie ich das machen soll: Erst an einer verdeckten Stellen mit einem feuchten Läppchen vorsichtig testen, ob sich dieses verfärbt – tat es nicht –, und dann mit dem richtigen Abstand einsprühen – gleichmäßig und nicht zu viel. Voilà! Nun kann ich diese wundervollen pinkfarbenen Schuhe, die perfekt zu einem Seidenkleid passen, auch außerhalb geschlossener Räume tragen. Man wird schließlich nicht immer auf Händen getragen.

Doch lassen wir Frank Becker zu Wort kommen:

Was verbinden Sie mit Löwen?

Hätten Sie gefragt, was für ein Tier ich gerne wäre, wenn ich wählen müsste, hätte ich, ohne zu zögern, gesagt: ein Wolf. Ich liebe Wölfe. Das sind die Tiere, die ich in zoologischen Gärten immer besuche. Bei meiner Familie gelte ich als Wolfflüsterer und rangiere bei den Kindern damit gleich hinter Batman, weil es mir gelang, in einem Alpenzoo in Österreich einen aufgebrachten Jungwolf aus einem Rudel zu beruhigen – nur mit Blickkontakt, beruhigender Stimme und einer ausgestreckten Hand. Gerade so, wie das auch bei Hunden funktioniert.

Die Löwen haben in der Natur eine wunderbar funktionierende Gemeinschaft: Die Weibchen sind sehr emanzipiert, die Männchen geben gerne den großen Macker. Aber intern ist klar, wer den Ton angibt. Es geht um gemeinsame Ziele. Die Weibchen agieren sehr bewusst in dieser Aufgabenverteilung und schaffen sich so einen Freiraum.

Welche Werte sind Ihnen wichtig?

Es sind gar nicht so viele. Sie sind jedoch so elementar, dass sich die übrigen Werte von ihnen ableiten lassen. Wichtig ist Vertrauen. Das erwarte ich von anderen privat und beruflich. Wenn es nicht da ist, kann man zwar Brücken bauen, aber wirklich belastbar sind diese nicht. Zerstörtes Vertrauen ist nicht reparabel. Ähnlich der Eifersucht ist auch Vertrauen ein starkes Gefühl.

Wichtig ist mir ein hoher Grad an Disziplin. Diesen Anspruch habe ich auch an mich selbst. Es gilt, auch eigenes Handeln zu kontrollieren. Der nächste für mich bedeutsame Wert ist Toleranz. Es gibt Milliarden von Menschen und damit Milliarden von Möglichkeiten, glücklich zu sein, und ebenso viele Arten von Liebe.

Was bedeutet Innovation für Sie?

Innovation ist Disruption, ein disruptiver Vorgang, der völlig neues Denken und Handeln ermöglicht, bisweilen ein ganz anderes Leben. Innovationen dieser Art waren die Erfindung des Verbrennungsmotors, des Telefon, die Gas- und Stromversorgung. In der Medizin war es das Penicillin. Innerhalb des Innovationsbegriffs gibt es die Unterbegriffe „Fortschritt“ und „Entwicklung“. Disruption gibt es selten, viel öfter können wir von Weiterentwicklung sprechen.

Inwiefern sind Sie und Ihr Unternehmen selbst innovativ?

Wir von Collonil streben Innovation an, was uns mit durchschnittlich fünf neuen Produkten pro Jahr auch gelingt. Dafür haben wir eine große Abteilung für Forschung und Entwicklung mit sechs Mitarbeitern, genauer: derzeit sechs Chemikerinnen. Damit Sie die Relation sehen: Die Gesamtbelegschaft umfasst 132 Mitarbeiter in Berlin. Umweltfreundlichkeit ist für uns ein wichtiger Aspekt. Wir haben auch einige komplett vegane Produkte entwickelt.

Wir bekommen viele interessante Anregungen vom Endverbraucher, beobachten die Trends in Sachen Schuhmode und reagieren schnell. Die Straße regiert die Mode. Insofern spreche ich auch gerne von einer „Sneakerisierung" der Gesellschaft. Ich lebte einige Zeit in den USA, sowohl an der Ost- als auch an der Westküste: Die amerikanischen Frauen hatten schon immer ein Gespür für jobbezogene Outfits – sie trugen Sneakers in der U-Bahn und Pumps im Büro. Heute sind die „athletic outfits", modifzierte Sportbekleidung im Vormarsch, selbst im Job. In NY bezeichnen die jungen Frauen, die schicken Ladys mit High Heels als „Jersey Girls". „Jersey Girl" bedeutet: Das Mädchen lässt sich in der Mode fremdbestimmen und zieht sich klassisch schick an.

Wir erleben parallele Entwicklungen. Es gibt einerseits immer mehr billige Schuhe, die wenig gepflegt werden. Andererseits laufen Pflegeprodukte nicht nur bei Luxusschuhen im oberen und obersten Preissegment, sondern auch bei Schuhen im mittleren Preissegment. Bei Sneakers ist Schuhpflege selbst bei jungen Leuten ein Muss oder cool. „Do you have your sneakers carboned?" ist eine durchaus übliche Frage, denn Sneakers sind mit 90, 115 oder mehr Euro eine echte Investition. Limitierte Luxusmodelle sind Sammlerstücke und sündhaft teuer.

Welche Innovation würden Sie sich ganz allgemein wünschen?

Ich würde sie mir in der Medizintechnik wünschen: Wenn es gelänge, die größten Geiseln der Menschheit wie Krebs durch große Fortschritte zu besiegen, zumindest aber noch besser zu bekämpfen.

Wie sollten wir mit Risiken umgehen?

Spontan fällt mir dazu ein: „If it doesn't kill you, it will help you." Oder: Was dich nicht umbringt, macht dich stark. Man muss den Mitarbeitern klarmachen, wer die wichtigste Person für das Unternehmen ist. Das sind nicht die Vorgesetzten, nicht einmal die Händler. Es ist der Endverbraucher. Ein großes Risiko liegt darin, dass der Verbraucher befindet: Etwas ist nicht gut genug oder zu teuer. Das größte Risiko setzt noch früher an, nämlich keinen Zugang zum Verbraucher zu finden. Meine Devise lautet: Wir bringen die besten Produkte zum Verbraucher.

Der Kulturbeauftragte mit angegliederter Brauerei

Michael Weiß, Diplom-Braumeister, Diplom-Kaufmann und geschäftsführender Gesellschafter von Meckatzer Löwenbräu

Michael Weiß leitet das 1738 gegründete Meckatzer Löwenbräu als Familienunternehmen in vierter Generation. Das Unternehmen gehört seiner Familie seit 1853. Michael Weiß studierte BWL in München und Brauwesen an der TU München-Weihenstephan. Als Mitglied der slowBREWING-Vereinigung legt er größten Wert auf hohe Qualitätsstandards in allen Unternehmensbereichen. Michael Weiß war elf Jahre lang Chef des Bayerischen Brauerbundes und mehrere Jahre Vizepräsident des Deutschen Brauerbundes. Seine Passion ist die Kunst und die Förderung der Heimat und ihrer Menschen.

Weitere Informationen finden Sie auf www.meckatzer.de.

Persönliches

Manchmal schlägt das Leben Kapriolen – ich suchte für die Löwen-Strategie nach einer Löwenbrauerei mit wundervollem Traditionsbier und zudem hippen, schrägen, kurz: innovativen Bierkreationen, die ich selbst wahrscheinlich als Purist, der auch keine Cocktails trinkt, nicht unbedingt probieren würde. Ich rief bei einem Branchenverband an und trug einem hilfreichen Herrn mein Anliegen vor. Wahrscheinlich möchte er nicht genannt sein von wegen Neutralität gegenüber Verbandsmitgliedern. Er sagte mir: „Ich schicke Ihnen einen Artikel, dann verzichten Sie auf hipp und schräg." So kam es: Der Artikel berichtete vom Allgäuer Bierphilosophen, dem Chef von Meckatzer Löwenbräu, Michael Weiß. Wow!

Es war verrückt: Ich kannte ihn bereits flüchtig als Sponsor der Vernissage von „Picasso Passionen", die mein Freund Roland Doschka im März 2016 in Lindau kuratiert hatte. Da bestätigt sich wieder einmal: Die Welt ist klein. Der Ausflug nach Meckatz im Allgäu hat sich gelohnt: Ich durfte ein vorbildliches Unternehmen und einen kunstsinnigen Inhaber kennenlernen.

Lieber Herr Weiß, was verbinden Sie mit Löwen?

Zunächst zum Sternzeichen Löwe: Meine Schwester ist im Sternzeichen Löwe geboren. Vor allem aber verbinde ich seit dem 16. August 1996 persönlich sehr viel mit Löwen: Meine drei Kinder sind Löwe-Geborene, ein Mädchen und zwei Jungen. Gleichwohl ist jeder der Drillinge anders. Man müsste sich wohl den Aszendenten anschauen.

Der Löwe steckt zudem im Firmennamen: Meckatzer Löwenbräu. Der Gasthof der Vorfahren hieß bereits „Zum Löwen", wovon der Firmenname abgeleitet wurde.

Vom Löwen als Tier bin ich sehr angetan. Er ist ein wehrhaftes Tier. Ich habe Löwen in Kenia live erlebt bei frühmorgendlichen Ausfahrten in die erwachende Natur: Löwen in Freiheit, verschlafen mit Tau auf dem Fell. Sie wirkten wie friedliche Kätzchen. Ich habe sie in allen Posen fotografiert.

Welche Werte sind Ihnen wichtig?

Es sind vor allem menschliche Werte. Sie können sie in unserer Unternehmensbroschüre nachlesen: „Die Treue zu sich selbst, das Bekenntnis zur eigenen Überzeugung und der Dienst an der Gemeinschaft. Wir glauben an die Zukunft einer Gemeinschaft von Menschen, die ihre Probleme partnerschaftlich löst. Für diese Werte sind wir auch bereit zu kämpfen." Der Dienst an der Gemeinschaft war schon meinen Vorfahren wichtig. Das ist unser ideelles Verbindungsband.

Mir ist wichtig, dass etwas vorangeht, dass sich etwas zum Besseren wendet, was nicht ganz so gut ist. Es ist wichtig, dass Menschen sich weiterentwickeln, man selbst, die Kinder. Auch das Unternehmen muss sich weiterentwickeln, die Mitarbeiter. Der Schlüssel zur Weiterentwicklung ist, Potenzial zu erkennen.

Ich sammle – wie meine Vorfahren übrigens auch – Kunst, vor allem heimische Künstler und Zeitgenössisches. Ich bringe die Kunst auch ins Unternehmen zu den Mitarbeitern. Kunst bildet, schafft Anregung und erweitert den Horizont. Der Unternehmer und Kunstsammler Albert C. Barnes, der schon im vorigen Jahrhundert in den USA Kunst in seinem Unternehmen ausstellte, hatte ein Motto für seine Mitarbeiter, das mir gefällt: „90 % arbeiten, 10 % sehen lernen" – auch durch die Beschäftigung mit Kunst.

Qualität hat für mich einen hohen Stellenwert: Produktqualität, ästhetische oder Design-Qualität und menschliche Qualität. Es geht um Kultur, auch um die Kultur des Miteinanders: mit Kunden, mit Mitarbeitern, mit Lieferanten. Ich sehe mich im Kontext einer Wertegemeinschaft: Allen, die im Rahmen der Wertschöpfungskette am Entstehen und schließlich auch am Verkauf unserer Biere beteiligt sind, soll es gut gehen, damit den Endverbraucher ein gutes Produkt erreicht. Menschen spüren das.

Wir kaufen beste Qualität ein, die mit höchstmöglichem Umweltstandard hergestellt wurde. Dabei setzen wir auf regionale Zusammenarbeit. Dass unser Bier am Markt das Teuerste ist und Menschen bereit sind, diesen Preis zu bezahlen, ist ein positives Signal für alle an der Wertschöpfungskette Beteiligten.

Innovation bedeutet nicht vordergründig neue Produkte, z. B. ein neues Bier. Ich lasse Mode Mode sein. Man muss nicht alles nachmachen, was Wettbewerber machen oder was angesagt ist. Dieser Versuchung muss man widerstehen. Wir haben z. B. keine Mixgetränke und lehnen Einwegverpackungen ab.

Mir kommt es auf einen echten Verbund von Tradition und Moderne an. Deshalb habe ich mich sehr intensiv damit beschäftigt zu erspüren, was uns als Marke ausmacht, um diese erfolgreich in die Zukunft zu führen. Unsere Branche ist stark von der Technik des Bierbrauens geprägt. Künftige Bierbrauer besuchen die Brauerei-Hochschule. Was sie da lernen, ist etwas von außen, das kommt nicht aus den Menschen selbst. Das technische Wissen allein reicht nicht. Man muss ergründen: Wofür stehst du? Was ist deine Identität? Und dies dann auch leben und zum Ausdruck bringen. Es geht um das Anders-Sein.

Mein Großvater war übrigens unglaublich weitsichtig, indem er bereits 1905, als kaum jemand an Markenschutz dachte, die Marke „Meckatzer Löwenbräu Weiss-Gold" schützen ließ.

Das Stammgebiet vom Meckatzer Löwenbräu liegt in einem Radius von 60 Kilometern rund um die Brauerei. Wir genießen hohes Ansehen. Wenn wir mit unseren Produkten aus dem Stammgebiet hinausgehen, gehen wir nur in top Objekte in der Gastronomie und im Handel.

Hinweis: Auf die Frage, wo man das Bier in Berlin kaufen könne, wurde mir eine wirklich feine Adresse genannt: die Delikatess-Fachgeschäfte von Butter Lindner, einer wahren Berliner Institution. Ich empfehle den großen Butter Lindner am Wittenbergplatz, der ist wohlsortiert.

Welche Innovation würden Sie sich wünschen?

Dass die Menschen weniger korrupt wären. Selbstbereicherung ist ein echtes Übel und dient nur dem eigenen Ego. Sie geht zulasten der Gemeinschaft. Menschen sollten der Gemeinschaft dienen.

Worin liegen die größten Chancen?

Die größte Chance läge – im Umkehrschluss zur vorherigen Frage – darin, dass sich Menschen von ihre Egozentrik wegbewegen und Dinge auf einen längeren Zeitraum hin betrachten würden. Letzteres gilt gerade für die Politik, die zu schnell auf die Medien reagiert. Das Denken in längeren Zeiträumen bietet die Chance, dass sich manches relativiert und gewisse Moden Moden bleiben. Wir brauchen mehr Nachhaltigkeit – nicht nur ökologische oder ökonomische, sondern auch soziale Nachhaltigkeit. Die Nachhaltigkeit des Denkens und Handelns müsste von der Politik ausgehen, mit deutlicher Ansprache und Kommunikation.

Was macht gute Kommunikation aus?

Wirklich zuhören und nicht vorschnell antworten. Man sollte die Perspektive des Adressaten einnehmen und sich fragen: Wie sage ich es, damit meine Botschaft von genau diesem Adressaten verstanden wird?

Was müssen wir tun oder worin besser werden, um den erforderlichen Wandel zu bewältigen?

Wir müssen mehr in die Tiefe gehen, nicht in die Breite. Die Komplexität der großen Fragen ist ungeheuer. Um sie zu begreifen, bedarf es der Intensität. Das Hauptdrama unserer Zeit ist die Oberflächlichkeit.

Welches Motto treibt Sie an?

Klasse statt Masse – beim Bier, bei der Kleidung und beim Umgang mit Menschen.

Der Mann mit der Pille für die Zähne

Axel Kaiser, geschäftsführender Gesellschafter der DENTTABS® innovative Zahnpflegegesellschaft mbH, Berlin

Axel Kaiser ist ein Unternehmer, dem die jetzige Tätigkeit nicht in die Wiege gelegt wurde: Er ist gelernter Automechaniker. Sein Unternehmen entwickelt und vertreibt ausschließlich ein Produkt: die DENTTABS-Zahnputztabletten. Ziel ist, Zahnpflege mit einem Produkt zu revolutionieren, das wasserfrei ist und anders als die handelsüblichen Zahnpasten nur aus einem Minimum an Bestandteilen besteht. Dies ist letztlich die Konsequenz aus den Erkenntnissen des Dentallabors proDentum Dentaltechnik GmbH, das Axel Kaiser gemeinsam mit seinem Bruder Matthias ab 1992 aufgebaut hatte. Über 250 Zahnarztpraxen zählen zu den Kunden. proDentum versorgt Menschen mit kostengünstigem, aber qualitativ gleichwertigem Zahnersatz, den zunächst der Bruder Christoph in Singapur produzierte. Der geschäftspolitische Ansatz „Qualität und trotzdem kostengünstig" war damals spektakulär und führte zu heftigen, jahrelangen Anfeindungen in der Branche.

Mehr erfahren Sie unter www.denttabs.de.

Persönliches

Eine gemeinsame Bekannte stellte den Kontakt zwischen Axel Kaiser und mir her mit der Anmerkung, wir könnten uns gegenseitig nützlich sein. Stimmt. So ist es, und befreundet sind wir mittlerweile auch. Für das Kennenlerngespräch hatte ich eine gute Stunde eingeplant. Wir saßen einen ganzen Spätnachmittag und Abend zusammen. Danach wusste ich alles über Zähne und den Zusammenhang von Zähnen und Krankheiten. Ein spannendes Thema. In Sachen Zahnpflege hat Axel Kaiser mein Leben auf das Positivste verändert. Ich kann von meinem geliebten Schwarztee trinken, so viel ich möchte, und habe trotzdem keine verfärbten Zähne. Gebohrt wird beim Zahnarzt auch nicht mehr. Mit meinen DENTTABS-gepflegten Zähnen bin ich die beste Botschafterin für dieses innovative Produkt, für das ich auch ein wenig missioniere. Nein, überall wo es passt …

Lieber Herr Kaiser, was verbinden Sie mit Löwen?

Es sind drei Aspekte:

- Im Sommer 2014 war ich sprichwörtlich in der „Höhle des Löwen" – genauer: in der gleichnamigen Sendung von Vox. Der Produzent Sony hatte uns die Teilnahme selbst vorgeschlagen. Diese Sendung ist eine Art von Unternehmens-Casting. Es geht darum, eine aus Unternehmern bestehende Jury in wenigen Minuten so von seiner Produkt- oder Dienstleistungsidee zu begeistern, dass diese sich am Unternehmen beteiligen und so für Start-ups Startkapital bzw. Kapital zur Expansion zu Verfügung stellen. Wir ließen offen gesagt ordentlich Federn, aber das, was wir neben einer Beteiligung eines der Juroren erreichen wollten, Publicity, haben wir erreicht. Wir hatten eine tolle Presse und viel dazugelernt. Es war anstrengend, aber hat sich gelohnt. Eine unglaubliche Erfahrung.
- Zu den echten Löwen: Ich habe viele Dokumentarfilme gesehen und mochte die Löwinnen immer etwas lieber als die Männchen. Es hat mich beeindruckt, wie sich die Löwinnen umeinander gekümmert haben. Sie sind mehr als eine bloße Zweckgemeinschaft zur Jagd. Sie ziehen die Jungen gemeinsam groß, die einen passen auf die Jungen auf, während die anderen jagen. Auch werden kranke Tiere mit durchgefüttert. Löwenmänner sind aufgrund ihrer Größe beeindruckender, aber sie haben nur eine „geringe Halbwertzeit": Sie werden von jüngeren Löwen ersetzt, wenn die Kraft nachlässt.
- Zu den Löwen als Sternzeichen: Ich bin ein Skorpion und habe ein recht ambivalentes Verhältnis zu Löwe-Geborenen: Wir vertragen uns entweder wie beste Freunde, sind wie Pech und

Schwefel, oder es ist ein einziger Albtraum. Es gibt nichts dazwischen. Löwe und Skorpion sind beide starke, sehr selbstbewusste Sternzeichen.

Was bedeutet Innovation für Sie?

Zur Innovation gehört erkennbare Verbesserung. Sie muss den Menschen dienen, vielleicht kann man es auch Gemeinwohl nennen. Seit Langem bin ich ein Fan von „Cradle to Cradle", d. h. keine Dinge zu produzieren, wenn nicht geklärt ist, wie sie möglichst umweltfreundlich entsorgt werden können.

Sind Sie und Ihr Unternehmen innovativ?

Nach klassischem Verständnis: Nein. Ich bin ein progressiver Konservativer. Ich kann Veränderungen nicht ausstehen, ich mag aber auch Stillstand nicht. Festhalten an Dingen, Abläufen und Ideen, die falsch sind, geht mir ernsthaft auf die Nerven. Unsere DENTTABS-Zahnputztabletten sind eigentlich ein Rückschritt nach dem Motto, weniger ist mehr. Das bedeutet hier weniger Bestandteile als in den gängigen Zahnpasten, von denen einige schädlich sind oder sein können.

In diesem Rückschritt und der Reduktion auf wenige Bestandteile steckt jedoch gleichzeitig die Innovation. Zudem putzt man sich mit den DENTTABS die Zähne streng genommen nicht, sondern poliert sie. An polierten Zähnen können sich keine Beläge bilden. Keine Beläge – keine Karies. Wobei das Polieren z. B. mit einem Hölzchen wiederum eine uralte Technologie in der Zahnpflege ist, die von vielen Völkern noch heute angewandt wird.

Wir hatten nicht die Idee: Jetzt machen wir etwas Innovatives, jetzt entwickeln wir mal ein Zahnpflegeprodukt. Die Idee kam zu uns. Ich wollte lediglich einem Kunden (Zahnarzt) unseres Dentallabors einen Gefallen tun, indem ich ihn bei seiner Doktorarbeit unter Herrn Prof. Peter Gängler, dem Dekan der zahnmedizinischen Fakultät der privaten Universität Witten-Herdecke, unterstützte. Vorgegeben war, eine wasserfreie Zahnpflege zu erfinden, um auf viele chemische Hilfsstoffe, die in Zahnpasta stecken, verzichten zu können. Je weniger chemische Stoffe, desto niedriger ist das Risiko, im Körper ungewünschte Nebenwirkungen auszulösen.

Leider können wir uns derzeit keine groß angelegte Studie leisten, die belegt, dass Zahnpasta unter Umständen krank machen kann oder Krankheitsbilder verstärkt. Wir wissen jedoch von vielen Nutzern, dass Krankheiten verschwanden oder weniger ausgeprägt auftraten, nachdem die Zahnpflege auf DENTTABS umgestellt und ganz auf Zahnpasta verzichtet wurde. Um kein Missverständnis aufkommen zu lassen: DENTTABS-Zahnputztabletten sind – abgesehen davon, dass sie kleine Löcher im Zahn reparieren können – kein Heilmittel. Die positive Wirkung resultiert daraus, dass sie eine andere Form der Zahnpflege sind.

Welche Innovation würden Sie sich wünschen?

Die konsequente Umsetzung der Energiegewinnung aus der Sonne unter Verzicht auf die Vernichtung fossiler und andere Rohstoffe.

Welchen Werten sind Sie und Ihr Unternehmen verpflichtet?

Nichts zu unternehmen, was nicht auch den Menschen dient. Oder positiv formuliert: Dinge zu unternehmen, die einen Sinn machen und positive Auswirkung für möglichst viel Menschen haben.

Worin bestehen die größten Chancen?

In Bildung und im Erkenntniszugewinn der Menschen – egal in welcher Reihenfolge. Nur wer Bescheid weiß, kann eine Entscheidung treffen.

Was ist Erfolg für Sie?

Erfolg ist zu wissen, dass ich das Richtige tue, oder umgekehrt zu wissen, dass das, was ich tue, richtig ist.

Welches Motto treibt Sie an?

Immer das Richtige tun, egal wie groß der Widerstand ist.

8. Kapitel

8

Networking für Profis

„Ohne Networking-Techniken wird in Zukunft keine nennenswerte Teilhabe mehr am gesellschaftlichen und ökonomischen Leben möglich sein."

Matthias Horx, Zukunftsforscher

Löwen sind perfekte Netzwerker: Auf die Gefahr hin, mich zu wiederholen: Löwen sind die einzigen Großkatzen, die im Rudel zusammenleben. Das Leben in einem überschaubaren Rudel von maximal zehn bis zwölf Tieren ist nach einer Paarbeziehung wohl die engste Gemeinschaft unter Tieren. Herden von Gnus, Antilopen sind wesentlich größer. Sie bestehen aus Hunderten von Tieren. Umso enger ist die Verbindung und Beziehung der Löwen untereinander. Löwen sind gesellige Tiere. Kevin Richardson, den man den Löwenflüsterer nennt, bezeichnete sie in einer Reportage sogar als zärtlich.

Innerhalb der Rudels stellt die Gemeinschaft der jagenden Löwinnen wiederum ein eigenes Netzwerk dar. Auch die männlichen Löwen leben großenteils in Verbünden: So tun sich die des Rudels verwiesenen Junglöwen mit anderen männlichen Löwen zusammen, bis sie alt genug sind, ein eigenes Rudel zu übernehmen. Der Löwenexperte Gareth Patterson ist davon überzeugt, dass Löwen die außergewöhnliche Fähigkeit haben, untereinander über Telepathie zu kommunizieren. Diese Form der Kommunikation erstreckt sich auch auf die Menschen, die sie in seltenen Fällen wie seinem zu ihrem Rudel zählen. In der Zeit, in der Gareth seine drei Junglöwen auswilderte, wusste seine Lebensgefährtin mit höchster Treffsicherheit vorherzusagen, ob die Tiere sich im Camp sehen lassen würden. Er selbst spürte immer, wenn etwas mit ihnen nicht in Ordnung war.

Löwen und Hyänen teilen sich häufig das Jagdgebiet und jagen sich wechselseitig Beute ab. Das ist weniger ein Netzwerk als vielmehr ein Fall von mehr oder weniger friedlicher Koexistenz.

„Professionelles Networking – eine lohnende Investition" lautet einer meiner gefragtesten Vortragstitel. Dieser Titel beinhaltet zwei Aufforderungen und ein Erfolgsversprechen: Sei professionell und investiere, dann ziehst du großen Nutzen aus dem vorangegangenen Aufwand.

Man investiert Zeit, Ideen und manchmal auch Geld ins Netzwerken. Ich spreche von einer mittel- bis langfristigen Investition. Der „Return on Investment" ist über die Jahre um ein Vielfaches höher. Er besteht im Zugang zu erstklassigen Informationen, häufig exklusiv und so früh, dass man einen Zeitvorsprung vor anderen hat. Ebenso wichtig ist die Zeitersparnis, wenn man den kleinen Dienstweg beschreiten kann, weil man eben die Handynummer der Expertin oder des Abteilungsleiters hat und einfach anrufen kann, ohne vielleicht vom Sekretariat abgewimmelt zu werden.

Dieses Grundverständnis hat nicht jeder, der meint, ein hervorragender Netzwerker zu sein, und schon gar nicht diejenigen, die gleichzeitig beklagen, zu wenig Zeit dafür zu haben oder zu wenig zurückzubekommen. Oder auch beides. Professionelles Networking und der Fokus hierauf führt zu mehr Effizienz. Networking wird von Erfolg gekrönt, wenn wir etwas Geduld mitbringen.

I. Networking-Geheimrezept

Networking ist nicht ein einziges „großes Ding". Es gibt keinen simplen Trick. Der Schalter zu guter Vernetzung legt sich nicht von Zauberhand um. Networking ist ein Prozess. Man spricht nicht umsonst von Beziehungsaufbau. Aufbau dauert.

Zudem braucht es die richtigen Zutaten und die richtige Mischung wie beim Kuchenbacken. Rezepte beginnen für gewöhnlich mit „Man nehme …", dann folgen präzise Maßangaben, an die man sich halten sollte, damit man keinen Zementklotz backt oder ein Etwas von zweifelhaft cremiger Konsistenz.

Es sind viele Kleinigkeiten, die zu guter Vernetzung führen und dazu beitragen, Beziehungen am Laufen zu halten. Das Schönste daran ist, dass man sie in den Berufsalltag gut mit einfließen lassen kann. Es gilt: Kleine Ursache – große Wirkung.

Wer seine Networking-Aktivitäten als Fremdkörper empfindet, sollte nach dem Grund suchen. Es könnte an der Vorgehensweise, schlechtem Timing oder der Auswahl der Gesprächspartner liegen. Häufig ist es jedoch auch die Einstellung, genauer: das Anspruchsdenken. Keiner schuldet uns etwas. Zudem wird der, der zu forsch auftritt, zu viel von anderen will oder aufdringlich ist, nicht willkommen sein.

Kunden und Bekannte immer im Blick

Ich habe meine Freunde, Kunden und die befreundeten Kunden immer auf dem Schirm. Sie haben sich daran gewöhnt, aus dem Nichts heraus angerufen und über eine Blitzidee informiert zu werden. Diese leite ich gelegentlich wie folgt ein: „Ich habe eine Idee, soll ich berichten? Ich habe nämlich XY kennengelernt." Oder: „Ich habe einen interessanten Vortrag zu Ihrem/deinem Thema gehört – vielleicht passt das." Ja, manchmal passt es, manchmal aber auch nicht. Interessant sind die Fälle, in denen ich Menschen zusammenbringen möchte, die sich nützen oder füreinander interessant sein könnten, um dann von den Betreffenden zu erfahren, sie kennen sich bereits. Was für eine Bestätigung, dass man die Richtigen zusammengebracht hätte.

Dass ich Newsletter an Kunden und Bekannte weiterleite, für die sie interessant sein könnten, gehört bei mir zum „Service" der engagierten Netzwerkerin dazu. Ich halte allerdings den Aufwand dabei so gering als möglich und schreibe gelegentlich nur: „Punkt 3 – könnte für Ihr Projekt interessant sein." Oder so ähnlich. Etwas förmlicher gehe ich vor, wenn ich Kunden noch nicht lange kenne. Da darf dann die Anrede nicht fehlen und vollständige Sätze sind selbstverständlich. Alle anderen leben auch mit dem Hinweis „vielleicht interessant" sehr gut. Sehr schön sind Rückmeldungen wie: „Ich persönlich konnte nicht so viel damit anfangen, aber das betraf genau das Thema einer Kollegin. Ihr hat es sehr geholfen." Feine Sache.

Wer nie ein Feedback gibt und sich nie bedankt, fliegt übrigens aus meinem mentalen Verteiler.

II. Der rote Faden: In 7 Schritten zu starken Netzwerken

Es gibt zwar kein Geheimrezept für erfolgreiches Netzwerken. Es gibt jedoch einen roten Faden, dem man folgen sollte, um Struktur in seine Aktivitäten zu bekommen. Doch zunächst sei der Begriff „Netzwerk“ erläutert:

1. Netzwerk-Begriff

Die kürzeste und meines Erachtens beste Definition für „Netzwerk“ habe ich aus einem Englischlexikon: Danach ist ein Netzwerk eine große Anzahl von Personen, Gruppen oder Institutionen, die miteinander verbunden sind und systematisch zusammenarbeiten. Wichtig ist, dass es viele sind. Der kleine exklusive Kreis reicht im Leben häufig nicht aus. Masse oder Klasse ist die Frage. Doch wir müssen uns nicht für eines entscheiden. Wir sollten das stets nur in Bezug auf ein bestimmtes Anliegen tun. Will ich Bücher verkaufen, sollte ich möglichst viele Social-Media-Kontakte und einen großen Newsletter-Verteiler haben. Stelle ich hoch exklusiven Schmuck für die oberen Zehntausend her, werden die normalen Facebook-Friends eher nicht zu den direkten Abnehmern gehören. Wenn jedoch ein Star diesen Schmuck trägt und ihn mit einem Foto postet, ist das dem Geschäft durchaus zuträglich.

2. Die einzelnen Schritte

a) Schritt 1: Definition der Ziele

Auf die Wichtigkeit, sich seiner Ziele bewusst zu werden und sie klar und mit Zwischenzielen zu definieren, habe ich mehrfach hingewiesen. Auch beim Netzwerken ist dies elementar. Fokussieren Sie sich auf Ihr Karriereziel oder Ihren fachlichen Kontext, das definiert zugleich die Networking-Ausrichtung. Je genauer Sie wissen, was Sie wollen, desto zielgerichteter können Sie vorgehen

b) Schritt 2: Networking-Doppelstrategie

Es braucht beides: spontanes und strategischen Networking. Nur der Doppelpack führt zum Erfolg. Wir sollten immer und überall, wo es sich nur ergibt, netzwerken: Beim Anstehen am Buffet, beim Sport, im Zug oder Flugzeug. Man weiß nie, was sich daraus ergibt.

Ich halte viel von Spontaneität. Diese allein bringt uns jedoch nicht schnell und zielgerichtet genug voran, wenn es um ganz bestimmte Anliegen oder Vorhaben geht. Wenn man neu in einer Organisation oder einem Unternehmen ist, muss man sich schnell orientieren und wissen, wie der Hase läuft. Das können einem gut informierte Menschen vermitteln, die schon länger im Unternehmen sind. Auch der Aufbau einer Niederlassung oder der Schritt ins Ausland muss strategisch angegangen werden.

Wer in den Social Media aktiv ist, sollte sich hierfür eine Strategie überlegen, um effektiv und effizient zu sein. Die Gefahr der Verzettelung ist groß. Wenn man entschieden hat, präsent zu sein, sollte man das konsequent tun und sich den Webgepflogenheiten anpassen. Das gilt insbesondere für das Tempo der Kommunikation.

c) Schritt 3: Erfolgsfaktor gute Vorbereitung

Vorbereitung ist die halbe Miete. Das bewahrheitet sich immer wieder. Wir begegnen Menschen und haben in der Regel wenig Zeit, um unser Anliegen vorzutragen. Das können wir umso besser, je gründlicher wir uns vorbereiten. Hilfreich ist, sich prägnant vorstellen zu können. Ich sage nur: Elevator Pitch. Und sein Anliegen ebenso knackig parat zu haben. Zwei Beispiele guter Vorbereitung verdanke ich dem ehemalige US-Präsidenten Bill Clinton. Er ist ein hervorragender Netzwerker. Ihm wird nachgesagt, dass er zumindest früher immer ein Notizbuch dabeihatte, um Interessantes zu notieren, wenn er andere Menschen traf, insbesondere kennenlernte. Das kam ihm bei späteren Begegnungen zugute. Hermann Scherer, der Mann, der Bill Clinton nach Deutschland holte und einen gigantischen Event rund um den ehemaligen US-Präsidenten baute, erzählte mir, dass sich Bill Clinton in Vorbereitung des abendlichen Galadinners von jedem seiner Tischgenossen – Herren wie Damen – einen Lebenslauf geben ließ. Für jede Person hatte er sodann beim Abendessen eine persönliche Anmerkung oder Frage. Wenn das ein ehemaliger Präsident tut, kann sich auch Lieschen Müller auf Veranstaltungen vorbereiten.

d) Schritt 4: Know-how der Kontaktaufnahme

Es fällt vielen Menschen schwer, auf andere zuzugehen. Den Introvertierten fällt es noch schwerer als den Extrovertierten. Doch auch introvertierte Menschen können hervorragende Netzwerker sein. Sie wählen andere Mittel, schreiben öfter als anzurufen. Es funktioniert trotzdem. Zudem gibt es nicht nur Intro- und Extrovertierte, sondern auch Zentrovertierte oder Ambivertierte. Vieles ist meiner Meinung nach ohnehin eine Frage der Tagesform und der Umstände.

Studien zufolge bezeichnen sich 50 % der Amerikaner als schüchtern. Sicherlich hat auch das Einfluss auf ihre Vernetzung. Sie werden vielleicht keinen großen Bekanntenkreis haben, dafür aber einen gut gepflegten. Wir sollten das nicht zu sehr problematisieren. Jeder ist anders und man sollte sich nicht hinter Begrifflichkeiten verstecken, wenn man im Grunde bloß keine Lust hat, sich zu vernetzen. Das ist zu bequem und bringt einen nicht voran. Erfolge setzen voraus, dass wir uns überwinden, etwas zu tun.

Auch ich habe manchmal keine Lust auf Events, Gespräche oder manche Menschen. Dann beteilige ich mich auch nicht intensiv am Gespräch. Zum Glück ist das nicht häufig der Fall, aber es passiert. Insbesondere bei wichtigen geschäftlichen Kontakten muss man professionell auftreten. Sich hängen zu lassen, geht gar nicht. Man kann jedoch unter Umständen etwas eher gehen. Manchmal ist eine gute Lösung, einen anderen Termin vorzuschützen. Das ist auch glaubwürdig in Zeiten, in denen man viele parallele Einladungen hat.

e) Schritt 5: Kontakte erfolgreich nutzen

Kontakte zu knüpfen ist großartig, aber das allein bringt uns noch nicht voran. Wir müssen dranbleiben, eine Beziehung aufbauen und die Kontakte auch nutzen. Das will sorgsam oder auch strategisch vorbereitet sein. Niemals dürfen wir mit der Tür ins Haus fallen. Den Zurückhaltenden sei gesagt: Ja, wir dürfen Kontakte nicht nur nutzen – wir sind uns selbst sogar dazu verpflichtet, um Rat oder Unterstützung zu bitten. Sonst vergeben wir Chancen.

f) Schritt 6: Die hohe Kunst der Kontaktpflege

Die ganze Zeit, Kraft und Energie, die man ins Knüpfen von Kontakten steckt, war vergebene Liebesmüh, wenn man sich nicht darum bemüht, die Kontakte zu pflegen. Beziehungen sind zarte Pflänzchen, um die man sich kümmern muss. Das heißt nicht, dass man ständig in Kontakt sein muss. Wer seine Beziehungen jedoch nicht über Jahre pflegt, wird sie wieder verlieren. Manchmal merken wir erst spät oder zu spät, dass ein Kontakt eingeschlafen ist.

g) Schritt 7: Evaluation und Feinjustierung

Immer wieder beschweren sich Menschen, dass nichts aus ihren Netzwerken zurückkommt. Manchmal irren sie sich dabei ganz einfach. Denn wenn man nachbohrt, kommen erstaunlich gute Netzwerke ans Tageslicht, die nur nicht gewürdigt werden, warum auch immer. Andere bekommen tatsächlich nichts zurück. Da stellt sich die Frage nach dem Warum, und kein Weg führt an einem Umdenken und Ändern der Vorgehensweise vorbei. Ist die Zielgruppe vielleicht nicht richtig erkannt oder die Vorgehensweise suboptimal?

Man sollte sich regelmäßig mit der Qualität seines Netzwerks beschäftigen. Dies einmal im Jahr zu tun, ist zu wenig, aber besser als gar nichts. Falls Sie Weihnachtspost verschicken – egal ob in Papierform oder per Mail –, dann wäre dies ein wunderbarer Anlass, darüber nachzudenken, mit welchen Menschen Sie besonders viel zu tun hatten. Wer hilfreich war und wer von Ihnen profitierte. Ich empfehle auch nach Zeitdieben Ausschau zu halten, um gegenzusteuern. Erfreulich wäre, wenn Sie in Ihrem Netzwerk viele Entscheider, Multiplikatoren und Türöffner finden. Richtig zufrieden können Sie jedoch erst dann sein, wenn zu diesen Menschen ein guter Kontakt besteht. Der erste Schritt zum Auffrischen der Beziehung könnte eine mittels Weihnachtsgruß ausgesprochene Einladung zum Business Lunch sein. Ihnen fällt schon etwas Nettes ein. Das Kennen allein hilft noch nicht weiter.

Compliance-Richtlinien und ein Karriereende

Im Kontext von Einladungen und Präsenten darf der Hinweis nicht fehlen, dass Sie die Compliance-Richtlinien Ihres Unternehmens oder der Organisation strikt beachten sollten. Ein Vorstand wurde entlassen – ohne Abfindung und ohne Rentenansprüche –, weil er von einem Berater ein Armband im Wert von über 4.000 Euro als Geburtstagsgeschenk für die Gattin angenommen hatte. Es half auch nichts, dass der spendable Schenker seit Langem mit dem Vorstand bekannt war und sich die Herren duzten.

Dies sollte als allgemeiner Überblick reichen. Viele Punkte wurden in den vorangegangene Kapiteln in anderen Kontexten schon mit angesprochen. Wer an Details Interesse hat oder wissen möchte, wie man eine Networking-Strategie erarbeitet, dem empfehle ich gerne meinen Ratgeber, den „Crashkurs Networking – In 7 Schritten zu starken Netzwerken“. Er kann als Arbeitsbuch dienen und enthält auch Übungen. Ich konzentriere mich im Rahmen der Löwen-Strategie auf spezielle Fragestellungen.

III. Chancenverstärker Vernetzungskompetenz

Vernetzungskompetenz ist für mich die Fähigkeit, Kontakte zu knüpfen, ohne angestrengt oder aufdringlich zu wirken, daraus tragfähige Beziehungen zu beiderseitigem Nutzen zu entwickeln und diese in das bestehende Netzwerk zu integrieren, um dieses zu erweitern.

Vernetzungskompetenz wirkt sich auf alle Kompetenzfelder aus, die bisher angesprochen wurden. Gut vernetzte Menschen haben eine breitere Informationsbasis als andere und können Sachverhalte so viel besser beurteilen. Das reduziert wiederum Unsicherheit.

Natürlich kann und möchte man nicht jeden zum Freund haben, doch darum geht es auch nicht. Wie intensiv der Kontakt ist, bestimmt jeder selbst. Allerdings muss die betreffende Person das auch wollen. Beziehungen leben von persönlichen und auch regelmäßigen Begegnungen, daran ändert auch WhatsApp nichts. Die Intensität einer persönlichen Begegnung ist ganz anders als beim Skypen oder Mailen.

Manchmal öffnet einem schon der bloße Umstand, einen gemeinsamen Freund zu haben, Türen. Ansonsten gilt der alte Grundsatz: Wer Freunde haben möchte, muss selbst einer sein. Das heißt häufig, selbst in Vorleistung zu gehen, ohne eine unmittelbare Gegenleistung zu erwarten. Deswegen muss man nicht seinen Heiligenschein polieren, denn das ist langfristig nicht ausschließlich altruistisch. Es geht darum, im Gesamtkontext an eine ausgeglichene Bilanz in Sachen Geben und Nehmen zu denken. Irgendwann gibt es eine Gegenleistung, es steht nur noch nicht fest, von wem – vielleicht von der „begünstigten Person“, vielleicht von einem ganz anderen Menschen, den wir womöglich noch nicht kennen. Manche sagen, es gelte das Gesetz der Resonanz, oder: „Wie man in den Wald hineinruft, so schallt es heraus.“

1. Networking-Booster: Interesse und Haltung

Vernetzt zu denken und zu handeln, ist Ausdruck der Erkenntnis, dass wir gemeinsam besser vorankommen. Jeder profitiert in irgendeiner Weise vom Zusammenwirken. Vernetzt zu denken, ist darüber hinaus eine Lebenseinstellung. Versierte Netzwerker denken nicht: Ich sollte jetzt Kontakte knüpfen – sie tun es einfach.

Wer nicht breit und gut vernetzt ist, verschenkt Chancen, Unternehmer versenken förmlich Geld, indem ihre Umsätze und vor allem die Gewinne hinter dem zurückbleiben, was möglich wären. Das kann sich im Grunde keiner leisten. Deshalb rede ich der Kunst der Vernetzung das Wort.

Dabei habe ich im Blick, dass alle vom Miteinander profitieren. Das muss nicht in gleichem Umfang sein. Was jedoch gar nicht geht, ist, sich zulasten anderer Pfründe zu sichern. Weil das jedoch vorkommt, ist Networking bei manchen Menschen in Verruf geraten. Zu Unrecht: Die vernetzte Vorgehensweise ist genial. Verwerflich ist lediglich die Pervertierung, die sich in den Begriffen „Seilschaften", „Kölner Klüngel" oder „Vetterleswirtschaft" bei uns Baden-Württembergern niederschlägt. Denkt man jedoch an die lebensrettende Sinnhaftigkeit von Seilschaften beim Bergsteigen, richtet man den Fokus auf das Positive. Da verhält es sich ähnlich wie bei den Begriffen „Macht" und „Machtmissbrauch". Für manche Menschen ist das dasselbe. Für mich steht bei Macht hingegen die Möglichkeit, gestalten zu können, im Vordergrund.

Der Begriff der Win-win-Situation ist etwas abgedroschen, aber er trifft den Kern guter Vernetzung. Noch plastischer formulierte es der Eigentümer der Meckatzer Löwenbrauerei Michael Weiß im Interview, als er mir anhand der Abbildung der Wertschöpfungskette vom Einkauf des Hopfens bis zum Vertrieb über Einzelhändler seine Philosophie schilderte: „Ihnen allen muss es gut gehen, damit es unserer Brauerei gut geht und wir den Kunden ein gutes Produkt bieten können." So etwas hört man eher selten in Zeiten, in denen Einsparungen als Allheilmittel gelten. Selbstverständlich muss jeder Unternehmer scharf kalkulieren, aber hohe Qualität hat nun einmal ihren Preis. In Sachen Qualität war auch mein Vater kompromisslos. Er vertrat die Ansicht: „Lieber ein Stück weniger, dafür ein besseres." Mit diesem Grundsatz sind er und ich immer gut gefahren.

Der eine oder andere mag sich noch an den zunächst hochgelobten VW-Manager José Ignacio López des Arriortúa erinnern, der genau die gegenteilige Politik vertrat: Gewinnmaximierung um jeden Preis – auf Kosten anderer, der Zulieferer. Sein Vater reparierte Autos in einer kleinen Werkstatt in einem baskischen Dorf. Der Sohn stieg zum weltweit berühmtesten Manager der Automobilbranche auf. Er übernahm das neu geschaffene Superressort für Einkauf und Produktoptimierung. „Super-López", „Krieger", „Kostenkiller" nannte man ihn in der Autoindustrie oder auch den „Würger von Wolfsburg". Seine Getreuen, die mit ihm zu VW gewechselt waren, bezeichnete er als die „7 Krieger". Das war bis Mitte der 90er-Jahre so. Dann nahm seine Karriere ein unrühmliches Ende. Laut Wikipedia ist der sog. López-Effekt immer noch bekannt, allerdings in negativer Hinsicht als Synonym für billige und oft mangelhafte Bauteile.

Geiz ist nicht geil, sondern zeugt von Kurzsichtigkeit, wenn nicht gar Dummheit. Mir ist der Ansatz „Leben und leben lassen" sehr viel sympathischer, zumal sich gerade dann, wenn man anderen hilft oder sich mit ihnen über Erfolge freut, für einen selbst Türen öffnen.

2. Networking-Tool Small Talk

Small Talk ist für uns Menschen wichtig und Teil der Vernetzungskompetenz. Es handelt sich jedoch nicht um die hervorstechendste Löwen-Kompetenz. Ich beschränke mich daher auf wenige Kernaussagen und verweise ansonsten auf meinem Ratgeber „Crashkurs Networking – in 7 Schritten zu starken Netzwerken", wo Sie weitere Ausführungen und Beispiele finden.

Small Talk zielt auf die Beziehungsebene, während Business Talk die Sachebene betrifft. Deshalb bereitet Small Talk stets den Boden für Business Talk. Man darf ihn nicht gering schätzen. Er ist nicht banal. Wenn es gelingt, eine angenehme, freundliche und am besten vertrauensvolle Atmosphäre zu schaffen, sind alle Beteiligten lockerer. Sie nehmen sich eher als Menschen, denn bloß als Funktionsträger wahr. Das verbessert die Gespräche und führ zu besseren Ergebnissen.

Um ein Beispiel zu geben: Beim Business Lunch sollte man als Gastgeber das Gegenüber keineswegs sofort mit dem konfrontieren, was geschäftlich besprochen werden soll. Das wäre sprichwörtlich wie mit der Tür ins Haus zu fallen. Damit erreicht man lediglich, dass das Gegenüber zumacht, das Visier verschließt. Business Talk muss durch Small Talk vorbereitet werden.

IV. Unterschätzter Erfolgsbooster: Interne Vernetzung

Ich unterscheide zwischen der internen und externen Vernetzung von Unternehmen und Organisationen. Meistens steht die externe

Vernetzung im Fokus: Man bemüht sich um Corporate Design und Corporate Identity, legt Kampagnen auf, pflegt Pressekontakte, bemüht sich mit Messeauftritten und Firmenevents um den Kunden.

Das ist gut und richtig. Was mir seit Jahren jedoch auffällt, ist, wie unzureichend Mitarbeiter und zum Teil auch Führungskräfte intern vernetzt sind. Das erlebe ich in Konzernen ebenso wie in größeren Einzelunternehmen. Beseitigt man diesen Missstand, können wahre Schätze gehoben werden. Gute interne Vernetzung bedeutet eine riesige Chance, die zu ergreifen zu finanziellen und nicht finanziellen Belohnungen führt.

Unterstützen Sie Ihre Mitarbeiter aktiv, sich intern und natürlich auch extern gut zu vernetzen.

Strategischer Networkingstart par ordre du mufti

Mein ehemaliger Chef und Mentor, obwohl das Wort „Mentor" nie fiel, ein Löwe übrigens, hatte für meinen ersten Arbeitstag eine Listen mit ca. 20 Personen vorbereitet, die ich in den nächsten vier bis sechs Wochen kennenlernen sollte. Erste Termine mit Bereichsleitern, Geschäftsführern von Tochtergesellschaften und Spezialisten hatte das Sekretariat schon vereinbart, Menschen, mit denen ich später zusammenarbeiten würde.

Was für eine großartige Idee. Es ging nicht um fachlichen Austausch. Ich sollte zuhören, Fragen stellen, mich selbst bekanntmachen. Die Bühne gehörte im Grunde den im Konzern bestens etablierten Gesprächspartnern, psychologisch ein kluger Schachzug, weiß man doch, dass Menschen die Gespräche am meisten genießen oder zumindest positiv bewerten, bei denen sie den größeren Anteil an Redezeit haben.

Ich lernte quasi auf neutralem Terrain, da neu im Konzern, in entspannter Atmosphäre auch einige Entscheider kennen, mit denen mein Bereich bisweilen Stress hatte. Das legte den Grundstock beim Aufbau eines großen und gut funktionierenden Netzwerks.

1. Vernetzungsfördernde Rahmenbedingungen

Ich habe eine Studie dazu durchgeführt, was sich Mitarbeiter an Unterstützung von ihren Vorgesetzten oder dem Arbeitgeber wünschen, um sich besser vernetzen zu können. Befragt wurden fast 500 Personen. Lässt man unternehmensspezifische Wünsche weg, um verallgemeinern zu können, dann spitzt sich das „Wunschkonzert“ auf wenige, aber essenzielle Punkte zu:

Strukturelles

- Abschaffen des Hierarchiedenkens
- Entscheidungskompetenzen leben
- Abstimmungen einhalten und umsetzen
- mehr Mut von allen: Führungskräften und Mitarbeitern
- Hospitationen fördern
- keine Behinderung bei Networking-Aktivitäten, sondern aktive Unterstützung

Persönliche Treffen

- Expertendialoge in kleinerem Rahmen
- themenbezogene Spezialistentreffen
- mehr bereichsübergreifende Vorträge/Schulungen
- Abendevent im Schulungszentrum am Vorabend von Workshops
- Teamevents

Begegnungsmöglichkeiten

- mehr Beratungsräume
- Pausenräume
- digitale Austauschplattformen
- Skypemöglichkeiten für Mitarbeiter
- Bildtelefone
- internetfähige Diensthandys für Mitarbeiter
- Webkonferenzen
- Betriebsportangebote

Verhaltensänderung

- Reduktion interner Meetings und der E-Mail-Flut
- mehr persönliche Treffen oder Telefonate statt E-Mails

Es waren zwei besondere Punkte zum Thema Begegnung dabei, auf die ich näher eingehen möchte:

Mehr Stammtische wurden gewünscht – ja, das ist eine gute Sache, ohne damit zum Alkoholismus aufgerufen zu haben. Allerdings bin ich der Meinung, das müssen Mitarbeiter selbst auf die Beine stellen.

Raucherinseln halte ich für ebenso sinnvoll. Häufig gibt es keinen Rauchertreffpunkt oder einen von den Mitarbeitern selbst geschaffen, der von der Reinigungstruppe mangels Auftrags nicht geputzt wird. Nicht selten ist das ein wenig schmuddlig und meines Erachtens ein unwürdiger Umgang mit Rauchern. In meiner Freiburger Kanzlei war der Balkon im zweiten Obergeschoss der Rauchertreff – bis der Seniorchef, ein ehemaliger Raucher und später vehementer Nichtraucher, mitbekam, dass der Blumentopf der Balkonpalme als Aschenbecher genutzt wurde. Man mag vom Rauchen halten, was man will. Ich geselle mich bei Veranstaltungen gerne zu den Rauchern – man ist schnell im Gespräch. Die Feststellung, Raucher seien mittlerweile eine diskriminierte und schlecht behandelte Gruppe, ist nicht nur ein guter Aufhänger – ich meine das ernst. Ich selbst rauche als Gelegenheitsraucher extrem selten, finde es aber bisweilen sehr gemütlich und kommunikativ, eine Zigarette zu schnorren. Einer meiner Lieblingskunden dreht seine Zigaretten selbst. Er verblüffte mich, als er auf einem Event unaufgefordert eine Zigarette für mich mitdrehte. Einfach so. Filterlos. Da sieht man doch gerne über das Gekrümle hinweg. Es scheint zu prägen, wenn man 20 Jahre lang aktiv passiv geraucht hat. Bei der Wahl der Lebensgefährten war „Nichtraucher" nie ein Kriterium.

Die Studie wird bei meinen Kunden im Hinblick auf interne Umsetzbarkeit ausgewertet. Ich bin gespannt, was sich daraus als Konsequenz ergibt. Zur Vertiefung und Präzisierung der Wünsche empfehle ich jedenfalls Workshops in kleinerer Runde. Viele Maßnahmen wären leicht und ohne große Kosten zu realisieren. Es würde sich lohnen.

2. Networking-Killer oder -Booster: Zeit

Das ganz große Thema auch bei meiner Umfrage war das Thema Zeit. Gewünscht wurden mehr Zeit und Freiräume zum Netzwerken. Diese von den Vorgesetzten zu verlangen, hat durchaus seine Berechtigung, allerdings sind Mitarbeiter auch selbst in der Verantwortung.

Daher sehe ich das differenziert. Der Umgang mit Zeit ist für alle eine große Herausforderung. Zeit ist ein knappes Gut, doch es stimmt nicht, dass wir keine Zeit haben. Wir verschwenden viel davon oder setzen schlicht andere Prioritäten. Was uns wirklich wichtig ist, bekommen wir auch in einen vollen Kalender gepresst.

Zeit für Networking-Aktivitäten ist schlicht und ergreifend Arbeitszeit. Es geht um Fachliches, um Informationen, um Unterstützung, Kooperation. Es geht auch um die Karriere und um die Erhöhung des eigenen Bekanntheitsgrades. Wenn das nicht zum Business gehört, was dann?

Dass stets ein gewisser Privatanteil mit dabei ist, liegt in der Natur der Sache. Ohne Small Talk kein Business Talk. Es kommt jedoch auf das Mischungsverhältnis an.

Ineffiziente Dauerschwätzchen

Ich hatte eine ausgesprochen gut vernetzte Arbeitskollegin, bei deren Telefonaten und persönlichen Begegnungen mit Kollegen der Privatanteil jedoch gegen 60 % der Gesamtzeit tendierte. Woher ich das so genau weiß? Ich saß eine Weile mit ihr und acht anderen Personen in einem viel zu kleinen Großraumbüro: Die Dauertelefoniererin und ein Schreihals, der so laut sprach, dass wir ihn für schwerhörig hielten und ihren Telefonhörer entsprechend einstellten, waren eine echte Belastung.

Hier geht es um die Dauertelefoniererin. Bei halbstündigen Gesprächen nahm das Dienstliche selten mehr als fünf bis zehn Minuten ein. Der Rest war exzessiver Small Talk. Sie konnte wirklich nett erzählen und Kochrezepte gab es bisweilen auch noch. Die Kollegin kannte zwar Gott und die Welt, wusste immer ihre Ansprechpartner zu finden, doch das hätte sie auch mit weniger Zeitverschwendung hinbekommen. Kontakte zu pflegen ist eines – geschwätzig zu sein ein anderes. Für meine Abteilung war das zudem nachteilig: Alle anderen im Raum wurden in ihrer Konzentration gestört und waren abgelenkt. Das führte zu unnötigen Überstunden. Die Arbeit wollte ja erledigt sein.

3. Exkurs: Wissensmanagement

Löwen sind in ihrer Kommunikation direkt und eindeutig. Jedes Tier weiß Bescheid, was Sache ist. Man kennt sich und weiß um die Stärken und Schwächen des anderen. Das ist sehr transparent. Wenn wir das erreichen könnten, wären wir ganz anders aufgestellt: Es gäbe weniger Sand im Getriebe, die linke Hand wüsste, was die rechte tut. Wissen könnte besser gemanagt werden. Wissensmanagement ist ein großes Thema und in vielen Unternehmen und Organisationen eine Großbaustelle.

Den fachlichen Informationsoverload hatte ich bereits angesprochen. Daneben oder on top gibt es die Überregulierung in Form allzu bürokratischer Vorgaben. Weniger wäre mehr. Wie finden Menschen die für sie relevanten Themen und Ansprechpartner? – das sollte in den Fokus rücken. Die Arbeitsergebnisse würden sich nicht nur schlagartig verbessern. Sie kämen viel rascher zustande. Ein Doppeleffekt, der sich finanziell auszahlen würde.

Wissenstransfer, wenn Mitarbeiter intern neue Aufgaben wahrnehmen oder auch das Unternehmen verlassen, ist ein weiterer Punkt, dem mehr Aufmerksamkeit gewidmet werden müsste, und zwar im Interesse derjenigen, die die Aufgaben übertragen bekommen, und der Kunden.

4. Networking-Booster oder -Killer: Umgang miteinander

In beruflichem Kontext rate ich zu professioneller Zurückhaltung im Umgang mit Kollegen und Vorgesetzten, unabhängig davon, ob man sich duzt oder siezt. Privat ist privat, Geschäft ist Geschäft. Jedoch entscheidet immer der Einzelfall.

a) Freundschaften

Studien zufolge können Freundschaften am Arbeitsplatz karrierefördernd sein. Gemeinsam durch dick und dünn wie die drei Musketiere ist eine super Sache: „Einer für alle, alle für einen." war deren Devise. Nicht selten erlebt man, dass hochrangige Führungskräfte bei einem Arbeitgeberwechsel Getreue mitnehmen. Manchmal wechseln ganze Abteilungen. Bisweilen gehen Freundschaften jedoch auseinander. Dann wird es auch am Arbeitsplatz schwierig.

b) Gefährliche Liebschaften

Das Aus von Affären und Liebesbeziehungen im Job macht die Zusammenarbeit schwer bis unmöglich, egal ob man/frau sich mit Kollegen oder Vorgesetzten eingelassen hat. Zur Arbeitsebene zurückzufinden, fällt den Beteiligten verständlicherweise je nach Grad des Zerwürfnisses schwer. Es sollen schon Vertrauensbrüche vorgekommen sein, die den Flurfunk befeuerten. Am viel zitierten Satz „Never fuck the company“ – keine Affären im Büro – ist viel Wahres. Gleichwohl ist das schwierig, wo man doch weiß, dass eine Vielzahl von Beziehungen in beruflichem Kontext ihren Ursprung nehmen, 20 bis 30 % der Ehebande werden im Büro geknüpft.

Was tun, wenn es funkt? Man sollte zwischen einer flüchtigen Affäre und Liebesbeziehungen unterscheiden. Was am Ende einer Betriebsfeier einmalig passiert, muss nicht im Kollegenkreis thematisiert werden. Der alte Rat lautet: genießen und schweigen. Verliebt man sich ernsthaft, sollte man sich auch unter Networking-Aspekten davor hüten, ständig mit seinem liebsten Menschen zusammen zu sein, jede Mittagspause gemeinsam zu verbringen, denn das isoliert von den anderen Kollegen.

Beim Beziehungsaus wirkt sich eine solche Abschottung negativ aus. Man steht nun vollständig allein da: Er oder sie ist weg, die anderen hat man vor den Kopf gestoßen. Paare sollten sich am Arbeitsplatz professionell verhalten, auch wegen der Neider. Zudem wirken heiße Küsse am Kopierer oder allzu häufige Treffen in der Kaffeeküche schnell peinlich.

V. Externe Vernetzung

In Unternehmen wird die externe Vernetzung in unterschiedlichem Umfang betrieben. Manchmal ist sie Chefsache, zum Teil wird sogar die Vernetzung der Mitarbeiter ungern gesehen. Über die Gründe kann ich nur Vermutungen anstellen: Haben Vorgesetzte Sorge, dass ihnen der Kontakt zu besonders guten Kunden entwunden wird? Sollen Mitarbeitern Informationen vorenthalten werden oder möchte man sie sogar aktiv dabei behindern, Netzwerke zu knüpfen?

Wie auch immer: Professionelle Vernetzung ist ein großartiges Tool, das in den Arbeitsalltag integriert werden kann und dabei kostengünstig und äußerst effektiv ist.

1. Mitarbeiterbindung ist Kundenbindung

Mitarbeiter sind die Schnittstelle zum Kunden und damit auch das Aushängeschild von Unternehmen.

Häufiger Ansprechpartnerwechsel aufgrund von Mitarbeiterfluktuation wirft kein gutes Licht auf Unternehmen und verärgert Kunden. Diese haben zudem ein feines Gespür dafür, ob die Unternehmenskultur stimmt. Meine Kurzformel lautet: Zufriedene Mitarbeiter = zufriedene Kunden – selbst wenn Fehler passieren. Zwischen beiden besteht eine enge Wechselwirkung, denn Geschäft läuft trotz Internet meistens von Mensch zu Mensch. Es geht um Beziehungen und Weiterempfehlung. Das setzt Zufriedenheit und Stabilität voraus. Es geht auch um Emotionen: Kein Fun- oder Wohlfühlfaktor durch unzufriedene Mitarbeiter.

Folgende Tipps zur Mitarbeiterführung, die Mitarbeiter und Kunden bindet, hatte ich für das Magazin RELATIONSHIP zusammengestellt, dessen Ausgabe 03.16 sich um Loyalität dreht:

- **Beachten Sie: Mitarbeiter und deren Bekannte könnten selbst Ihre Kunden sein.** Das ist Geschäft.
- **Behandeln Sie Ihre Mitarbeiter gut:** Sie sind direkt dran am Kunden und damit Ihre Visitenkarte. Motivierte Mitarbeiter sind kundenorientiert und gehen für diese gerne eine „Extrameile“. Bei Frustrierten fällt schon der Standardservice aus.
- **Schaffen Sie für Ihre Mitarbeiter gute Bedingungen:** Ausgestattet mit den erforderlichen Informationen und Instrumenten arbeiten sie leichter und lieber. Das bringt bessere Ergebnisse.
- **Gewähren Sie Mitarbeitern Freiräume:** Sie werden es Ihnen danken, denn angemessene Freiräume befördern Kreativität.
- **Sprechen Sie Klartext, gerade beim Briefen:** Je präziser die Aufgabe definiert wird, desto besser das Ergebnis.
- **Seien Sie für Mitarbeiter da:** Loyalität ist keine Einbahnstraße.
- **Sparen Sie nicht mit Feedback:** Jeder braucht Orientierung. Formulieren Sie Lob herzlich, Kritik sachlich, damit klar ist, dass Letztere nicht den Menschen als solchen betrifft.
- **Denken Sie daran, Erfolge mit Mitarbeitern und Kunden zu feiern:** Das verbindet.

2. Empfehlungen – Fluch oder Segen?

Wer Rat erbittet oder sich empfehlen lassen möchte, hat ein aktuelles Informations- oder Kontaktdefizit, braucht Orientierungshilfe oder konkrete Unterstützung in Richtung Aufträge, einen neuen Job, eine Wohnung etc. Empfehlungen können eine unglaubliche Unterstützung sein – oder ein Desaster. Dies hängt von den beteiligten Personen und deren Verständnis von einem gedeihlichen Miteinander und vom Erwartungshorizont ab. An missglückten Empfehlungen sind schon Freundschaften und Geschäftsbeziehungen zerbrochen.

Es gibt drei Reaktionen auf Anfragen:

- Manche Menschen haben die Möglichkeit zu helfen und tun es auch.
- Andere können objektiv nicht helfen – diese sollten das zugeben und nicht den Anschein erwecken, sie könnten es doch.
- Wieder andere wollen nicht helfen oder nicht in diesem Fall, obwohl sie es könnten. Das muss der Ratsuchende akzeptieren. Es gibt keinen Anspruch auf Unterstützung.

Bisweilen gibt es zudem auch bewusste Fehlinformationen – trau, schau, wem!

Empfehlungen basieren auf Vertrauen. Auskünfte sollten daher für den Ratsuchenden sachdienlich sein. Je schwerwiegender der Kontext ist, desto sorgfältiger muss abgewogen werden, wie man agiert. Der Empfehlende muss in jedem Fall vermeiden, dass seine Geschäftspartner oder Freunde durch eine Empfehlung Schaden erleiden. Das beschädigt die eigene Reputation. Keiner möchte ein faules Ei ins Nest gelegt bekommen.

Wichtig ist daher, deutlich zu machen, wie gut man die Person kennt, deren Dienstleistung etc. man empfiehlt, damit der andere die Qualität der Empfehlung einschätzen kann. Es ist nicht erforderlich, jemanden gut zu kennen. Manchmal reicht die grobe Einschätzung: „Macht einen sympathischen, verlässlichen Eindruck, wir haben aber noch nie zusammengearbeitet." Oder: „Wir kennen uns nicht, aber ich habe bislang nur Positives gehört – fachlich wie menschlich." Das ist mehr, als ein Blick ins Branchenverzeichnis oder die Gelben Seiten bieten kann.

Wer unterstützt werden möchte, sollte zuvor in Vorleistung getreten sein oder klar signalisieren, dass er bereit ist, seinerseits zu unterstützen. Zudem sollte man sich vor übertriebenen Erwartungen hüten, sie sind die Eintrittskarte ins Land der Enttäuschungen.

Mein Credo ist: Empfehle nur jemanden, den du selbst empfohlen bekommen möchtest, und verdiene dir, selbst empfohlen zu werden.

VI. Kooperationen und Allianzen

Viele Kooperationen werden mit Freude begonnen und im Krach beendet. Ein geflügeltes Wort ist „Kompanie ist Lumperie“. Das spricht nicht gegen die Kooperation als solche, sondern gegen die unzureichende Kooperationskultur. Kooperationen scheitern meist nicht am mangelnden Willen zur Zusammenarbeit. Sie scheitern an der (kollektiven) Unfähigkeit, eigene Schwächen zu erkennen und zuzulassen, dass diese durch ergänzende fremde Stärken ausgeglichen werden. Auch Neid ist häufig mit im Spiel.

Wichtig ist Ehrlichkeit im Umgang miteinander, Verlässlichkeit und Transparenz. Vor allem sollte allen Beteiligten das gemeinsame Vorhaben am Herzen liegen.

VII. Exkurs: Vorbild Löwinnen

Löwinnen erjagen 80 % der Beute für das Rudel. Dass sie derart erfolgreiche Jägerinnen sind, verdanken sie ihrem großartigen Zusammenspiel bei der Jagd. Die Löwinnen sind ein starkes Team, das auch bei der Aufzucht der Jungen zusammenarbeitet. Die sog. alten Tanten unterstützen Löwinnen, die sich kurz vor der Geburt vom Rudel entfernen und sich eine Weile fernhalten, bei der Jagd und der Betreuung der Neugeborenen.

Löwinnen sind jedoch nicht nur auf die Mitlöwinnen bezogen ein Team. Sie haben innerhalb des Rudels eine klar definierte starke Stellung. Sie sind selbstbewusst, wissen um ihr Können. Sie machen ihr Ding. Dass sie den Löwen zuerst fressen lassen, ist nicht dumm, sondern ausgesprochen klug: Er sorgt für die Sicherheit des Reviers und bietet ihnen und den Jungen Schutz.

Männer und Frauen können viel von den Löwinnen lernen – wie Teams funktionieren und dass die Gruppe über dem einzelnen Mitglied stehen sollte. Es braucht Teamgeist und Verlässlichkeit, um zu lernen, dass das Spiel des Lebens nur funktioniert, wenn man anderen vertraut und auch vertrauen darf. Vertrauen entsteht nicht einfach so. Man muss es sich verdienen.

Wir leben im 21. Jahrhundert und dieses ist laut Zukunftsforscher Matthias Horx das Jahrhundert der Frauen. Er identifizierte Frauen schon 2009 als einen der großen Zukunftstrends. Und daran glaubt er noch immer, wie er mir im Interview versicherte – siehe Löwen-Lounge Nr. 3.

Frauen waren nie besser ausgebildet als heute. Gleichwohl gibt es einen Punkt, in dem der Großteil der Frauen besser werden muss. Es handelt sich um die berufliche Vernetzung. Es fehlt nicht am Networking-Know-how, denn privat sind die meisten Frauen perfekt vernetzt.

1. Karrierehindernis: Unzureichende Vernetzung im Job

Es fehlt Frauen zum Teil am Wollen und zum Teil bereits am Bewusstsein, dass Vernetzung im Beruf unverzichtbar ist. Der Verzicht auf die Kraft der Vernetzung, ist nicht nachvollziehbar und ein echtes Karrierehindernis. Fehlende Netzwerke sind einer der Hauptgründe, weshalb es immer noch so wenige Frauen in Führungspositionen gibt. Nicht umsonst habe ich 2007 das Buch „Was Männer tun und Frauen wissen müssen – Erfolg durch Networking“ veröffentlicht.

Männer sind anders sozialisiert als Frauen. Sie sind von Kindesbeinen an in größeren Gruppierungen unterwegs und denken auch größer. Vergleicht man Männer- und Frauennetzwerke, wird man schnell feststellen, dass männlich dominierte Organisationen von vornherein auf größere Reichweite angelegt sind, u. a. Service-Clubs mit Millionen vom Mitgliedern weltweit – wie die Rotary Clubs (1,2 Millionen Mitglieder) und die Lions Clubs (1,4 Millionen).

Männer lieben Mannschaftssportarten. Dabei trainieren sie das Zusammenspiel ebenso wie das Konkurrieren. Sie wissen, dass man sich bisweilen zurücknehmen muss. Die Solidarität unter Männern ist hoch, aber primär gemeinsamen Zielen geschuldet und nicht immer Ausdruck tiefer Freundschaft. Es sind Zweckbündnisse zu wechselseitigem Nutzen. Männer sind sich auch nicht immer grün, aber für eine Mannschaft braucht es eben elf oder mehr Leute. Insofern werden Kompromisse eingegangen.

Frauen konzentrieren sich bereits als Kinder überwiegend auf tiefere Beziehungen. Neben der besten Freundin rangiert alles andere unter „ferner liefen“. Das prägt auch das spätere Verhalten im Beruf. Frauen tun sich daher mit der meines Erachtens perfekten Definition von „Netzwerk“ schwer. Diese besagt, dass zu einem Netzwerk eine große Gruppe von Menschen, Gruppen und Institutionen gehören, die untereinander verbunden sind und systematisch zusammenarbeiten. Zwei Aspekte stören: die große Anzahl und das systematische Zusammenarbeiten. Frauen befürchten, man schustere sich beim Netzwerken etwas zu, das einem nicht zusteht. Das ist jedoch nicht der Fall bei einem Networking-Ansatz, der möchte, dass alle vom Zusammenwirken profitieren.

Insofern können Frauen sowohl von den Löwinnen als auch den Herren viel lernen. Viele Frauen fürchten, sich beim Netzwerken zu verbiegen und nicht mehr authentisch zu sein. Das ist eine unnötige Sorge. Es geht um Kompromisse und diplomatisches Vorgehen. Ohne berufliche Netzwerke geraten Frauen (und Männer) schnell ins Abseits – hoch qualifiziert und hoch frustriert. Das muss nicht sein.

Frauen müssen sich mit Männern und Frauen zusammentun. Zum einen haben derzeit überwiegend die Männer Jobs und Aufträge zu vergeben. Zum anderen ist die Welt so viel interessanter. Männer und Frauen kommen gemeinsam besser voran, da sie sich kongenial ergänzen. Und noch eines ist ganz klar: Ohne starke Männer keine starken Frauen. Der Erfolg liegt im Miteinander, nicht im Gegeneinander.

2. Wider den Zickenkrieg

Frauen unter Männern ist ein Thema. Frauen unter Frauen auch. Zickenkrieg, Stutenbissigkeit, Neid unter Frauen gibt es. Das haben nicht etwa bösmeinende Männer erfunden. Zickenkrieg spielt leider denjenigen Männern, die Frauen ausbremsen wollen, in die Karten. Frauen beschädigen sich so selbst. Es entsteht doppelter Schaden. Bei den Löwinnen ist das ganz anders – sie kennen nicht nur den „Mädelsabend“ mit Chillen oder wechselseitigen Babysitting-Gefallen. Auch ihren Job, das Jagen, bewältigen sie als gut eingespielte Mannschaft.

Zum Glück rückt die Notwendigkeit guter geschäftlicher Vernetzung bei Frauen immer mehr in den Fokus. Die vielen hochkarätigen Führungsfrauen und Unternehmerinnen, die ich kenne, wie meine Interviewpartnerinnen Frau Dr. Alexandra Borchardt, Frau Prof. Ulrike Detmers, Ines Fiedler, Dr. Elke Holst und Frau Prof. Yu Zhang sind alle vorbildlich vernetzt. Gerne reichen sie anderen die Hand in Form von Rat und Tat oder hier für mich in Form spannender Interviews.

3. Erfolgsbooster: How to talk to men

Frauen attestiert man zu Recht herausragende Kommunikationstalente. Und doch scheitern sie so oft in der Kommunikation mit Männern – Vorgesetzten wie auch Mitarbeitern. Das liegt nicht etwa an fehlendem Fachwissen. Es fehlt das Wissen darum, wie Männer ticken. Dabei könnte es so einfach sein, wenn einige Grundsätze beherzigt würden.

- **Klartext**
  Selbst die klügsten Männer können nicht hellsehen. Also sagen Sie klar, was Sie möchten. Keiner rätselt gern oder begibt sich gar für andere auf Forschungsreise. Sie wollen den Job oder die Projektleitung – dann sagen Sie das, meine Damen. Privat gilt, wenn Sie Tulpen hassen, dann sollte das der Liebste erfahren, bevor Sie sich weiter ärgern und er sich wundert, warum sie sich nicht freuen. Er kauft liebend gerne gelbe Rosen, wenn er weiß, dass er Sie damit erfreut. Verpacken Sie den Wunsch charmant.

- **Schieben Sie nie einem starken Argument ein weiteres hinterher**
  Mein Mentor hat mir empfohlen: Wenn Sie einen Mann mit einem Argument sichtlich überzeugt haben, belassen Sie es dabei. Der Sack ist bereits zugeschnürt, machen Sie ihn nicht mehr auf: Schwache Argumente, die Sie nachschieben, könnten das ursprüngliche Ja kippen. Zumindest führen sie zu unnötigen Diskussionen oder sind ein Einfallstor für Menschen, die das Ja kippen wollen.

- **Vermeiden Sie Themenkonglomerate**
  Wir alle sind von Informationen überfrachtet und bisweilen gedanklich schon beim nächsten Meeting oder einem anderen Thema. Kommen Sie nicht mit einem bunten Strauß von Themen zu Ihrem Vorgesetzten. Handeln Sie ein, zwei Themen ab – gut vorbereitet – und vereinbaren Sie für weitere offene Punkte ggf. einen Folgetermin. Widerstehen Sie dabei der Versuchung, Ihr gesamtes Wissen auszubreiten: Das eine schlagende Argument reicht. Siehe oben. Fokussieren Sie sich auf dieses.

- **Kritik äußern**
  Kritik sollte man nach Möglichkeit unter vier Augen äußern und dabei die Sach- von der persönlichen Ebene trennen. Frauen lösen mit Kritik an einem Mann höchstwahrscheinlich eine Solidarisierungswelle unter den Herren aus, selbst wenn sie in der Sache Recht haben.

- **Greifen Sie nie einen Mann vor anderen an, wenn Sie nicht am längeren Hebel sitzen**
  Was für Kritik gilt, gilt umso mehr noch für Angriffe auf einen Mann im Beisein anderer Männer. Es kommt wahrscheinlich zur Solidarisierung unter den Herren, es sei denn, Ihr Vorgehen spielt einem Ranghohen in die Hände. Das sollten Sie wissen, bevor Sie zum Sprung ansetzen. Und noch eines: Rechnen Sie nicht unbedingt damit, dass Ihnen anwesende Frauen aus bloßer Frauensolidarität beistehen.

- **Diplomatischer Kniff für eitle Chefs oder schwierige Kunden**
  Da es beruflich um das Ergebnis und nicht um Ihre persönliche Eitelkeit geht, nehmen Sie sich zurück und holen Sie den anderen da ab, wo er steht. Besser noch: Geben Sie den Herren das Gefühl, sie seien selbst auf Ihre Lösung gekommen. Das ist sehr elegant und funktioniert auch bei Frauen.

- **Klare Anweisungen am Mitarbeiter**
  Vermeiden Sie vage Formulierungen: „Man sollte das Konzept vertiefen." Sagen Sie Ihren männlichen Mitarbeitern, was genau Sie erwarten: „Unterlegen Sie unser Konzept mit weiteren drei Beispielen aus den Jahren 2012 und 2013 und quantifizieren Sie diese mit Blick auf den neuen Lösungsansatz. Ihre Rückmeldung brauche ich bis Freitag 14 Uhr." Klare Ansage plus Terminsetzung vermeidet Missverständnisse über den Arbeitsauftrag und erhöht die Qualität der Zuarbeit.

Zusammenfassung

Professionelle Vernetzung macht uns flexibler, schneller und führt uns zu besseren Ergebnissen. Sie verstärkt alle anderen Kompetenzen, die die Löwen-Strategie beinhaltet. Es lohnt, den Fokus auf den Aufbau starker Netzwerke zu richten. Die Zeitliche und sonstige Investition wird mit einem Return on Investment belohnt.

Zudem bereichern kluge Köpfe unser berufliches und privates Leben durch Gespräche und Ideen. Sie sind Inspirationsquellen. Wir sollten jede Möglichkeit, uns mit anderen auszutauschen, nutzen. Vernetzung ist keine Einbahnstraße. Wer etwas bekommen möchte, muss auch geben. Schlussendlich profitieren alle Netzwerkbeteiligten vom geschaffenen Mehrwert.

Löwen-Lounge Nr. 6: Erfolgreiche Netzwerker unter sich

Ich darf Ihnen zwei ausgewiesene Networking-Profis, einen Dame und einen Herrn, die sehr erfolgreich international unterwegs sind, vorstellen. Genießen Sie erneut den Aufenthalt in der Löwen-Lounge.

Die kunstsinnige Wandlerin zwischen zwei Welten

Prof. Yu Zhang, Unternehmerin, Autorin

Frau Prof. Zhang ist in China geboren und aufgewachsen. Sie hat Publizistik, Kommunikationswissenschaften sowie Japanologie studiert und ist Master of Business Administration. 1999 gründete sie das Unternehmen China Communications, das sie 2005 umstrukturiert und seit 2009 zu einer Unternehmensgruppe ausgebaut hat. Zu den Geschäftsbereichen zählen neben Beratungsprojekten für große und mittelständische Unternehmen auch Investment/Beteiligungen in Bereichen New Energy, Hightech, Kulturwirtschaft und Bildung. Sie ist Gastprofessorin einer chinesischen Hochschule für internationale Wirtschaftsbeziehungen und interkulturelles Management. Prof. Yu Zhang fördert Kunst und Künstler u. a. mit internationalen Ausstellungsprojekten. Sie ist Initiatorin und Vorsitzende der Gesellschaft für Deutsch-Chinesischen Kulturellen Austausch e. V.

Mehr auf www.china-communications.de.

Persönliches

Wir kennen und schätzen uns seit über zehn Jahren. Immer wieder arbeiten wir auch bei Veranstaltungen in Rahmen diverser Ehrenämter bei Berliner Vereinen zusammen. Wir teilen die Liebe zur Kunst und zum Netzwerken. Frau Prof. Zhang interviewte ich bereits für mein erstes Buch. Das war 2006. Bei der Buchpremiere des „Crashkurs Networking“ war sie als Profi-Netzwerker als Podiumsgast mit an Bord.

Was verbinden Sie mit Löwen?

Löwen sind für mich eine hochinteressante Symbiose aus Kraft, Willen, Geschwindigkeit, aber auch Geduld und Ausdauer. Löwen verkörpern auch ein gewisses Understatement. In China gibt es keinen Tierkreis für ihn, sondern den Tiger, was ich persönlich schade finde.

Worin liegen die größten Chancen?

Chancen gibt es überall, sie müssen nur entdeckt und aktiv genutzt werden. Die Fähigkeit bzw. die Sensibilität für das Erkennen von Chancen bzw. das Nutzen von Chancen im richtigen Moment sind wichtig. Erfolgreiche Unternehmer sind in gewisser Hinsicht manchmal wie Trüffelentdecker. Diese Fähigkeit ist meines Erachtens zur Hälfte angeboren, und die andere Hälfte hängt vom eigenen Willen ab. Der Antrieb für Veränderungen und ein Aufbrechen in eine andere Welt müssen da sein. Aus einem anderen Blickwinkel betrachtet, liegen natürlich die größten Chancen dort, wo die Ordnung oder die Transformation noch nicht stattgefunden hat. Bevor die Veränderungen eintreten, gibt es die besten Chancen für Entdecker.

Wie sollte man mit Risiken umgehen?

Risiken und Niederlagen gehören zum Leben dazu. Wir brauchen dies für eine gesunde Balance und wachsen selbst daran. Viele sagen: „No risk – no fun!“ – das wird aber ein wenig eng interpretiert. Denn etwas zu wagen, heißt nicht zugleich, dass die Risiken nicht bewusst abgewogen wurden. Vielmehr gilt hier: Risiken erkennen, abwägen und stets minimieren. Das ist entscheidend – nicht die reine Aktivität an sich.

Was bedeutet für Sie Innovation?

Mit Innovationen verbinde ich etwas Neues. Dabei handelt es sich nicht immer um das „neu erfundene Rad“, wie es auf Deutsch heißt. Innovation ist auch die Haltung, etwas optimieren zu wollen – und das auch umsetzen zu können. Die Voraussetzung für Innovation ist stets die Offenheit bzw. Sensibilität für Veränderungen.

China wird oft als verlängerte Werkbank des Westens bezeichnet. Wird die Innovationskraft der Chinesen unterschätzt?

Vor zehn Jahren mag das zugetroffen haben. In den letzten Jahren sind die Personalkosten in China enorm angestiegen, sodass das Bild der Werkbank nicht mehr einfach aufrechtzuerhalten ist. In zwischen gibt es mehrere innovative Global Player aus China. Ein bekanntes Beispiel ist Huawei Technologies mit etwa 2.000 Mitarbeitern in Deutschland. Das Unternehmen betreibt zum Beispiel ein großes F&E-Zentrum in München. Auch bei jungen deutschen Absolventen ist Huawei als Arbeitgeber beliebt. Das sind gute Indizien dafür, dass das Unternehmen attraktiv und innovativ ist.

China ist seit etwa zehn Jahren auf der Überholspur der Innovationskraft, was nicht unterschätzt werden sollte. Auf der anderen Seite wird es ein langer Prozess sein, bis China ein Land der wirklichen Innovation sein wird. Mit dem Regierungsprogramm „Made in China 2025“ ist jedenfalls das Ziel gesetzt.

Welche Innovationen würden Sie sich wünschen?

Innovation muss kein konkretes Produkt sein, kann auch ein Spirit sein. Als Unternehmerin und Mutter wünsche ich mir sehr, dass der Unternehmergeist und gesellschaftliches Engagement bereits im Kindergarten und in der Grundschule fester Bestandteil wird. Unsere Kinder sollen frühzeitig lernen, dass sie Verantwortung tragen sollen und können. Wir trauen heutzutage unseren Kinder zu wenig zu. Sie müssen lernen, dass auch Kinder etwas gestalten und Effekte erreichen können.

Kunst ist ein Teil Ihrer Lebensphilosophie. Ihr widmen Sie viel Zeit. Inwiefern befördert Kunst Ihren Erfolg als Unternehmerin?

Kunst und Wirtschaft sind zwei tragende Säulen in meinem Leben. Beides ergänzt sich perfekt. Der Prozess in der Wirtschaft ist rational und Kunst jedoch voller Emotionen. In der Kunst kann der Prozess das Ziel sein. Insofern kann ich mich in der Kunst sehr entspannen, und oft lasse ich mich auch durch die Kreativität der Kunst inspirieren. Aber eins ist klar: Wir brauchen sowohl in der Wirtschaft als auch in Kunst und Kultur nachhaltige Kreativität. Das ist der Motor für die Innovation. Ein sinnvoller Kreislauf.

Ihr Motto fürs Leben?

„Ich weiß, dass ich nichts weiß.“ Ich schätze Sokrates sehr, aber der Satz hätte auch von Konfuzius stammen können.

Der Kurator mit Deutschlands berühmtestem Garten

Prof. Roland Doschka, Romanist, Kurator, Bestsellerautor, Gartenkünstler

Professor Dr. Roland Doschka studierte Romanistik und Anglistik in Tübingen, Aix-en-Provence, Montpellier, Newcastle upon Tyne und Oxford. Ab 1973 lehrte er Romanistik an der Universität Freiburg. Von 1981 an kuratierte er 25 Jahre lang Ausstellungen zur klassischen Moderne in der Stadthalle Balingen, darunter Claude Monet, Paul Klee, Pablo Picasso, Marc Chagall, Joan Miro. Der Ansatz war höchst innovativ: Er holte Kunst von Weltrang in die Provinz. Über eine Million Besucher zählten seine Ausstellungen. Die Claude-Monet-Ausstellung von 1991 war mit über 230.000 Besuchern die wohl erfolgreichste. Roland Doschka und die Stadt Balingen erhielten 2006 den Europäischen Kultpreis. Die Presse nannte ihn den „Zauberer von Balingen“.

Seit 2011 ist Prof. Roland Doschka Kurator großartiger Ausstellungen im Stadtmuseum Lindau, die im Rahmen des jährlichen Nobelpreisträgertreffens stattfinden. Zahlreiche Veröffentlichungen zur Kunst der klassischen Moderne wurden in mehrere Sprachen übersetzt. Roland Doschka ist zudem ein international bekannter, preisgekrönter Gartengestalter. Sein Buch „Mit Goethe durchs Gartenjahr“ ist ein Bestseller mit über 100.000 verkauften Exemplaren.

Persönliches

Prof. Doschka und ich lernten uns kennen, als meine ehemalige Freiburger Kanzlei 1989 einen ganz besonderen Ausflug auf die Schwäbische Alb machte – nach Balingen zu einer wunderbaren Picasso-Ausstellung von Roland Doschka. Danach habe ich kaum eine seiner großartigen Ausstellungseröffnungen oder Sonderführungen verpasst. Prof. Doschka verdanke ich nicht nur ein vertieftes Verständnis der klassischen Moderne. Er hatte mir für mein Buch „Was Männer tun und Frauen wissen müssen – Erfolg durch Networking“ tiefe Einblicke in die Netzwerke der Kunst gewährt. Es gibt kaum jemanden, der besser vernetzt ist als er. Dabei ist er seinen Freunden stets ein verlässlicher Freund und kluger Ratgeber. Das schätze ich ganz besonders an ihm.

Lieber Roland Doschka, was verbinden Sie mit Löwen?

Stärke, Erhabenheit und Eleganz.

Wie definieren Sie Glück?

Ein Zustand, der sich einstellt, aber auch schnell wieder verschwindet. Glück beinhaltet einerseits Dankbarkeit und andererseits ein völliges Einverständnis zwischen seinen Bemühungen und dem Erreichten.

Worin bestehen die größten Chancen?

Die größten Chancen sehe ich in einem stets wachen Geist, der immer in einer Aufbruchsituation ist, um Neues zu erfahren, und voller Neugierde, Neues zu entdecken. Die Möglichkeiten, die unsere Welt bietet, sind buchstäblich unendlich.

Welche Innovation würden Sie sich wünschen?

Die Möglichkeit, die Ratio im Menschen so zu steuern, dass Konflikte und Kriege ein für alle Mal der Vergangenheit angehören. Bei Kriegen kann keiner gewinnen.

Was verstehen Sie unter Netzwerk?

Ein Netzwerk ist für mich eine produktive Kooperation von Menschen mit gleichen Interessen.

Hatten Sie Mentoren?

Der Sammler Heinz Berggruen war einer, ebenso wie Angela Rosengart, die Stifterin der berühmten Rosengart-Stiftung. Aber es gab auch schon früher Mentoren. Ein ganz berühmter ist Henry Nannen. Es war zu der Zeit, als er sein Museum gegründet hat. Von ihm habe ich auch viel gelernt. Meine Mentoren haben mich sehr viel weitergebracht, weil es erstens interessante Menschen sind und weil zum Zweiten die Begegnungen immer äußerst bereichernd waren und auch von einer Weitsicht getragen.

Ein Phänomen kommt noch hinzu, das mir anfangs nicht bewusst war. Die, die das Netzwerk ausmachen, hatten alle sehr viel mehr Lebenserfahrung als ich, weil sie alle viel älter waren. Es war kein Netzwerk zu jüngeren, sondern zu arrivierten und anerkannten Personen.

Welches Motto treibt Sie an?

Die Aufgaben sind groß, beginnen wir, sie anzupacken.

Liebe Leserinnen und Leser, wir sind in Sachen Löwen-Strategie weit gediehen.

Wir haben sieben Kernkompetenzen und die Wertebasis, auf der sie fußen, betrachtet, und dabei stets zuvor einen Blick auf die Löwen in freier Wildbahn geworfen. Zwei bekannte Löwen-Experten kamen zu Wort. Nun kommen wir zum letzten Aspekt, der Löwen in den Fokus stellt, denn es gilt ein weiteres Versprechen aus der Einführung einzulösen. Sie werden in der 7. und letzten Löwen-Lounge schon erwartet.

Löwen-Lounge Nr. 7: Sternenzauber – die Welt der Löwe-Geborenen

Langweilig kann jeder, daher lade ich Sie wie eingangs erwähnt zu einem extravaganten Ausflug ein. Verlassen Sie mit mir ausgetretene Pfade für einen Perspektivwechsel. Lassen Sie uns über den Tellerrand des Tagesgeschäfts und den der altbekannten Managementtheorien schauen. Blicken wir mit sachkundiger Anleitung in den Sternenhimmel. Vertrauen Sie mir: Es lohnt sich für Löwen und vor allem auch für Nicht-Löwen durch Erkenntniszugewinn. Die im Sternkreiszeichen Löwe Geborenen haben im Zeitraum vom 23.07.–23.08. Geburtstag. Sie gehören zu den sog. Feuerzeichen.

Und nein, jetzt kommt nichts, was eine ehemalige Sekretärin in jugendlichem Leichtsinn als „Psycho- oder Esoterik-Schnulli" bezeichnet hat – mit vor Neugier glänzenden Augen und erstaunlich großem Halbwissen zum Thema. Wer die Horoskope, die wir beim Friseur oder Arzt in Zeitschriften lesen, für Unsinn hält, dem kann ich nur beipflichten und zurufen: „Gehen Sie nicht bei Rot über die Ampel, das könnte tatsächlich gefährlich werden."

Keine Frage, Astrologie gilt nicht mehr als Wissenschaft. Das war früher ganz anders, u. a. von der Renaissance bis zum 17. Jahrhundert. Die heute hoch angesehene Wissenschaft der Astronomie war lange Zeit lediglich die „deutungsfreie" Halbschwester der Astrologie und als solche eine Hilfswissenschaft. Wie auch immer: Astrologie enthebt einen nicht der Pflicht, nachzuden ken und ein selbstbestimmtes Leben zu führen. Astrologie und Sternzeichen können jedoch dazu beitragen, Verhaltensmuster aufzuschlüsseln – eigene und die von Mitmenschen. Das kann ein Aspekt unter mehreren sein, wenn Einschätzungen nötig sind oder Entscheidungen getroffen werden sollten.

Sternzeichen – Small-Talk-Perle oder -Killer?

Auch für Skeptiker und Astromuffel – rein pragmatisch gedacht: Wer sich mit Small Talk schwertut, hat mit den Sternzeichen zumindest ein Thema, zu dem fast jeder etwas sagen kann. Dies geschieht in den Varianten „Was für ein Quatsch – Wallenstein hatte auch einen Astrologen und der konnte seinen Tod nicht voraussehen“ und „Erstaunlich, wie manche Menschen zu ihrem Sternzeichen passen“. Häufig hört man: „Das ist keine typische Jungfrau.“ Oder: „Ich bin ein typischer Schütze.“ Die meisten kennen ihr eigenes Sternzeichen zumindest dem Namen nach und häufig auch die damit verbundenen landläufigen positiven und negativen Zuschreibungen.

Daher ist das Thema bisweilen und wo es passt ein hilfreiches Einsprengsel bei den nicht offiziellen und halb offiziellen Veranstaltungen, bei denen einem manchmal der Gesprächsstoff ausgeht. Wenn Ihnen nichts mehr einfällt, gibt es noch die saloppe Frage: „Was halten Sie denn von Sternzeichen – alle reden darüber.“ Probieren Sie es ergebnisoffen aus. Sie werden amüsante Gespräche führen und staunen, was manche Menschen zu diesem Thema wissen. Von den wenigsten hätte man es erwartet.

Lassen wir nun in gebotener Ernsthaftigkeit eine Expertin zu Wort kommen, die angekündigte Astrologin Carmen Chammas, nachdem ich sie vorgestellt habe:

Zur Person

Carmen Chammas ist eine international bekannte Astrologin und erfolgreicher Life Coach. Die bekannte TV-Persönlichkeit wurde in Kolumbien geboren und studierte Geologie. Sie lebt mit ihrer Familie in Beirut, Libanon. Ihre bislang 17 Jahrbücher zur Astrologie sind Besteller im arabischsprachigen Raum. 2016 erschien erstmals eine englische Ausgabe. Ich hatte die Ehre, eine Referenz für das Cover zu schreiben. Bei Twitter folgen Carmen Chammas über 100.000 Menschen.

Persönliches

Carmen Chammas und ich sind seit vielen Jahren befreundet. Ich schätze ihren Rat, die klugen Einschätzungen jenseits von astrologischen Bezügen, ihr unternehmerisches Denken und ihren Pragmatismus. Wir lernten uns über eine gemeinsame Freundin bei Twitter kennen. Dort fragte ich mich über Monate: „Woher kann sie das wissen?“, wenn ich ihre Tweets las. Und das bei der textlichen Kürze von 140 Zeichen, die Twitter nur zulässt.

Dieses Erstaunen hält an. So kam eine Aufforderung, bei Chancen zügig zuzugreifen, zum richtigen Zeitpunkt. Der Satz: „#Steinbock – du erzielst einen Durchbruch – greif ihn dir“ kürzte die Entscheidungsfindung in einer schwierigen Lage enorm ab. Ich folgte dem Motto „Lieber den Spatz in der Hand als die Taube auf dem Dach“.

Wer mehr als Twitter-Kurzinformationen wünscht, kann sich individuell beraten lassen. Man bedenke: Kein präziser Blick in die Sterne ohne Wissen um den Geburtsort und die möglichst genaue Geburtsstunde.

Fragen an Carmen Chammas zu Löwe-Geborenen im Beruf

Was sind die herausragenden positiven und negativen Eigenschaften des Sternzeichens Löwe?

Löwen sind sehr engagierte Menschen. Ihnen ist die Qualität ihrer Arbeit wichtig. Sie wollen gelobt und nicht getadelt werden. Löwen sind sehr stolz. Daher können sie arrogant werden, wenn man ihnen zu autoritär kommt. Bossing akzeptieren sie nicht. Sie sind zu stolz, Anweisungen entgegenzunehmen. Man muss sie auf eine feinfühlige Weise ansprechen, die ihren Stolz nicht verletzt.

Männer und Frauen sind verschieden. Das gilt auch bei den Sternzeichen. Welche unterschiedlichen Eigenschaften schreibt man Löwen und Löwinnen zu?

Löwen-Männer sind großzügig und freundlich, wenn sie Lust dazu haben. Sie zeigen ihre Vornehmheit und großartige Erscheinung. Weibliche Löwen sind sehr stolz und unabhängig. Sie möchten als Autoritätspersonen behandelt werden. Sie haben eine angeborene königliche Geisteshaltung, geprägt von Liebenswürdigkeit und Großzügigkeit.

Gibt es Aufgaben, die den Löwe-Geborenen besonders liegen?

Löwen sind exzellent, wenn sie in Führungspositionen sind – je höher die Position, desto besser.

Womit sollte man bei einem Löwe-Geborenen als Vorgesetztem rechnen?

Löwe-Geborene als Vorgesetzte erwarten, dass ihre Anforderungen schnellstmöglich erfüllt werden. Sie erwarten allem voran Respekt und Loyalität.

Drei Tipps im Umgang mit Löwe-Vorgesetzten?

Man sollte niemals den Stolz eines höherrangigen Löwen unterschätzen. Lügen Sie ihn niemals an. Zeigen Sie keine Anzeichen, nicht loyal zu sein.

Mit welchen Verhaltensweisen sollte man bei Löwen als Mitarbeiter rechnen?

Löwe-Geborene als Mitarbeiter erwarten, mit Gerechtigkeit und Freundlichkeit behandelt zu werden. Sie erwarten keine kostenlosen Gaben, aber sie werden Applaus und Anerkennung sehr schätzen.

Drei Tipps im Umgang mit Löwe-Mitarbeitern?

Löwen brauchen das Gefühl, dass man ihnen traut. Sie brauchen Anerkennung, sie wollen unbedingt gefördert werden.

Was spornt Löwen an?

Löwen werden von Erfolgsgeschichten inspiriert und großen Ambitionen. Man kann von einem Löwe-Geborenen nicht erwarten, dass er einen Job mit aussichtsloser Zukunft macht.

Das war der Blick in die Sterne. Gerne übermittle ich herzliche Grüße von Carmen Chammas. Sie wünscht uns allen gute Sterne und den Löwenmut, eigene Wege zu beschreiten.

Epilog

Liebe Leserin, lieber Leser,

Sie haben einen großen Applaus verdient: Sie haben es geschafft – Sie sind durch! Durch mit dem Lesen, aber noch nicht mit dem Anwenden. Wenn es nach Plan lief, dann hat „Die Löwen-Strategie" Sie schon beim Lesen inspiriert, genauer hinzusehen, besser in sich hineinzuhorchen, die Welt neugieriger zu betrachten und Dinge auszuprobieren.

Es freut mich, wenn ich mein Ziel erreicht habe, Ihren Blick zu schärfen und mit meinen Impulsen in andere Richtungen zu lenken auf all das Neue, Aufregende und die Chancen da draußen, die Sie bisher vielleicht übersehen oder nicht beachtet haben. Oder wozu der Mut fehlte. Schärfen Sie Ihren Fokus und greifen Sie zu, denn so schaffen Sie Freiräume für Neues, seien es geschäftliche Innovationen, sei es mehr Privatleben oder beides. Wer sagt denn, dass man bisweilen nicht alles bekommen kann, was man haben möchte?

Machen Sie bitte weiter. Das Leben wird intensiver – nicht zwingend leichter, aber vielfältiger und meines Erachtens erfüllender. Wir haben nur dieses eine Leben und wir treffen in jeder Minute die Entscheidung, was es für ein Leben ist. Gestalten Sie es, halten Sie das Heft fest in der Hand und Ihre Träume fest im Blick, auch wenn es Rückschläge gibt oder die Zeit bisweilen für manche Veränderungen noch nicht reif ist. Wichtig ist, immer wieder zu versuchen, seine Ziele zu erreichen. Lassen Sie Überflüssiges weg und erhöhen Sie durch mehr Fokus Ihre Effektivität. Das Richtige und Wichtige auf die bestmögliche Weise zu tun, ist eine stetige Herausforderung.

Als besonderen Service habe ich einen speziellen „Löwen-Test“ entwickelt, mit dem Sie Ihre Löwen-Stärke checken können. Über www.martinahaas.com/extras kommen Sie zum Test.

Beschreiten Sie Ihren Weg mit Mut und Zuversicht und vergessen Sie niemals, Ihre Erfolge zu feiern. Schon Demokrit wusste: Ein Leben ohne Feste ist wie ein langer Weg ohne Einkehr. In diesem Sinn wünsche ich Ihnen ein Leben voller Feste.

Ihre
Martina Haas

PS: Auch Autoren brauchen Feedback. Ich hatte versprochen, dass die Löwen-Strategie mehr Salz in die Suppe Ihres Lebens bringt. Lassen Sie mich daher bitte wissen, welche Saiten sie in Ihnen zum Klingen gebracht hat und welche neue Seite im Buch Ihres Lebens Sie seitdem aufgeschlagen haben. Und bitte berichten Sie mir ebenso, wenn Sie sich und Ihr Tun „nur“ bestätigt sehen. Auch das wird mich sehr freuen, denn Bestätigung stärkt. Sie erreichen mich via haas@martinahaas.com.

Gerne können wir in Kontakt bleiben: Abonnieren Sie einfach meine GOOD NEWS, meinen Newsletter, der vier- bis fünfmal im Jahr erscheint, über: http://www.martinahaas.com/good-news/.

Ich freue mich schon jetzt auf eine Buchrezension von Ihnen und danke im Voraus herzlichst und auch dafür, wenn Sie mir folgen:

www.twitter.com/haasberlin

www.facebook.com/public/Martina-Haas

www.xing.com/profile/Martina_Haas

www.linkedin.com/in/martinahaas

Dank

Beim Verfassen der „Löwen-Strategie" wurde ich reich beschenkt. Ich bekam wertvolle Zeit, Rat und Impulse. Ich danke an dieser Stelle allen herzlich, die die „Löwen-Strategie" auf unterschiedlichste Weise so wohlwollend und konstruktiv begleitet haben. Da mir dieses allgemeine Dankeschön nicht angemessen erscheint, seien persönliche Worte gestattet:

Zunächst sei meinen Interviewpartnern herzlichst gedankt: Frank Becker, Dr. Alexandra Borchardt, Carmen Chammas, Prof. Dr. Roland Doschka, Christine Denis-Huot, Prof. Dr. Ulrike Detmers, Ines Fiedler, Dr. Elke Holst, Matthias Horx, Axel Kaiser, Gerhard Meir, Michael Weiß, Gareth Patterson, Hermann Scherer, Martin Spilker, Abtprimas Dr. Notker Wolf und Prof. Yu Zhang. Ich habe die Interviews sehr genossen und als große Bereicherung empfunden.

Dem „Löwen-Mann" Gareth Patterson verdanke ich genialen Input zu Löwen in der Tierwelt und die Gewissheit, dass die Metapher des Löwen genau die richtige Wahl war. Der Fotografin Christine Denis-Huot danke ich für den so besonderen Löwen auf dem Cover. Mein geschätzter Kommunikationsdesigner, Stefan Melzer, zauberte dankenswerterweise auf die Schnelle Dummies und half mit gewohnter Stilsicherheit meiner Fantasie auf die Sprünge.

Ich freute mich sehr, als Hermann Scherer erneut ein Vorwort zusagte. Als ich es las, freute ich mich noch mehr. Allerherzlichsten Dank! Dass Sie die „Löwen-Strategie" überhaupt in Händen halten oder als E-Book lesen können, ist Hermann Scherer zu verdanken. 2014 brachte er nämlich mit einem einzigen Satz und größter Treffsicherheit meine ursprüngliche Buchidee zu Fall. Wow! So etwas können und dürfen nur ganz wenige Menschen. Sein kritischer Einwurf war der Anstoß, meinen anfänglich zu engen Fokus für den größeren Kontext zu weiten. Dafür bin ich Hermann Scherer mehr als dankbar! Du hast etwas gut.

Es gelang mir letztlich ein viel größerer als der geplante Löwen-Sprung: Ausgehend von dem vor Jahren ersonnenen und sehr erfolgreichen „Löwinnen-Prinzip", den Karrierestrategien für Frauen, führte er zur umfassenderen „Löwen-Strategie" als konsequente Fortführung im Rahmen einer ganzheitlichen Betrachtung – Löwen und Löwinnen leben vor, was Menschen häufig nicht gelingt: Sie bilden geschlechterübergreifend großartige Teams.

Den Löwen selbst kann ich nicht genug danken. Sie inspirieren mich seit Kindertagen. Ich liebte den schielenden Löwen Clarence aus der TV-Serie „Daktari" so sehr, dass mein Großvater seinetwegen auf die zeitgleich gesendete Sportschau verzichtete, für ihn ein echtes Opfer. Unvergessen sind das Puppenspiel der Augsburger Puppenkiste „Gut gebrüllt, Löwe" wie auch die Kindheitshelden Richard Löwenherz und sein Vasall Robin Hood. Um den vom Aussterben bedrohten Löwen etwas von der Freude und Inspiration, die sie schenken, zurückzugeben, haben mein Verlag und ich den Löwen die nachfolgende Charity-Seite gewidmet. Sie weist auf drei Organisationen hin, die für den Schutz der Löwen arbeiten.

Wertvollen Rat erteilten bei der Auswahl der Fotos für das Cover, bei der Arbeit an Titel und Untertitel oder in anderem Kontext: Stephanie Arndt, Desanka Christmann, Lucia Effgen, Dr. Heinz Grimm, Sabine Kleine, Falk Richter, Annemarie Ruisz, Dorothea Künstle-Schmiechen, Peter Seiler, Johannes von Bassenheim, Henry de Winter und Markus von Wollank.

Allen, die sich mit dem Text im Detail auseinandersetzten, schulde ich besonderen Dank. Mein herzlichster Dank gilt Dr. Thomas Möbius sowie Reiner App, die mit mir nicht nur über den Gesamttext diskutierten, sondern viele weiterführende Impulse gaben. Wunderbare Sparringspartner. Die Hinweise von Axel Kaiser und Marina Szudra zu einzelnen Kapiteln waren zudem überaus hilfreich. Danke schön!

Jedes Lob hat mich beflügelt und bestärkt, jede kritische Anmerkung zum Nachdenken gebracht. Manche Menschen haben schlaflose Nächte ausgelöst, weil sie den Finger in eine Wunde steckten oder einen Berg an Überlegenswertem vor mir auftürmten. Da ich höchst sensibilisiert und fokussiert war, lauerte zudem an jeder Ecke Inspiration. Daher auch ein herzliches Dankeschön den Musen, die mich zuverlässig, doch nach eigenem Plan umschwirrten und küssten. Das alles zusammen brachte die „Löwen-Strategie“ Quantensprünge nach vorne.

Meinem Lieblingsradiosender SWR3 danke ich für die Untermalung unzähliger Schreib- und Recherchestunden. Ihr macht mir immer gute Laune und euer Maskottchen, der Schwarzwaldelch, den ich beim Herbsttreffen der Medienfrauen 2009 von euch bekam, feuert mich vom Regal aus an, wenn ich beim Arbeiten schwächeln sollte.

Unabhängig von etwa zuvor erwähnten Taten danke ich nicht zuletzt meiner Mutter und allen anderen handverlesenen Menschen meines Inner Circle – insbesondere dem Klügsten aller – für den unglaublichen Support und dafür, dass ihr den Löwen und mir alles zutraut. Ihr seid wundervolle Motivatoren. Echte Löwen eben und Löwen im Geist.

Löwen-Charity: Schützt die Löwen!

„Und irgendwo geh'n Löwen noch und wissen,
solang sie herrlich sind, von keiner Ohnmacht."

Rainer Maria Rilke

Liebe Leserin, lieber Leser,

Sie wissen nun um die Stärken von Löwen und weshalb ich gerade sie zum Vorbild erkoren habe. Doch diese starken Tiere sind verwundbar. In manchen Regionen sind sie bereits vom Aussterben bedroht – bedroht durch den einzigen Feind, dem sie nicht gewachsen sind: den Menschen. Weniger weil er überlegen ist. Er kämpft schlicht mit unfairen Waffen:

- Wilderer stellen den Löwen selbst in Schutzgebieten nach. Viehbauern vergiften sie aus Angst um ihre Viehbestände.
- Löwenfarmen missbrauchen Löwen systematisch: Als Löwenbabys dienen sie als Fotomotive für Selfies mit Touristen. Als Erwachsene sind sie dem Tod geweiht: freigegeben zum Abschuss durch gut zahlende Jagdtouristen in Gehegen ohne Chance zur Flucht.
- Viele Löwen vegetieren zudem in schlecht geführten zoologischen Gärten, Zirkussen oder in nicht artgerechter Privathaltung vor sich hin.

Löwen brauchen unseren Schutz. Falls Sie etwas für sie tun möchten, schauen Sie sich bitte folgende Optionen an. Sie haben unterschiedliche Zielrichtungen:

The Gareth Patterson Wildlife Foundation 062-006-NPO, South Africa

Der Löwen-Mann und preisgekrönte Umweltschützer Gareth Patterson, den Sie aus der ersten Löwen-Lounge kennen, setzt sich seit Jahrzehnten als deren Anwalt für den Schutz von Löwen, aber auch Elefanten ein. Eine Möglichkeit, zu spenden, sieht seine Homepage vor:

http://www.garethpatterson.com

Gerne können Sie Gareth Patterson darüber hinaus direkt kontaktieren, um zu erörtern, wie Sie sich persönlich engagieren können: gpatterson@wispernet.co.za.

VIER PFOTEN – Stiftung für Tierschutz

Die gemeinnützige internationale Organisation VIER PFOTEN setzt sich seit Jahren dafür ein, dass Großkatzen aus nicht artgerechter Haltung in Zoos oder illegaler Privathaltung befreit werden. Im Großkatzenparadies LIONSROCK leben mittlerweile 98 gerettete Großkatzen auf mehr als 1.250 Hektar fast wie in freier Wildbahn. 2013 hat VIER PFOTEN die niederländische Auffangstation FELIDA übernommen, in der ältere oder kranke Tiere, die für einen Transport nach LIONSROCK zu schwach sind, ein dauerhaftes Zuhause finden. VIER PFOTEN bietet Löwen-Patenschaften an.

http://www.vier-pfoten.de/ueber-uns/jahresbericht/

https://www.sicherspenden.at/vier-pfoten-de/pate-loewe

WWF

Der World Wide Fund For Nature (WWF) ist als eine der größten Naturschutzorganisationen der Welt in mehr als 100 Ländern aktiv. Im afrikanischen KAZA, dem größten Schutzgebietsnetzwerk der Welt, sollen 21 Schutzgebiete miteinander vernetzt werden, um isolierte Löwenbestände zu verbinden und zu erhalten. KAZA könnte 6.000 Löwen beheimaten. Der WWF setzt sich unter anderem für Wildtierkorridore und Konzepte zur Verringerung der Konflikte zwischen Löwen und Menschen – Bauern wie Viehzüchtern – ein. Verstärkte Nutztierzäune, sog. Kraals, sind effektive Schutzmaßnahmen. Der WWF bietet Löwen-Patenschaften an.

https://www.wwf.de/spenden-helfen/pate-werden/loewen-in-afrika/

Literaturverzeichnis

Diese Literaturliste ist eine sehr persönliche. Sämtliche Bücher habe ich mit großem Nutzen gelesen und zu meiner Freude kenne ich viele der Autoren persönlich. Einige der englischsprachigen Bücher sind leider nicht oder noch nicht in deutscher Sprache erschienen.

Löwen in der Natur

Denis-Huot, Christine und Michel: Löwen. vmb Publishers, 2002 (Bildband der Fotografen des Löwen auf dem Buchcover)

Jackman, Brian (Fotos: Scott, Jonathan und Angela): The Marsh Lions – The Story of an African Pride. Bradt Travel Guide Limited, 2012; Ersterscheinungsjahr 1982 bei Elm Tree Books

Patterson, Gareth: Löwenleben – Aufgezogen von Menschen, in die Freiheit entlassen. Europaverlag, 1996

Patterson, Gareth: 7 Lessons from Lions. Kindle Edition, Peach Publishing, 2012

Patterson, Gareth: My Lion's Heart: A Life for the Lions of Africa. Kindle Edition, Tracey McDonald Publishers, 2014

Richardson, Kevin und Park, Tony: Der Löwenflüsterer – Mein Leben unter den Großkatzen Afrikas. Unimedica im Narayana Verlag, 2012

Schaller, George B.: Unter den Löwen der Serengeti – Meine Erlebnisse als Verhaltensforscher. Fischer Taschenbuch 1978 (der Klassiker schlechthin)

Löwen in der Literatur

Blumenberg, Hans: Löwen. Bibliothek Suhrkamp, 3. Aufl. 2013

Lewis, C. S.: Die Chroniken von Narnia. 5 Bände, Ueberreuter Verlag, 2. Aufl. 2015

Fatio, Luise und Duvoisin, Roger: Der Glückliche Löwe/Zwei Glückliche Löwen/Das Glückliche Löwenkind. Herder Verlag, 1995

Management- und sonstige Fachliteratur

App, Reiner und Messingschlager, Martin: Der neue Zusammenhalt: Warum wir keine Egoisten mehr sind. Redline, 2013

Covey, Stephan: Die 7 Wege zur Effektivität: Prinzipien für persönlichen und beruflichen Erfolg. Gabal, 2009

Gigerenzer, Gerd: Das Einmaleins der Skepsis – Über den richtigen Umgang mit Zahlen und Risiken. BvT Berliner Taschenbuch Verlags GmbH, Wissenschaftsbuch des Jahres 2002

Gigerenzer, Gerd: Bauchentscheidungen – Die Intelligenz des Unbewussten und die Macht der Intuition. Goldmann, Wissenschaftsbuch des Jahres 2007

Haas, Martina: Crashkurs Networking – In 7 Schritten zu starken Netzwerken. C.H. Beck Verlag, 2. Aufl. 2016

Haas, Martina: Was Männer tun und Frauen wissen müssen – Erfolg durch Networking. Merus Verlag, 2007 – vergriffen

Horx, Matthias: Das Buch des Wandels – Wie Menschen Zukunft gestalten. Pantheon, 2011

Horx, Matthias: Zukunft wagen. Deutsche Verlagsanstalt, 2013

Peters, Tom: Re-imagine – Spitzenleistung in chaotischen Zeiten. Gabal, 2012

Scherer, Hermann: Glückskinder. Campus Verlag, 2011

Scherer, Hermann: FOKUS! Campus Verlag, 2016

Schmidt, Helmut: Was ich noch sagen wollte. C. H. Beck, 6. Aufl. 2016

Spilker, Martin, Roehl, Heiko und Hollmann, Detlef: Die Akte Personal: Warum sich die Personalwirtschaft jetzt neu erfinden sollte. Bertelsmann Stiftung, 2014

Wolf, Notker: Seien Sie unbesorgt! Vorschläge für ein erfülltes Leben. Knaur, 2012

Wolf, Notker: Worauf warten wir? Ketzerische Gedanken zu Deutschland. Rowohlt Taschenbuch Verlag, 2006

Wooden, John und Jamison, Steve: On Leadership. Hill Companies, 2005